Jens Helling
Herausgeber: Klaus Schilling

Kerncurriculum
Fachgymnasien/Berufliche Gymnasien
Niedersachsen

Stochastik

Darstellen – Auswerten – Beurteilen

1. Auflage

Bestellnummer 03330

Bildungsverlag EINS

Haben Sie Anregungen oder Kritikpunkte zu diesem Produkt?
Dann senden Sie eine E-Mail an 03330_001@bv-1.de
Autoren und Verlag freuen sich auf Ihre Rückmeldung.

www.bildungsverlag1.de

Bildungsverlag EINS GmbH
Hansestraße 115, 51149 Köln

ISBN 978-3-427-**03330**-1

Vorwort

Bei der Erstellung dieses Schulbuches wurde besonderer Wert auf eine für Schülerinnen und Schüler **anschauliche und verständliche Darstellung** der mathematischen Inhalte und Verfahren gelegt, damit sie mit diesem Buch **eigenständig** im Unterricht und zu Hause arbeiten können. Für das arithmetische Mittel $\overline{x}$ von $\{x_1; x_2; x_3; \ldots; x_n\}$ gilt: $\overline{x} = \frac{1}{n}\sum_{i=1}^{n} x_i$. Solche und ähnliche mathematisch zwar eindeutige, aber für Schüler häufig unverständliche Darstellungen finden sich in zahlreichen Mathematiklehrbüchern. Dabei könnte man auch sagen: Das arithmetische Mittel der Zahlen 1, 2 und 3 ist der Durchschnitt der drei Werte und wird abgekürzt als $\overline{x}$.

Der vorliegende Band ist einer von vier Bänden aus der Reihe „Kerncurriculum Mathematik" und ist **exakt auf das Kerncurriculum 2010 in Niedersachsen abgestimmt**. Es dient dem Erwerb der für die **Qualifikationsphase** beschriebenen Kompetenzen und strebt dabei sowohl die Förderung der inhaltsbezogenen als auch der prozessbezogenen Kompetenzen der Schülerinnen und Schüler an.

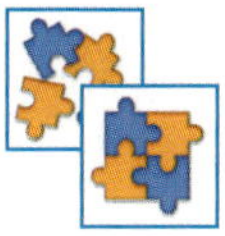

Eine große Zahl von **Handlungssituationen mit ausführlich dargestellten, algebraischen und rechnergestützen Lösungen** ermöglicht den Schülerinnen und Schülern einen selbstständigen Erwerb der inhaltsbezogenen Kompetenzen. Sämtliche Handlungssituationen mit Lösungsweg sind mit dem nebenstehenden „Puzzle-Symbol" und einem blauen Balken gekennzeichnet.

Wichtige Informationen zu den Situationen und den dazugehörigen Lösungen sind mit einem „Informationssymbol" und einem gelben Balken markiert.

Der Großteil der Aufgaben kann auch mit einem **grafikfähigen Taschenrechner (GTR)** oder einem **Computer-Algebra-System (CAS)** gelöst werden. Ein „Taschenrechnersymbol" kennzeichnet Lösungen, die mit einem TI-84 Plus berechnet wurden. Darüber hinaus befindet sich im Anhang eine Übersicht mit allen wichtigen Funktionen des Taschenrechners für das Sachgebiet Stochastik.

Übungsaufgaben werden durch das „Verzahnungssymbol" und einen grünen Balken gekennzeichnet.

Am Ende zahlreicher Kapitel finden sich weitere **offene Handlungssituationen** zum jeweils vorangegangenen Kapitel. Diese eignen sich besonders zur **Verknüpfung der inhalts- und prozessbezogenen Kompetenzen** und können auch zum Einstieg in ein neues Themengebiet verwendet werden.

Ich hoffe, mit diesem Buch vielen Lesern die Angst vor dem Zufall zu nehmen, und wünsche allen Schülerinnen und Schülern sowie allen Kolleginnen und Kollegen mit diesem Buch viel Erfolg im Unterricht.

Jens Helling

Inhaltsverzeichnis

Mathematische Zeichen und Symbole

Zeichen, Symbol	Sprechweise/Bedeutung	Beispiel
$=$	gleich	$4 = 4$
$\neq$	ungleich	$3 \neq 4$
$\approx$	ist ungefähr gleich	$\sqrt{2} \approx 1{,}41$
$<$	kleiner als	$3 < 4$
$>$	größer als	$5 > 4$
$\leq$	kleiner gleich	$x \leq 3$
$\geq$	größer gleich	$x \geq 4$
$\lvert\ \rvert$	Betrag von	$\lvert -3 \rvert = 3$
∞	unendlich	
$\Rightarrow$	daraus folgt	$\mathbb{N} = \{0; 1; 2; 3; \ldots\} \Rightarrow 1 \in \mathbb{N}$
$\Leftrightarrow$	gilt genau dann, wenn; ist äquivalent mit	$2x = 4 \Leftrightarrow x = 2$
$\wedge$	und	
$\vee$	oder	
$\{1; 2; 3\}$	Menge mit den Elementen 1, 2, 3	$A = \{1; 2; 3\}$
$[a; b]$	geschlossenes Intervall (von einschließlich a bis einschließlich b)	$\{x \mid a \leq x \leq b\}$
$(a; b)$	offenes Intervall (von ausschließlich a bis ausschließlich b)	$\{x \mid a < x < b\}$
$[a; b)$	halb offenes Intervall (von einschließlich a bis ausschließlich b)	$\{x \mid a \leq x < b\}$
$(a; b]$	halb offenes Intervall (von ausschließlich a bis einschließlich b)	$\{x \mid a < x \leq b\}$
$\mapsto$	wird zugeordnet	$s_i \mapsto x$
n	Stichprobenumfang	$n = 100$
p	Wahrscheinlichkeit	
q	Gegenwahrscheinlichkeit $q = 1 - p$	
x_i	Merkmal x_i	
$\bar{x}$	Arithmetisches Mittel, Mittelwert, Durchschnittswert einer Zahlenreihe	
$\tilde{x}$	Median, Zentralwert einer Zahlenreihe	
μ	Erwartungswert mü	
σ	Standardabweichung sigma	

Zeichen, Symbol	Sprechweise/Bedeutung	Beispiel
Σ	Summe	
$\sum_{i=1}^{n} x_i$	Summe aller x_i von $i = 1$ bis $i = n$	$\sum_{i=1}^{3} x_i = 1 + 2 + 3 = 6$
E	Ereignis	
$\overline{E}$	nicht E	
$P(E)$	Wahrscheinlichkeit für Ereignis E	
e_i	Ergebnis	
S	Ergebnismenge	$S = \{e_1; e_2; e_3; \ldots; e_n\}$
!	Fakultät	$3! = 3 \cdot 2 \cdot 1 = 6$
$\binom{n}{k} = \frac{n!}{k! \cdot (n-k)!}$	n über k (Binomialkoeffizient) n Fakultät geteilt durch das Produkt aus $(n - k)$ Fakultät und k Fakultät	$\binom{5}{3} = \frac{5!}{3! \cdot (5-3)!} = 10$
$\int_a^b f(x)\,\mathrm{d}x$	Integral f von x dx von a bis b	$\int_0^1 x^2\,\mathrm{d}x$

1 Daten darstellen und auswerten

1.1 Erfassung und Darstellung von Daten

1.1.1 Aufgaben der beschreibenden Statistik

Die beschreibende Statistik ist ein Teilgebiet der Stochastik. Mit den Methoden der beschreibenden Statistik werden Daten erfasst, zusammengestellt, sortiert und grafisch veranschaulicht. Da häufig große Datenmengen vorhanden sind, müssen diese vor einer Auswertung aufbereitet werden. Die aufbereiteten Daten können als Entscheidungshilfe dienen.

Als **Daten** werden in der Statistik alle Fakten bezeichnet, die durch Umfragen, Erhebungen, Kontrollen, Auszählungen, Messungen oder Ähnliches zusammengestellt wurden. Dies können z. B.

- die Absatzzahlen eines Automobilkonzerns in einem bestimmten Zeitraum,
- die Arbeitslosenquoten in den verschiedenen Bundesländern,
- die Benzinpreise an jedem Tag des Jahres,

- die Höhe des Bruttoinlandsproduktes in ausgewählten Ländern,
- die Anteile der Rohstoffe, die in der Produktion verwendet werden,
- die Anzahl der Stimmen für die Wahl eines Betriebsratsvorsitzenden sein.

1.1.2 Grundbegriffe der beschreibenden Statistik

Die wichtigsten Grundbegriffe der beschreibenden Statistik sollen anhand drei einfacher Beispiele erläutert werden. Die einzelnen Begriffe werden in den entsprechenden Kapiteln im Rahmen von Beispielaufgaben aufgegriffen.

Beispiele

Im Lager einer Polstermöbelfabrik stehen Sessel in den Farben schwarz und weiß in den Breiten 2,50 m und 3,00 m. Die Sessel werden als **Merkmalsträger**, die Farbe als **qualitatives Merkmal** und die Breite als **quantitatives**[1] **Merkmal** bezeichnet. Schwarz und weiß, 2,50 m und 3,00 m sind so genannte **Merkmalsausprägungen**.

In einem Industriebetrieb werden jeden Tag 10 000 T-Shirts hergestellt. Im Rahmen der Qualitätskontrolle werden jeden Tag zufällig 200 T-Shirts ausgewählt und überprüft. Die 10 000 T-Shirts werden als **Grundgesamtheit** bezeichnet. Die ausgewählten T-Shirts sind eine **Stichprobe**. Die Anzahl der kontrollierten T-Shirts, in diesem Fall 200, ist der **Stichprobenumfang**. Würde der Hersteller alle T-Shirts kontrollieren, wäre dies eine **Vollerhebung**. Da aber nur eine Stichprobe genommen wird, spricht man von einer **Teilerhebung**.

Ein Getränkehersteller füllt Fruchtsäfte mit Hilfe von vier Maschinen in Mehrwegflaschen ab. An allen vier Maschinen wird die gleiche Menge abgefüllt. Im Rahmen einer Stichprobe kontrolliert der Hersteller, ob die Füllmenge korrekt ist. Hat die Stichprobe die gleichen Eigenschaften wie die Grundgesamtheit, also stammen die Flaschen der Stichprobe zu je einem Viertel von einer der vier Maschinen, so handelt es sich um eine **repräsentative Stichprobe**.

Achtung: Nur weil eine Stichprobe besonders groß ist, ist sie nicht zwangsläufig auch repräsentativ.

Würde man beispielsweise 10 000 Mitglieder einer Partei nach ihrer Lieblingspartei fragen, wäre das Ergebnis ein komplett anderes, als bei 1 000 zufällig ausgewählten Personen.

Übungsaufgaben

1 Geben Sie jeweils an, was der Merkmalsträger, das Merkmal, oder die Merkmalsausprägung ist.

a) In einem Industriebetrieb werden Gummiringe mit einem Durchmesser von zwei bis acht Zentimetern produziert.

b) Bei einer Spedition werden Kartons auf ihr Gewicht überprüft.

[1] zahlenmäßig, messbar

c) Ein Schnellrestaurant führt einen Konsumententest durch, bei dem die Kunden den Geschmack eines neuen Burgers mit sehr gut, gut, befriedigend, ausreichend oder mangelhaft bewerten sollen.

d) Ein Internetversandhandel sortiert in seiner Datenbank die Kunden nach dem Anfangsbuchstaben des Nachnamens.

e) Ein Getränkehersteller färbt Limonaden mit Hilfe der Farbstoffe E 100, E 120 und E 140 in gelb, rot und grün ein.

f) Bei einer Versicherung werden die Schadensfälle nach der zu zahlenden Summe den Sachbearbeitern zugeteilt.

2 Begründen Sie, ob es sich um eine repräsentative Stichprobe handelt.

a) Um herauszufinden, welche Automobilmarke die Deutschen für die zuverlässigste halten, werden 5 000 Männer nach ihrer Meinung gefragt.

b) Zur Ermittlung der durchschnittlichen Bearbeitungszeit für ein Werkstück werden die acht Mitarbeiter in der Produktion jeweils eine halbe Stunde lang beobachtet.

c) In einem Sägewerk werden mit Hilfe von drei baugleichen Sägen Bretter auf Maß gesägt. Im Rahmen der Qualitätskontrolle wird eine umfangreiche Stichprobe von der ersten Säge genommen.

d) Um das durchschnittliche, monatliche Bruttoeinkommen in der Computerbranche zu bestimmen, werden 800 Programmierer befragt. Das Geschlechterverhältnis der Stichprobe entspricht genau dem der Grundgesamtheit.

e) Die Mitarbeiter der Marketingabteilung eines Versandhauses rufen bei 75 % der Stammkunden an, um festzustellen, ob alle Kunden mit dem Service des Unternehmens zufrieden sind.

f) Die Mitarbeiter der Marketingabteilung eines Versandhauses rufen bei 75 % der Stammkunden an, um festzustellen, ob die Stammkunden die Preise im Versandhaus im Vergleich zum Internet zu hoch, angemessen oder zu niedrig finden.

1.1.3 Systematische Erfassung und Aufbereitung von Daten

Das Erfassen von Daten zählt zu einer der wichtigsten Aufgaben der Statistik. Handelt es sich dabei um eine neue Erhebung, so wird dies als **Primärstatistik**[1] bezeichnet. Werden die Daten hingegen aus bereits vorhandenen Aufzeichnungen oder Erhebungen entnommen, handelt es sich um **Sekundärstatistik**[2].

---

[1] lateinisch primarius: an erster Stelle

[2] lateinisch secundarius: an zweiter Stelle

Situation 1

Ein Obstgroßhändler erhält Bananen aus fünf Nationen. Im Rahmen der Wareneingangskontrolle sortiert ein Mitarbeiter die Bananen nach Herkunftsland und in die Farbstufen[1] 2 bis 7 ein. Zeigen Sie eine Möglichkeit auf, um einen besseren Überblick zu behalten (Primärstatistik).

Farbstufen

2	**3**	**4**	**5**	**6**	**7**
hellgrün	mehr grün als gelb	mehr gelb als grün	gelb mit grünen Spitzen	vollgelb	vollgelb mit Zuckerflecken

Lösung

Bereits vor der Kontrolle erstellt der Großhändler eine Tabelle mit einer ausreichenden Anzahl von Zeilen und Spalten. Bei der eigentlichen Kontrolle trägt er anschließend für jeden Karton einen Strich in die Liste ein. Diese Art von **Urliste** wird häufig **Strichliste** genannt. Ein Ergebnis wäre beispielsweise:

Herkunft:		**Brasilien**	**Indien**	**Philippinen**	**Ecuador**	**Indonesien**
Farbstufe	**2**	𝍸 𝍸 II	𝍸	𝍸 𝍸 𝍸 III	𝍸 𝍸 𝍸 𝍸	𝍸
	3	𝍸 𝍸 𝍸 𝍸	𝍸 𝍸 IIII	𝍸	𝍸 𝍸 𝍸	𝍸 𝍸
	4	𝍸 𝍸 IIII	𝍸 𝍸 𝍸	𝍸 IIII	𝍸 𝍸	IIII
	5	𝍸 𝍸 III	𝍸	𝍸 𝍸 III	II	𝍸
	6	𝍸 IIII	𝍸 𝍸 IIII	𝍸 𝍸	𝍸 𝍸 IIII	𝍸 𝍸 𝍸
	7	𝍸 𝍸 𝍸	𝍸 𝍸 III	III	𝍸	𝍸 𝍸 II

Situation 2

Je nach Farbstufe werden die Bananen in einem großen Kühlraum mit unterschiedlichen Temperaturbereichen eingelagert. Um den jeweils benötigten Lagerraum besser kalkulieren zu können, möchte der Reifemeister die Strichliste des Mitarbeiters der Wareneingangskontrolle auswerten. Bereiten Sie die Daten aus in Tabelle aus Situation 1 auf und bilden Sie Zeilensummen und Spaltensummen (Sekundärstatistik).

[1] Farbstufe 1 wird nicht vergeben (Erntefarbe)

Lösung

Herkunft:		Brasilien	Indien	Philippinen	Ecuador	Indonesien	Σ
Farbstufe	2	12	5	18	20	5	60
	3	20	14	5	15	10	**64**
	4	14	15	9	**10**	4	52
	5	13	5	13	2	5	38
	6	9	14	10	14	15	62
	7	15	13	3	5	12	48
	Σ	**83**	66	58	66	51	**324**

Jede Zahl in der Tabelle lässt sich nun anwendungsbezogen interpretieren. Insgesamt wurden **324 Kartons** angeliefert. **83** dieser **Kartons** stammen aus Brasilien. **64 Kartons** beinhalten Bananen der Farbstufe 3 und **10 Kartons aus Ecuador** beinhalten Bananen der Farbstufe 4.

Neben der besseren Übersichtlichkeit bietet diese Art der Darstellung noch einen weiteren Vorteil. Durch die Zeilen- und Spaltensummen lässt sich leicht kontrollieren, ob bei der Aufbereitung der Daten Fehler gemacht wurden, da die Summe der Zeilensummen mit der Summe der Spaltensummen identisch sein muss.

Übungsaufgaben

1 Begründen Sie, ob es sich in den folgenden Fällen um eine Primär- oder Sekundärstatistik handelt.

a) Ein Lebensmittelkonzern führt eine telefonische Umfrage zum Essverhalten durch.

b) Anhand der Aufzeichnungen aus dem vergangenen Jahr ermittelt ein Versandhaus zum ersten Mal den durchschnittlichen Wert einer Bestellung.

c) Der Landkreis führt eine Verkehrszählung an einer stark befahrenen Kreuzung durch.

d) Das Bundesamt für Statistik wertet von Großhandelsunternehmen zur Verfügung gestellte Daten aus.

e) Ein Mitarbeiter der Qualitätssicherung überprüft Energiesparlampen auf ihre Lebensdauer und trägt die Ergebnisse in ein Tabellenkalkulationsprogramm ein.

2 Jeden Tag wird bei einer Eisenwarengroßhandlung Ware auf Europaletten angeliefert. Um stets einen genauen Überblick über die Lagerbestände zu haben, werden sämtliche Wareneingänge genau protokolliert. Die Urliste gibt die Anzahl der täglich angelieferten Europaletten im April an:
2; 5; 3; 1; 4; 0; 0; 3; 3; 5; 2; 5; 0; 0; 4; 2; 3; 4; 1; 0; 0; 5; 3; 3; 4; 5; 0; 0; 3; 5
Fassen Sie die Ergebnisse übersichtlich in einer geeigneten Tabelle zusammen, sodass die Anzahl jeder Merkmalsausprägung sofort ersichtlich wird.

3 Ein Mitarbeiter in der Verwaltung eines Industriebetriebs hat eine Tabelle zu Abteilungszugehörigkeit und Geschlecht erstellt. Leider sind einige Daten verloren gegangen. Ergänzen Sie die fehlenden Daten, wenn Sie wissen, dass das Gesamtverhältnis von weiblichen zu männlichen Mitarbeitern genau 3 : 5 beträgt.

Alter [Jahre]	**Verwaltung**		**Produktion**		**Lager**		**Σ**
	♀	♂	♀	♂	♀	♂	
16–25	20	2		25	10		85
26–39		4	10	135	14	17	220
40–55		9	7		23	18	
56–67		5	5	40	3	15	83
Σ			25	280		75	

4 Ihnen liegt die Liste eines Fahrzeugherstellers vor:

Produktionsübersicht Kleinwagen 09. März						
Modell	**Farbe**	**Airbag**	**ABS**	**Klimaanlage**	**Navigations-system**	**Σ**
Pavo		85	34	54	58	231
		47	56	72	92	267
		112	63	98	113	386
Duma		56	72	104	28	260
		73	102	43	74	292
		89	30	47	68	234
Σ		462	357	418	433	1 670

Hinweis: Der Kunde kann immer nur eine der Sonderausstattungen wählen.

a) Bereiten Sie die Daten übersichtlich in einer Tabelle auf, sodass nicht mehr zwischen den Modellen, sondern nur noch zwischen den Farben und den Sonderausstattungen unterschieden wird.

b) Wie viele rote Autos wurden produziert?

c) Wie viele silberne Autos mit Klimaanlage wurden produziert?

d) Wie viele Autos mit ABS wurden produziert?

e) Wie viele Autos wurden insgesamt produziert?

1.1.4 Grafische Darstellung des Zahlenmaterials

Tabellen eignen sich sehr gut, um komplexe Datensammlungen auszuwerten. Ein großer Nachteil liegt in der Unübersichtlichkeit. Auf den ersten Blick lassen sich nur schwer Zusammenhänge erkennen oder Daten vergleichen. Daher behilft man sich in der Statistik häufig grafischer Darstellungen. Besonders häufig werden Kreis-, Kurven- und Säulendiagramme sowie Histogramme verwendet.

Kreisdiagramm

Kreisdiagramme zählen zu den **Flächendiagrammen** und eignen sich, wenn bestimmte Anteile vom Gesamtwert dargestellt werden sollen. Der Gesamtwert von 100 % entspricht bei einem Kreisdiagramm 360°. Der Radius des Kreises ist dabei unerheblich.

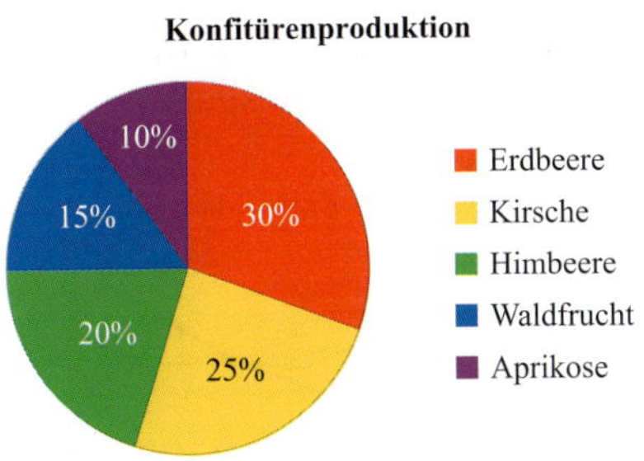

Ist der absolute Gesamtwert (z. B. in Tonnen) bekannt, so lassen sich die einzelnen Werte jedes Sektors direkt mithilfe der Prozentrechnung berechnen.

Zur besseren Unterscheidung können die einzelnen Sektoren eingefärbt oder bei Schwarz-Weiß-Darstellungen unterschiedlich schraffiert werden.

Grundsätzlich lassen sich Kreisdiagramme mit beliebig vielen Sektoren darstellen. Wird die Anzahl der Sektoren zu groß, wird das Diagramm jedoch schnell unübersichtlich.

Kleine Anteile lassen sich nur schlecht darstellen, dann wird häufig ein **„explodierendes" Kreisdiagramm** verwendet.

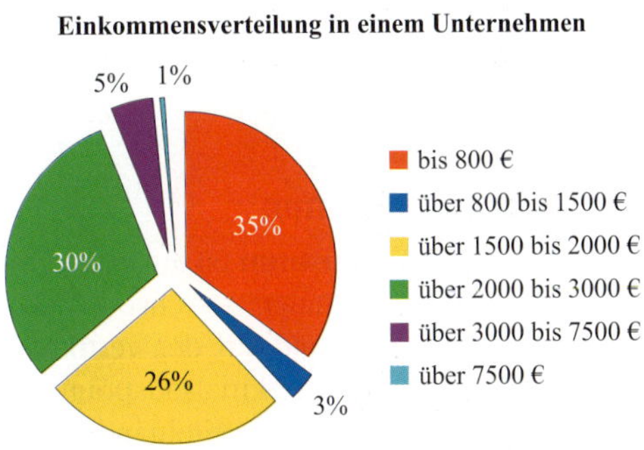

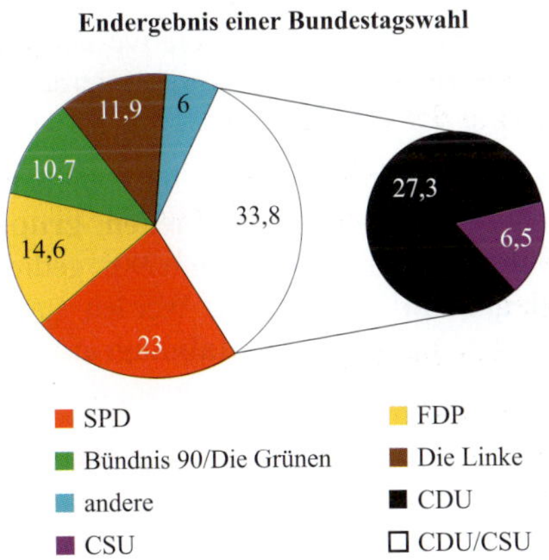

Lässt sich einer der Sektoren in weitere kleinere Sektoren unterteilen, kann dies wie in der nebenstehenden Grafik geschehen.

Dieser Effekt kann auch dazu genutzt werden, um die Aufmerksamkeit auf besonders hervorzuhebende Sektoren zu lenken.

Kurvendiagramm

Ein **Kurven-** oder seltener **Liniendiagramm** eignet sich zur Darstellung einer zeitlichen Entwicklung. Es handelt sich um ein zweidimensionales Diagramm, bei dem in der Regel auf der horizontalen x-Achse (Abszissenachse) Daten und auf der vertikalen y-Achse (Ordinatenachse) die dazugehörigen Werte abgetragen werden. Die Punkte werden dann durch eine Kurve oder einen Streckenzug miteinander verbunden.

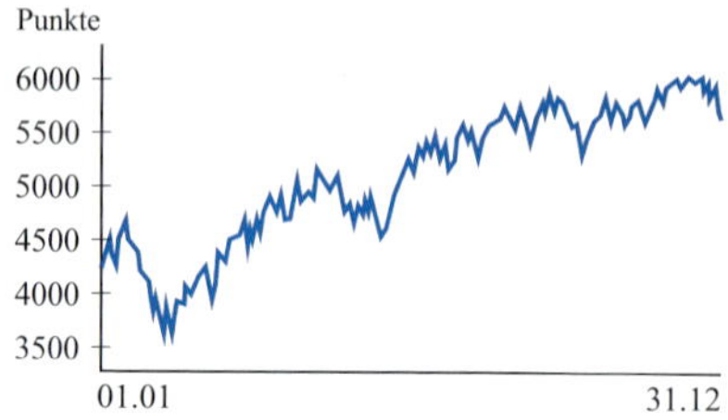

Die nebenstehende Grafik zeigt einen Jahresverlauf des DAX.

Zur Darstellung von Börsendaten werden Kurvendiagramme besonders oft verwendet. Die miteinander verbundenen Punkte symbolisieren dabei, dass eher die Entwicklung als die einzelnen Werte von Interesse sind.

Grundsätzlich lassen sich auch mehrere voneinander unabhängige oder voneinander abhängige Linien in einem Diagramm darstellen. In diesem Fall werden die Linien entweder unterschiedlich eingefärbt oder erhalten unterschiedlichen Stricharten oder -stärken.

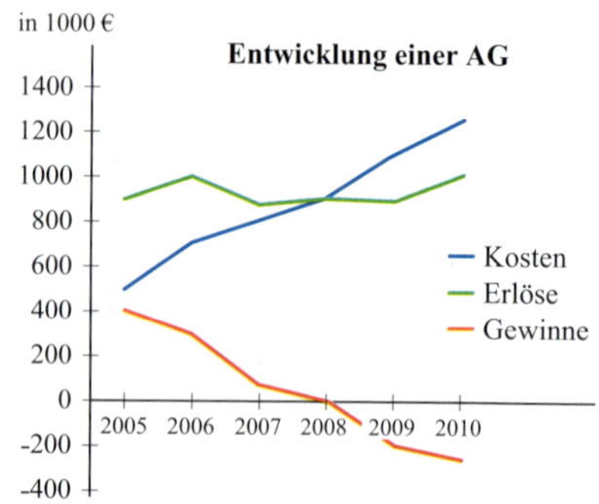

Säulendiagramm

Ein **Säulendiagramm** ist ein zweidimensionales Diagramm, bei dem in der Regel auf der horizontalen x-Achse (Abszissenachse) Daten, Merkmale oder andere Bezeichnungen und auf der vertikalen y-Achse (Ordinatenachse) die dazugehörigen Werte oder Merkmalsausprägungen abgetragen werden. Die so entstehenden Punkte werden nicht miteinander verbunden, sondern bilden den oberen Mittelpunkt von senkrecht auf der Abszissenachse stehenden Rechtecken. Die Höhe der Säulen gibt je nach Diagramm die Menge, die absolute oder relative Häufigkeit, Wahrscheinlichkeiten etc. an. Eine zeitliche Beziehung der Werte untereinander ist nicht erforderlich.

Säulendiagramme gibt es in zahlreichen Ausprägungen, die sich für jeweils unterschiedliche Daten eignen. Im Wesentlichen wird zwischen **einfachen, gruppierten** und **gestapelten Säulendiagrammen** unterschieden. Ein um 90° gedrehtes Säulendiagramm wird oft als **Balkendiagramm**[1] bezeichnet. Werden statt der Säulen senkrecht stehende Linien verwendet, nennt man es **Stabdiagramm**.

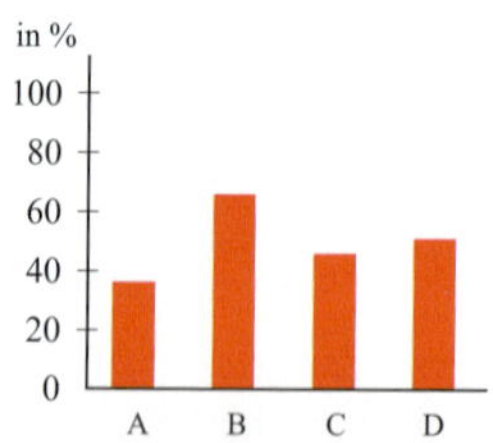

einfach

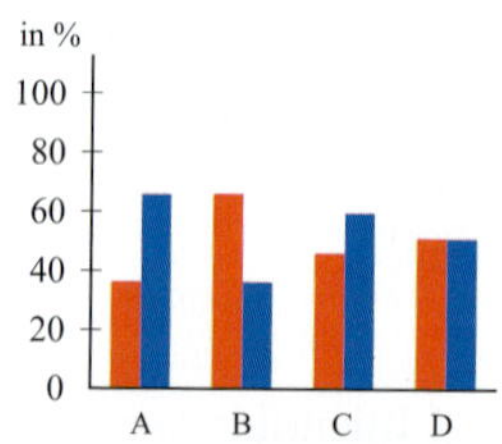

gruppiert

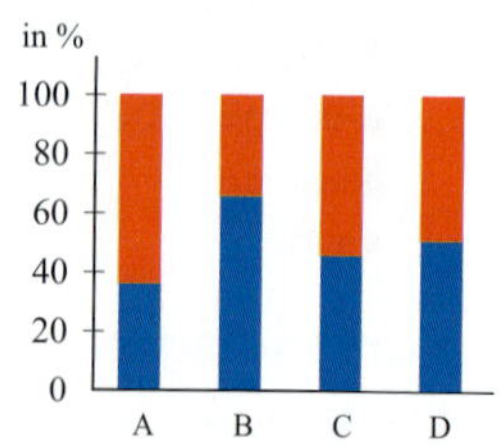

gestapelt

[1] vgl. Grafik „Arbeitslosigkeit nach Ländern“ (Folgeseite)

Säulen-, Balken- und Stabdiagramme eignen sich für die Darstellung von absoluten und **relativen Häufigkeiten**.

Sie werden besonders häufig zur Darstellung von **Häufigkeitsverteilungen**[1] benutzt.

Durch zwei unterschiedlich skalierte Halbachsen (links: Prozent und Personen in Tsd.) lassen sich auch stark voneinander abweichende Zahlenwerte gemeinsam in einem Säulen- oder Balkendiagramm darstellen.

Arbeitslosigkeit nach Ländern

Arbeitslosenquoten in Prozent und Arbeitslose in absoluten Zahlen, 2007

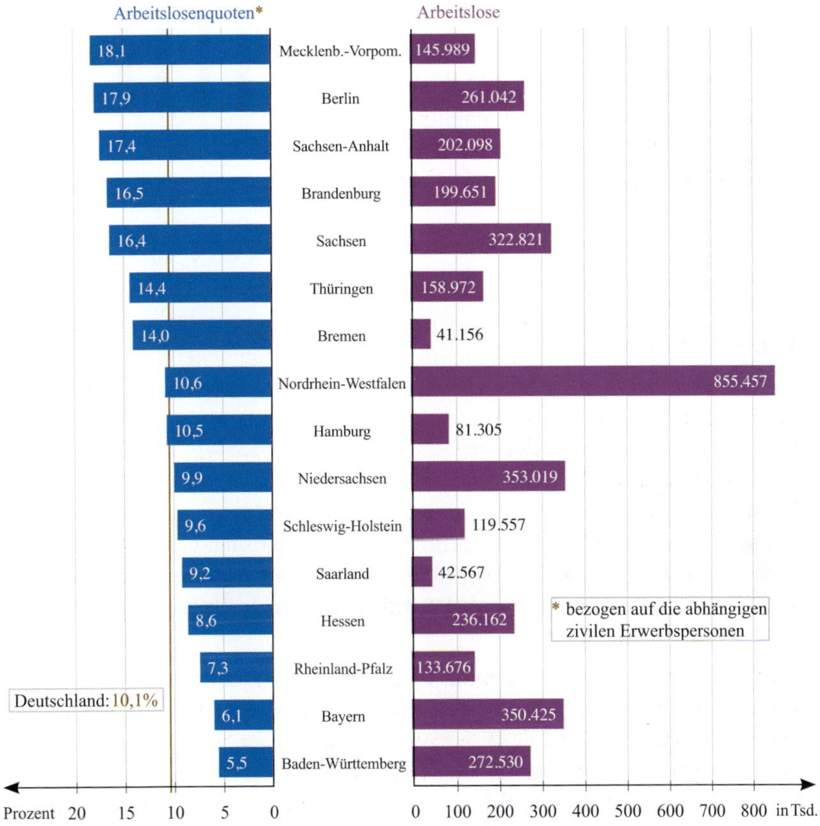

Quelle: Bundesagentur für Arbeit (BA): Arbeitsmarkt in Zahlen – Arbeitslose nach Ländern
Lizenz: Creative Commons by-nc-nd/2.0/de
Bundeszentrale für politische Bildung, 2008

[1] vgl. Kapitel 1.2.1

Gruppierte Säulendiagramme werden immer dann verwendet, wenn mehrere beliebig zusammenhängende Werte von mehreren Unternehmen, Ländern oder anderen Merkmalsträgern miteinander verglichen werden sollen.

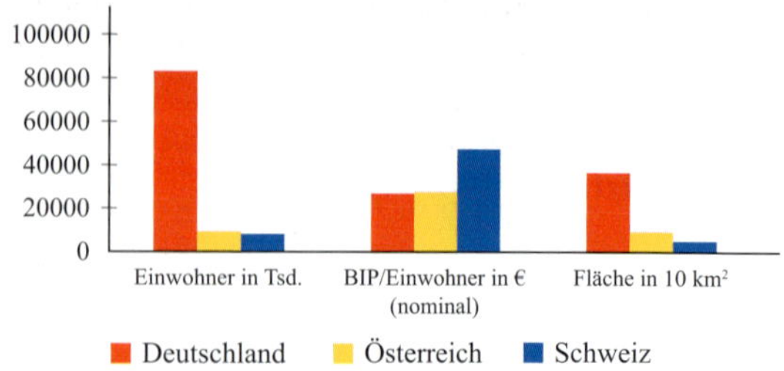

Soll mit einem Balken der Gesamtwert dargestellt werden, bei dem die Zusammensetzung des Gesamtwertes von Interesse ist, so verwendet man ein gestapeltes Säulendiagramm. Häufige Verwendung finden solche Diagramme bei Tilgungsplänen von Annuitätendarlehen[1)].

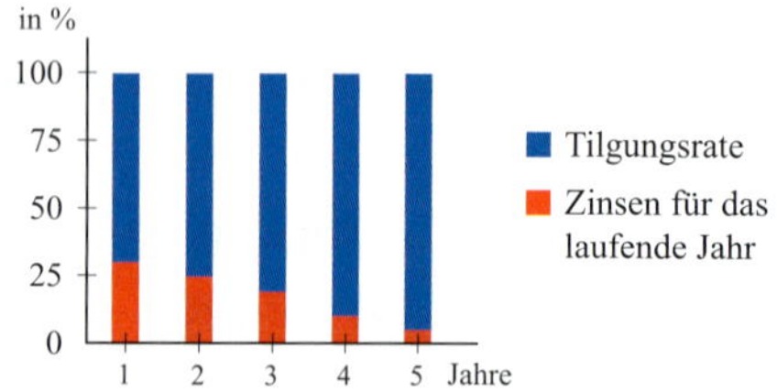

Histogramm

Häufigkeitsverteilungen werden anstelle von Säulen- und Kreisdiagrammen oft mithilfe von **Histogrammen** dargestellt.

Das Histogramm ist eine Sonderform des Säulendiagramms. Der Unterschied besteht vor allem darin, dass Häufigkeiten oder Wahrscheinlichkeiten nicht durch die Höhe der Säulen, sondern durch deren Flächen repräsentiert werden. Außerdem werden die einzelnen Säulen ohne Lücken nebeneinander abgebildet.

Beispiel

In einem Industrieunternehmen wird Zucker in Pakete zu 1 000 g verpackt. Jedes Paket wird am Ende des Produktionsprozesses automatisch von einer Waage mit einer Genauigkeit von 1 g kontrolliert. Die Ergebnisse einer Tagesproduktion lassen **Unterschied zwischen Säulendiagramm (links) und Histogramm (rechts)** entnehmen.

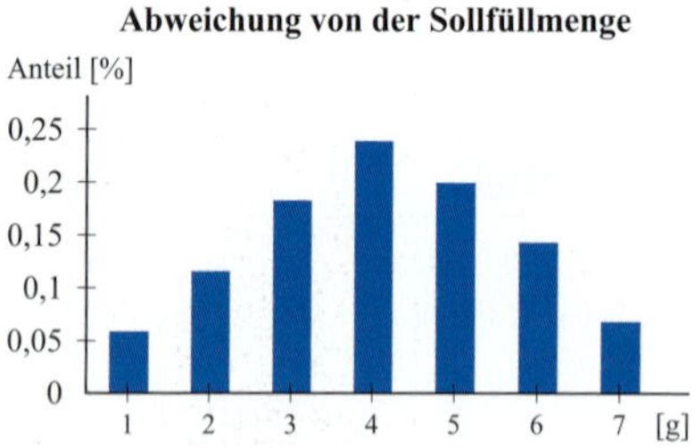

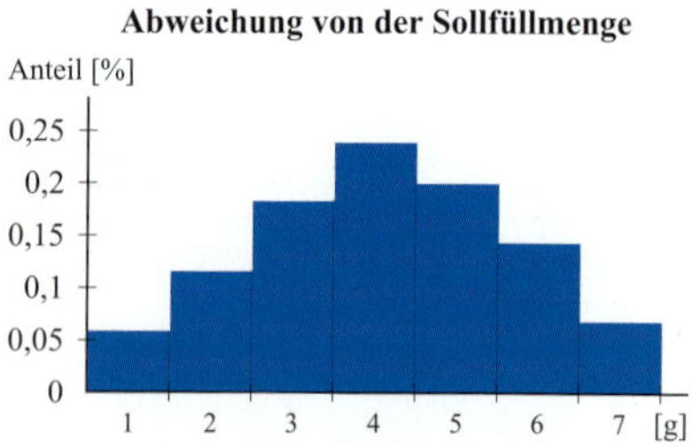

In diesem Fall beträgt die Breite jeder Säule 1 g. Daher entspricht die Fläche jedes Balken auch seiner Höhe. Es ist jedoch auch möglich die Säulen unterschiedlich breit zu wählen.

---

1) Ein Annuitätendarlehen ist ein Darlehen bei dem die Rückzahlung in gleichbleibenden Raten erfolgt. Die Summe aus Tilgung und Zinsen heißt Annuität.

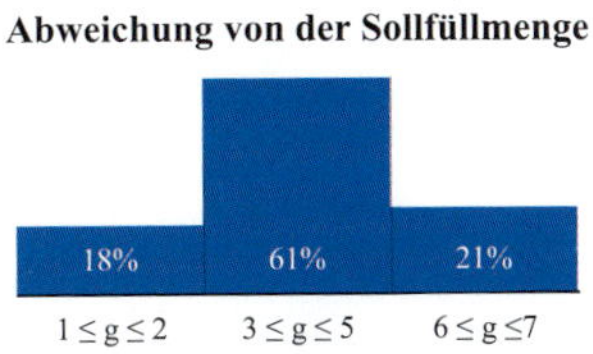

Bei einem Großteil der Pakete (61 %) weicht das Gewicht zwischen 3 g und 5 g von der Sollfüllmenge ab.

Bei einem Histogramm wird die Ordinate in der Regel nicht angegeben, um der Gefahr aus dem Weg zu gehen, statt der Fläche die Höhe der Säule zu interpretieren. In diesem Fall hat die mittlere Säule die Breite 3 und damit nur $\frac{61}{3} = 20,\overline{3}$ [%] hoch.

Histogramme mit **gleicher Klassenbreite** lassen sich auch mit dem GTR erzeugen. In dem Beispiel gilt diese Häufigkeitsverteilung:

x_i	1	2	3	4	5	6	7
$h(x_i)$	0,06	0,12	0,18	0,23	0,2	0,14	0,07

Zunächst müssen alle Merkmalsausprägungen x_i mit [STAT] 1: Edit in L1 und alle relativen Häufigkeiten $h(x_i)$ in L2 eingegeben werden.

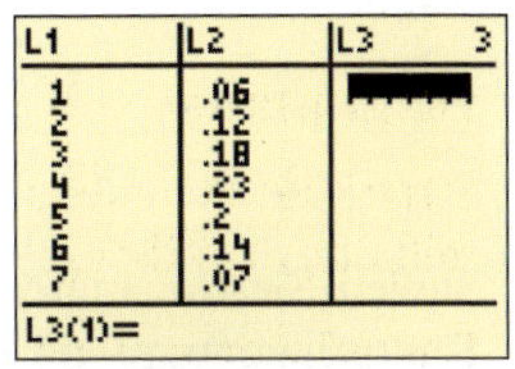

Anschließend wählen Sie mit [2nd] [STAT PLOT] 1: Plot1 den Statistikplotter aus und nehmen die Einstellungen gemäß der nebenstehenden Abbildungen vor.

Hinweis:
Anschließend müssen Sie gegebenenfalls die Fenstereinstellungen anpassen!

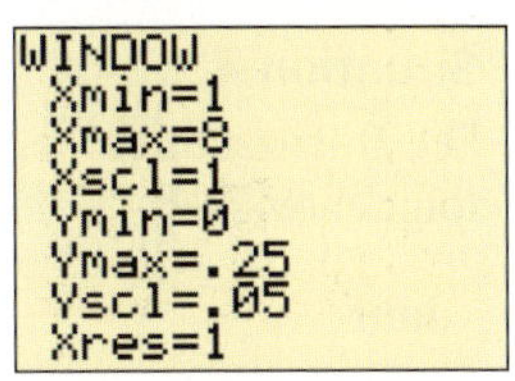

[GRAPH] liefert dann das gewünschte Histogramm.

Hinweis:
Sie müssen vorher alle Eingaben im Y-Editor löschen!

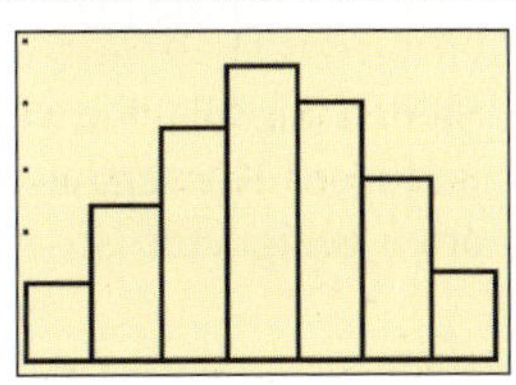

Neben der Darstellung von Häufigkeitsverteilungen werden Histogramme vor allem zur Darstellung von Wahrscheinlichkeitsverteilungen benutzt. In den Kapiteln 2.4.2 und 2.5 wird näher darauf eingegangen.

Situation 3

Eine Bananenlieferung bei einem Obstgroßhändler wurde mit einer Tabelle erfasst.

Herkunft:		**Brasilien**	**Indien**	**Philippinen**	**Ecuador**	**Indonesien**	**Σ**
Farbstufe	**2**	12	5	18	20	5	**60**
	3	20	14	5	15	10	**64**
	4	14	15	9	10	4	**52**
	5	13	5	13	2	5	**38**
	6	9	14	10	14	15	**62**
	7	15	13	3	5	12	**48**
	Σ	**83**	**66**	**58**	**66**	**51**	**324**

Stellen Sie die Liefermengen in Abhängigkeit der einzelnen Länder in einem Säulendiagramm und die Liefermengen in Abhängigkeit der Farbstufe in einem Kreisdiagramm dar.

Lösung

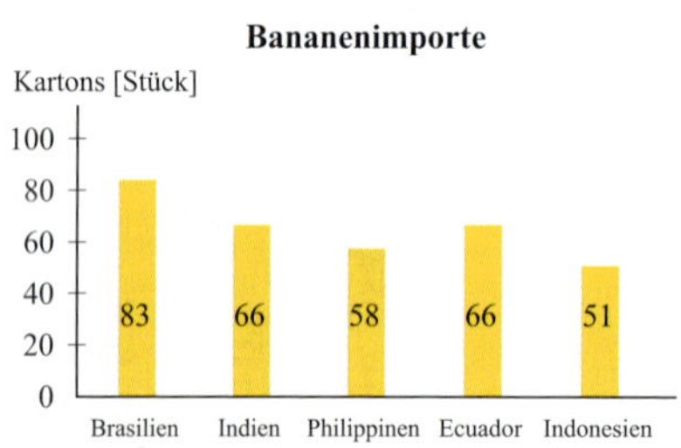

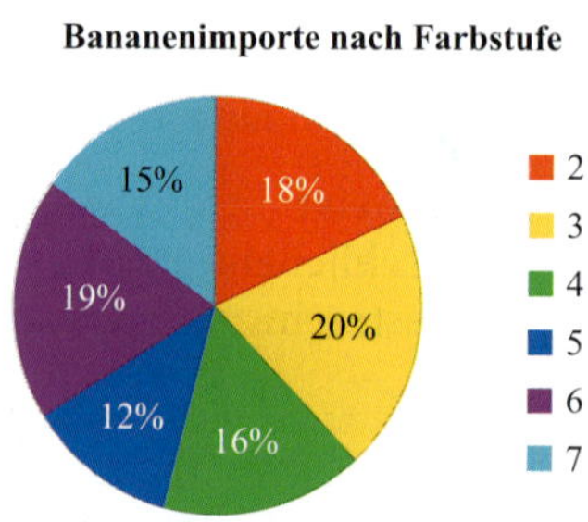

Situation 4

Die Bilanzsumme[1] eines Unternehmens hat sich in den letzten sechs Jahren wie folgt entwickelt.

Jahr	**2004**	**2005**	**2006**	**2007**	**2008**	**2009**
Bilanzsumme [Mio. EUR]	45	50	58	53	60	75

Stellen Sie die Entwicklung der Bilanzsumme mithilfe eines Säulendiagramms und eines Kurvendiagramms dar. Begründen Sie, welche der beiden Darstellungsarten geeigneter ist.

[1] Bilanz: tabellarische Auflistung von Vermögen und Schulden

Lösung

Bilanzsumme [Mio. €]

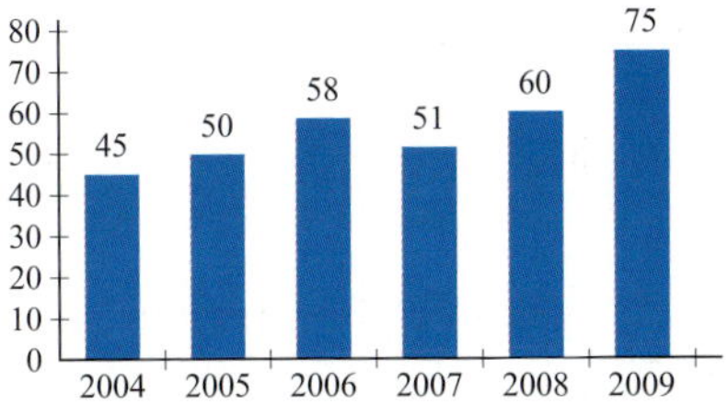

Bilanzsumme [Mio. €]

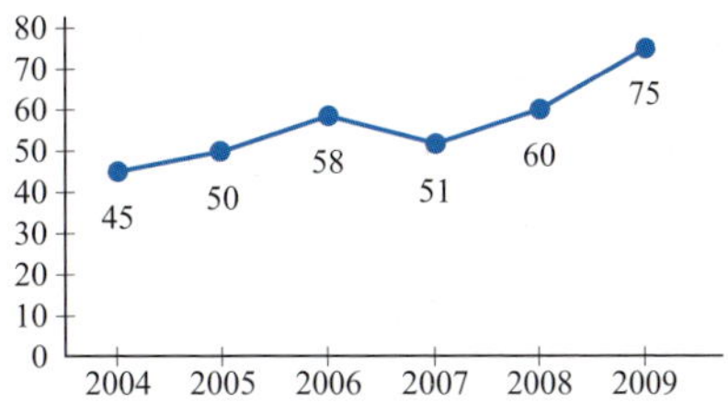

Das Kurvendiagramm ist besser geeignet, weil es sich um eine Entwicklung handelt und die einzelnen Daten in Zusammenhang stehen. Darüber hinaus lässt sich im Kurvendiagramm anhand der Steigung der Strecke zwischen zwei Datenpunkten direkt ablesen, wie stark sich die Bilanzsumme in dem gewählten Zeitraum verändert hat.

Situation 5

22,5	45	13,5	9

Ein international agierender Konzern verkauft seine Produkte in Deutschland, den USA, China und Australien. Die Umsätze in den jeweiligen Ländern [Mio. EUR] lassen sich der nebenstehenden Tabelle entnehmen.

Erstellen Sie ein Kreisdiagramm.

Lösung

Zunächst müssen der Gesamtumsatz und die Umsatzanteile berechnet werden. Anschließend müssen die 360° des Kreises entsprechend der Anteile verteilt werden.

Σ	DEU	USA	CHN	AUS
90 [Mio. EUR]	$\frac{22{,}5}{90} = 0{,}25$	$\frac{45}{90} = 0{,}5$	$\frac{13{,}5}{90} = 0{,}15$	$\frac{9}{90} = 0{,}1$
360°	$360 \cdot 0{,}25 = 90$	$360 \cdot 0{,}5 = 180$	$360 \cdot 0{,}15 = 54$	$360 \cdot 0{,}1 = 36$

Mithilfe geeigneter Software oder eines Geodreiecks und eines Zirkels lässt sich nun das Kreisdiagramm zeichnen.

Umsätze international [Mio. €]

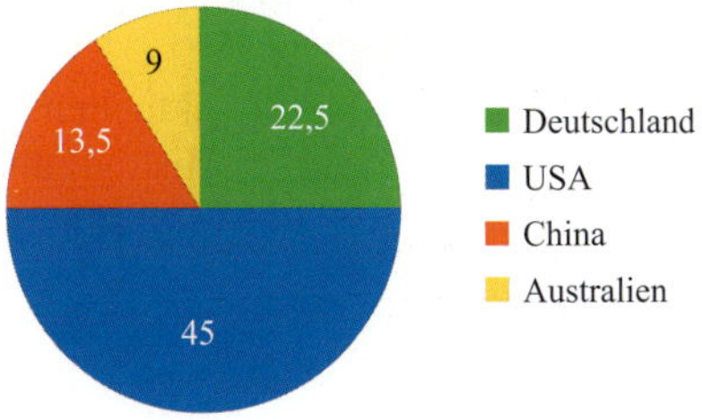

Übungsaufgaben

1 Die Polizei führt innerhalb einer geschlossenen Ortschaft eine Geschwindigkeitskontrolle durch. Die Ergebnisse der Kontrolle und das entsprechende Bußgeld lassen sich aus einer Tabelle entnehmen.

Geschwindigkeitsübertretung	Anzahl	Bußgeld [EUR]
bis 10 km/h	5	15,00
über 10–15 km/h	17	25,00
über 15–20 km/h	6	35,00
über 20–25 km/h	3	80,00
über 25–30 km/h	1	100,00

Stellen Sie die Einnahmen der Kontrolle mithilfe eines Histogramms dar und berechnen Sie anschließend die Gesamteinnahmen.

2 Bei einem Schnellrestaurant können die Gäste das Essen im Restaurant oder an einem „Drive-In-Schalter" bestellen. Die Anzahl der Bestellungen lässt sich der Tabelle entnehmen.

	Mo	Di	Mi	Do	Fr	Sa	So
Restaurant	120	100	160	200	180	220	260
Drive-In	80	60	100	120	100	140	160

Stellen Sie die Anzahl der Bestellungen in einem geeigneten Diagramm dar.

3 In einem Elektronikwerk werden pro Tag insgesamt 476 kg der Elemente Gold, Silber, Kupfer, Titan und Silizium im Verhältnis 2 : 3 : 10 : 1 : 1 benötigt. Stellen Sie den Verbrauch der Rohstoffe mithilfe eines geeigneten Diagramms dar.

4 Das Bruttoinlandsprodukt (BIP) ist die in Geld bewertete Summe aller Güter und Dienstleistungen, die innerhalb eines Jahres in einer Volkswirtschaft erbracht wurden. Die nachfolgende Tabelle gibt das BIP pro Kopf in der jeweiligen Landeswährung an.

Norwegen	USA	Deutschland	Polen	Indien
549 164 NOK	46 859 USD	30 558 EUR	39 720 PLN	655 597 INR

Recherchieren Sie die aktuellen Wechselkurse und stellen Sie das BIP pro Kopf in Euro mithilfe eines Histogramms dar.

5 Ihnen liegen diese Daten eines Obstgroßhändlers vor:

Importübersicht						
	Import aus			Importverhältnis [%]		
	China	Brasilien	Südafrika	China	Brasilien	Südafrika
Sharon	X		X	40	0	60
Nashi	X		X	75	0	25
Litschi	X			100	0	0
Guave		X		0	100	0
Maracuja		X	X	0	80	20

Beschriften Sie die Grafiken mithilfe der Daten sinnvoll.

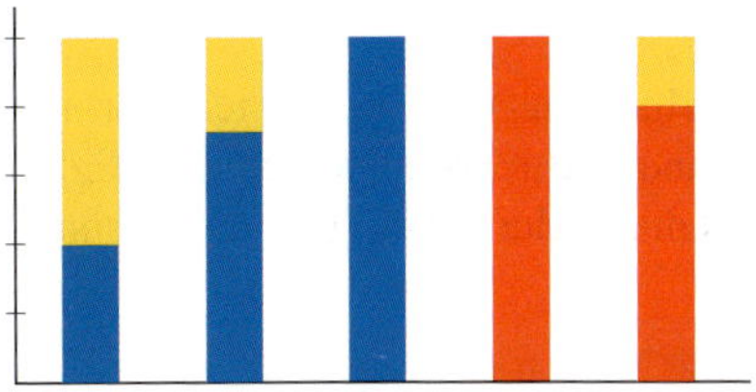

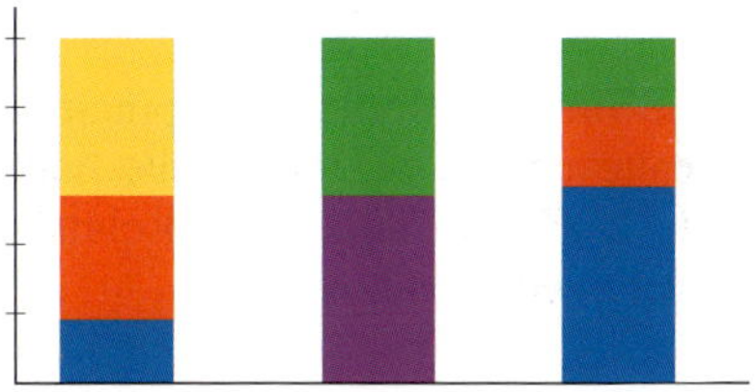

1.2 Kenngrößen einer Stichprobe

1.2.1 Häufigkeitsverteilung

Bei Untersuchungen fallen häufig große Mengen von Daten an. Dann werden Urlisten schnell unübersichtlich. Daher werden in der Realität meist **Häufigkeitsverteilungen** erstellt, die die Daten eindeutig beschreiben. Rein mathematisch stellt eine Häufigkeitsverteilung eine Funktion dar, die angibt, wie oft ein bestimmter Wert jeweils vorgekommen ist. Unterschieden wird zwischen absoluten und relativen Häufigkeitsverteilungen.

Häufigkeitsverteilungen lassen sich mithilfe von Tabellen oder Histogrammen darstellen.

Absolute Häufigkeitsverteilungen

Situation 1

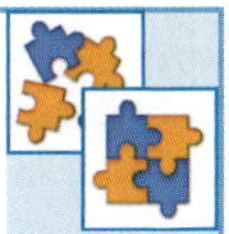

In einem Zementwerk werden pro Tag 15 000 Säcke Zement à 25 kg abgefüllt. Im Rahmen einer Stichprobe werden 750 Säcke überprüft. Eine vollautomatische Waage mit einer Genauigkeit von 10 g kontrolliert das Gewicht jedes Sackes. Der Kontrollausdruck zeigt an, dass von den 750 kontrollierten Säcken nur 400 Säcke das vorgeschriebene Gewicht hatten. 225 Säcke waren jeweils 10 g zu leicht oder zu schwer, weitere 100 Säcke wichen um 20 g vom Sollwert ab und die maximale Abweichung von 30 g wurde bei 25 Säcken festgestellt.

Stellen Sie die absolute Häufigkeitsverteilung der Abweichungen übersichtlich mithilfe einer Tabelle und einem geeigneten Diagramm dar.

Lösung

Häufigkeitstabelle

Abweichung [g] x_i	Anzahl n_i
0	400
10	225
20	100
30	25
Σ	750

Balkendiagramm

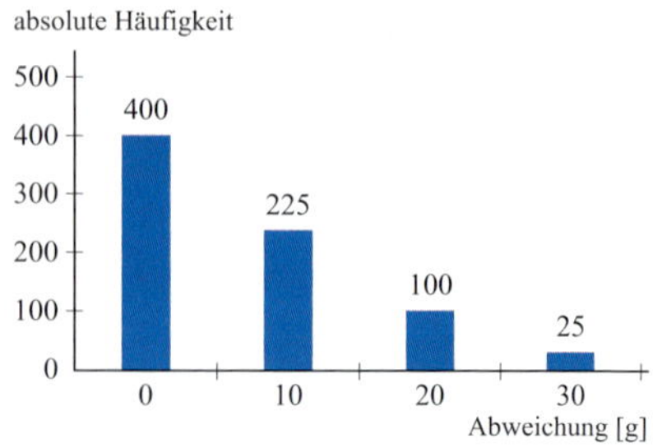

Wie oft die Merkmalsausprägungen x_i vorhanden sind, lässt sich der rechten Spalte der Häufigkeitstabelle entnehmen und wird als **absolute Häufigkeit** $\boldsymbol{n_i}$ bezeichnet. Werden alle absoluten Häufigkeiten addiert, so gibt die Summe den **Stichprobenumfang** $\boldsymbol{n}$ an.

Die Sache, die untersucht werden soll, in diesem Fall die Zementsäcke, wird als **Merkmalsträger** bezeichnet. Die „Eigenschaft" die untersucht wurde, hier die Abweichung des Gewichts, wird als **Merkmal** bezeichnet. Die Ausprägungen, in diesem Beispiel 0 g bis 30 g, heißen **Merkmalsausprägungen** $\boldsymbol{x_i}$.

Relative Häufigkeitsverteilungen

Um Daten besser vergleichen zu können, wird neben der absoluten Häufigkeit n_i oft auch die so genannte **relative Häufigkeit** $h(x_i)$ verwendet. Sie gibt den prozentualen Anteil der absoluten Häufigkeit am Stichprobenumfang n an:

$$h(x_i) = \frac{n_i}{n}$$

relative Häufigkeit

Situation 2

Der Leiter der Qualitätssicherung möchte die in Situation 1 gewonnenen Daten genauer auswerten und daher die relativen Häufigkeiten berechnen. Anschließend sollen die Werte interpretiert werden.
Ergänzen Sie die Häufigkeitstabelle aus Situation 1 mit einer Spalte für die relative Häufigkeit und interpretieren Sie die Werte situationsbezogen. Erstellen Sie ein Histogramm und ein Kreisdiagramm.

Lösung

x_i	n_i	$h(x_i) = \frac{n_i}{n}$
0	400	$\frac{400}{750} = 0{,}5\overline{3} = 53{,}\overline{3}\,\%$
10	**225**	$\frac{225}{750} = 0{,}3 = 30\,\%$
20	100	$\frac{100}{750} = 0{,}1\overline{3} = 13{,}\overline{3}\,\%$
30	25	$\frac{25}{750} = 0{,}0\overline{3} = 3{,}\overline{3}\,\%$
Σ	**750**	$\frac{750}{750} = 1 = 100\,\%$

Häufigkeitstabelle

Die Summe aller relativen Häufigkeiten ist immer 1, also 100 %. Jede Zelle der Tabelle lässt sich nun genau interpretieren.

In **30 %** der **750 Zementsäcke**, also in **225 Säcken** weicht das Sollgewicht jeweils um **10 g** nach oben oder unten ab.

Histogramm

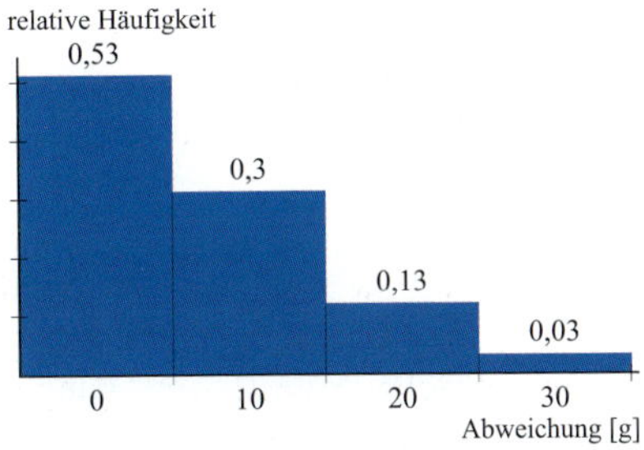

Kreisdiagramm

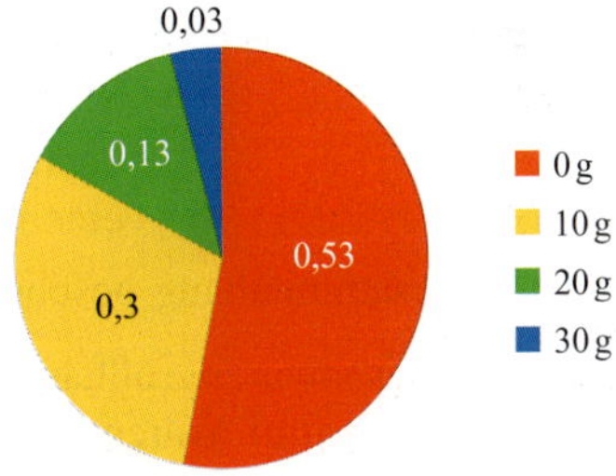

Das Kreisdiagramm ist besonders geeignet, da sich die einzelnen Anteile so schneller erfassen lassen.

Übungsaufgaben

1 Im Lager einer Eisenwarengroßhandlung arbeiten zwanzig Personen. Die monatlichen Nettogehälter [EUR] lassen sich der folgenden Urliste entnehmen: 1 000; 1 200; 1 100; 1 050; 1 000; 1 400; 1 250; 1 200; 1 000; 1 200; 1 100; 1 050; 1 000; 1 400; 1 250; 1 200; 1 200; 1 100; 1 050; 1 200.

a) Geben Sie an, was Merkmalsträger, Merkmal und Merkmalsausprägung ist.

b) Erstellen Sie eine Tabelle, aus der sich sowohl die absoluten als auch die relativen Häufigkeiten entnehmen lassen.

c) Veranschaulichen Sie die absoluten und relativen Häufigkeiten mithilfe eines Säulen- und eines Kreisdiagramms.

2 Die Eisenwarengroßhandlung besteht aus lediglich den Bereichen Lager und Verkauf. Im Betrieb wurde mit einem Computer eine Liste erstellt, die die Mitarbeiter in den beiden Bereichen nach Alter und Geschlecht sortiert. Leider sind einige Daten durch einen Festplattenfehler verloren gegangen.

Alter	Lager			Verkauf			Σ		
	♂	♀	Σ	♂	♀	Σ	♂	♀	Σ
16–19	2		3	1	3	4	3	4	7
20–39	3	7		3				12	18
40–59	1		5	8		19	9	15	
60–67	0	2	2	5	4	9	5	6	11
Σ	6	14		17		40		37	60

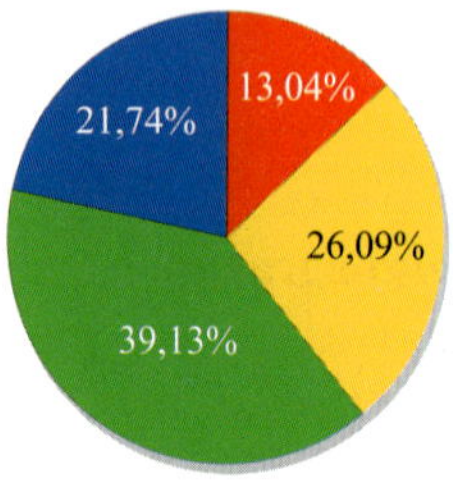

a) Geben Sie an, was Merkmalsträger, Merkmale und Merkmalsausprägungen sind.

b) Ergänzen Sie die fehlenden Werte in der Tabelle.

c) Erstellen Sie eine neue Tabelle, die die relativen Häufigkeiten im Lager, im Verkauf und insgesamt enthält.

d) Stellen Sie die absoluten Häufigkeiten aller weiblichen Mitarbeiter in Abhängigkeit vom Alter in einem Säulendiagramm grafisch dar.

e) Welchen Zusammenhang beschreibt das nebenstehende Kreisdiagramm?

3 Im Lager der Eisenwarengroßhandlung lagern 3 500 verschiedene Produkte aus Edelstahl, die sich fünf Warengruppen zuordnen lassen. Mithilfe des Warenwirtschaftssystems können die aktuellen Lagerbestände jederzeit abgefragt werden.

Bezeichnung	**Anteil**
Schrauben	35 %
Muttern	17 %
Nägel	28 %
Krampen	14 %
Stifte	6 %
Σ	100 %

a) Berechnen Sie die absoluten Häufigkeiten und interpretieren Sie Ihre Ergebnisse anwendungsbezogen.

b) Geben Sie Merkmalsträger, Merkmal und Merkmalsausprägung an.

c) Stellen Sie Anteile in einem Kreisdiagramm dar.

d) Wie viele Nägel müssen zusätzlich eingelagert werden, damit sich der relative Anteil auf 50 % erhöht?

1.2.2 Lageparameter

i

Arithmetisches Mittel (Durchschnittswert, Mittelwert)

Das **arithmetische Mittel $\bar{x}$** (gelesen: x quer) wird im Alltag auch Durchschnittswert oder Mittelwert genannt. Rechnerisch wird es ermittelt, indem zunächst alle aufgetretenen Merkmalsausprägungen addiert und die Summe anschließend durch die Anzahl der Merkmalsausprägungen dividiert wird. Gibt es bei einer Stichprobe beispielsweise die Merkmalsausprägungen x_1, x_2 und x_3, so ergibt sich das arithmetische Mittel, indem die drei Merkmalsausprägungen addiert und anschließend durch drei dividiert werden.

Eine Stichprobe vom Umfang n hat n (nicht zwingend unterschiedliche) Merkmalsausprägungen. Um das arithmetische Mittel zu berechnen, ergibt sich die Formel:

$$\bar{x} = \frac{x_1 + x_2 + x_3 + \ldots + x_n}{n}$$

arithmetisches Mittel

In der Statistik wird der griechische Großbuchstabe Sigma Σ zur Berechnung von Summen verwendet. So lässt sich die Summe $x_1 + x_2 + x_3 + \ldots + x_n$ als $\sum_{i=1}^{n} x_i$ (gelesen: Summe aller x, von i gleich 1 bis n) schreiben. Dabei ist i der Summationsindex, n die Anzahl der Glieder und x_i die jeweilige Merkmalsausprägung. Daraus folgt die Summenschreibweise:

$$\bar{x} = \frac{\sum_{i=1}^{n} x_i}{n} = \frac{1}{n}\sum_{i=1}^{n} x_i$$

arithmetisches Mittel
(Summenschreibweise)

Situation 3

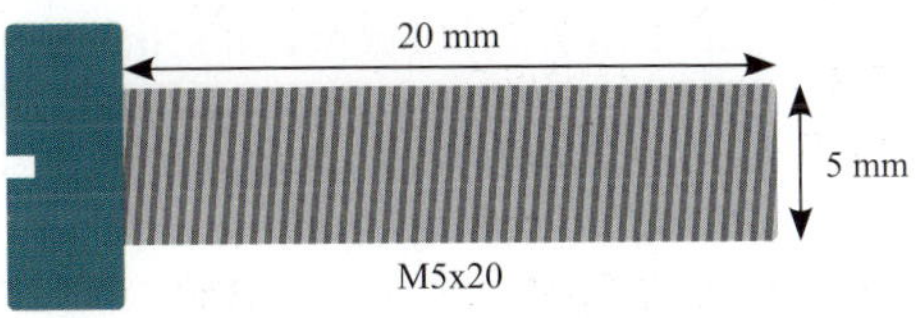

Ein Zulieferer der Kraftfahrzeugindustrie produziert Schrauben der Größe M5x20 wie abgebildet. Im Zuge der Qualitätskontrolle werden der laufenden Produktion fünf Schrauben entnommen und deren Durchmesser geprüft:

Schraube	1	2	3	4	5
$x_i \triangleq \varnothing$ [mm]	5,00	4,99	5,01	5,02	4,98

Berechnen Sie das arithmetische Mittel und interpretieren Sie Ihr Ergebnis anwendungsbezogen.

Lösung (Algebra)

$$\bar{x} = \frac{1}{5}\sum_{i=1}^{5} x_i = \frac{5{,}00 + 4{,}99 + 5{,}01 + 5{,}02 + 4{,}98}{5} = \frac{25}{5} = 5 \text{ [mm]}$$

Durchschnittlich haben die Schrauben einen Durchmesser von 5 mm.

Anhang 2,1,7

Lösung (GTR)

Das arithmetische Mittel lässt sich mit dem Taschenrechner bestimmen.

Eingabe der Merkmalsausprägungen in eine Liste Mit [STAT] [ENTER] öffnet sich eine Liste **L1**, in die alle Werte eingegeben werden.	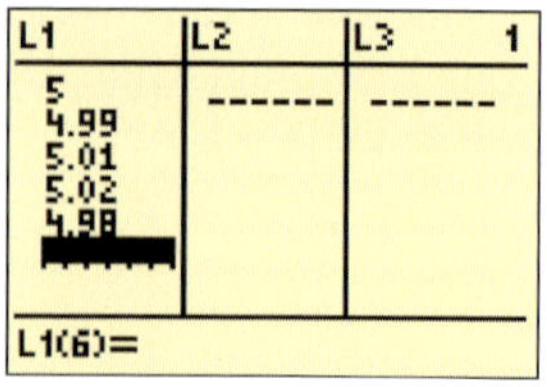
Auswertung starten Dann [STAT] **CALC 1:1-Var Stats** auswählen und mit [ENTER] bestätigen. Die Liste **L1** wird durch [2nd] [**L1**] ausgewählt. [ENTER] liefert nun verschiedene Kennwerte der Liste.	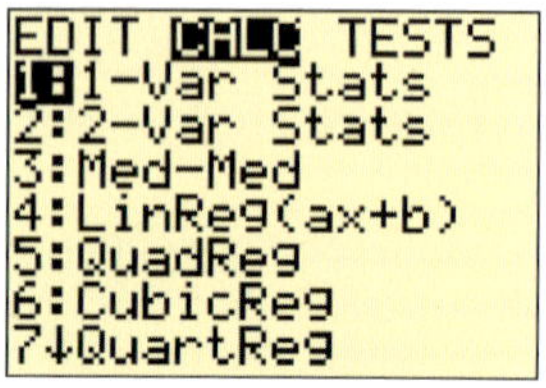
Der oben angezeigte Wert $\overline{x}$ ist das arithmetische Mittel mit der Formel $\overline{x} = \frac{1}{n}\sum_{i=1}^{n} x_i$.	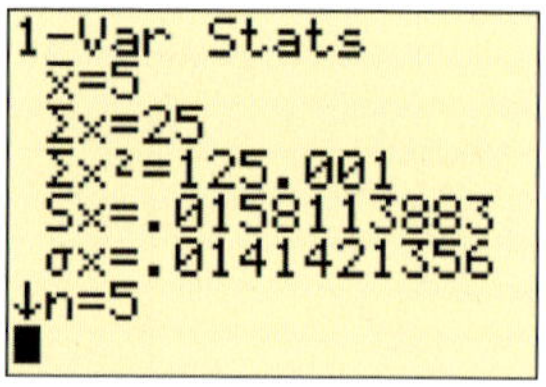

Gewichtetes arithmetisches Mittel

Häufig treten bei größeren Stichproben einzelne Merkmalsausprägungen mehrfach auf. Das **gewichtete arithmetische Mittel** berücksichtigt dabei die Häufigkeit der Merkmalsausprägungen und erleichtert die Berechnung. Dabei kann die absolute Häufigkeit n oder die relative Häufigkeit $h(x_i)$ angegeben sein.

$\overline{x} = \frac{1}{n}\sum_{i=1}^{k} x_i \cdot n_i$	$\overline{x} = \sum_{i=1}^{k} x_i \cdot h(x_i)$
arithmetisches Mittel bei gegebener absoluter Häufigkeit	**arithmetisches Mittel bei gegebener relativer Häufigkeit**

k gibt in diesem Fall – wie in der nachfolgenden Situation beschrieben – die Anzahl der **unterschiedlichen** Merkmalsausprägungen an, die jeweils identische Merkmalsausprägungen enthalten.

Situation 4

In der vergangenen Zeit haben sich die Kunden häufig über die mangelnde Passgenauigkeit der M5×20 Schrauben beschwert. Daher wird der laufenden Produktion eine erneute, deutlich größere Stichprobe entnommen und deren Durchmesser in mm gemessen: 5; 4,99; 5,01; 5,02; 4,98; 5; 5; 5,01; 4,98; 4,99; 5; 5,02; 4,98; 5,01; 4,99; 5; 5,02; 4,99; 5,02; 4,98.
Ermitteln Sie das gewichtete arithmetische Mittel.

Lösung (Algebra)

Um den Rechenaufwand möglichst gering zu halten, werden die Werte gruppiert und die absoluten und relativen Häufigkeiten notiert.

k	x_i	n_i	$h(x_i) = \frac{n_i}{n}$
1	5,00	5	0,25
2	4,99	4	0,20
3	5,01	3	0,15
4	5,02	4	0,20
5	4,98	4	0,20
Σ		20	1,00

Anschließend kann das arithmetische Mittel berechnet werden:

$$\overline{x} = \frac{1}{20} \sum_{i=1}^{5} x_i \cdot n_i = \frac{5{,}00 \cdot 5 + 4{,}99 \cdot 4 + 5{,}01 \cdot 3 + 5{,}02 \cdot 4 + 4{,}98 \cdot 4}{20} = \frac{99{,}99}{20} = 4{,}9995 \text{ [mm]}$$

oder

$$\overline{x} = \sum_{i=1}^{5} x_i \cdot h(x_i) = 5{,}00 \cdot 0{,}25 + 4{,}99 \cdot 0{,}2 + 5{,}01 \cdot 0{,}15 + 5{,}02 \cdot 0{,}2 + 4{,}98 \cdot 0{,}2$$
$$= 4{,}9995 \text{ [mm]}$$

Die Schrauben haben einen mittleren Durchmesser von 4,9995 mm.

Lösung (GTR)

Anhang 9

Das gewichtete arithmetische Mittel lässt sich mit dem Taschenrechner bestimmen.

Die Merkmalsausprägungen und die relativen bzw. absoluten Häufigkeiten werden in zwei unterschiedliche Listen durch [STAT] und [ENTER] eingegeben. **Hinweis:** Der GTR erkennt automatisch, ob es sich um relative oder absolute Häufigkeiten handelt. In L2 können auch die absoluten Häufigkeiten eingetragen werden.	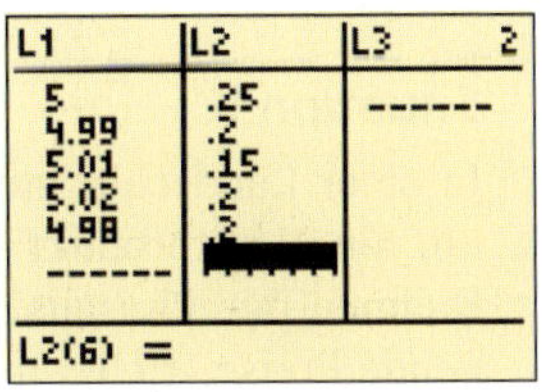
Nun [STAT] [CALC] 1: 1-Var Stats mit [ENTER] auswählen und die entsprechenden Listen durch [2nd] [L1] [,] [2nd] [L2] auswählen. [ENTER] liefert nun verschiedene Kennwerte der Liste.	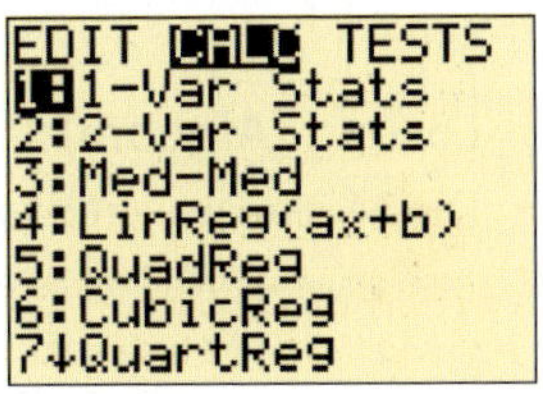

Der oben angezeigte Wert $\bar{x}$ ist das arithmetische Mittel nach der Formel $\bar{x} = \sum_{i=1}^{k} x_i \cdot h(x_i)$ bei relativen und $\bar{x} = \frac{1}{n} \sum_{i=1}^{k} x_i \cdot n_i$ bei absoluten Häufigkeiten.

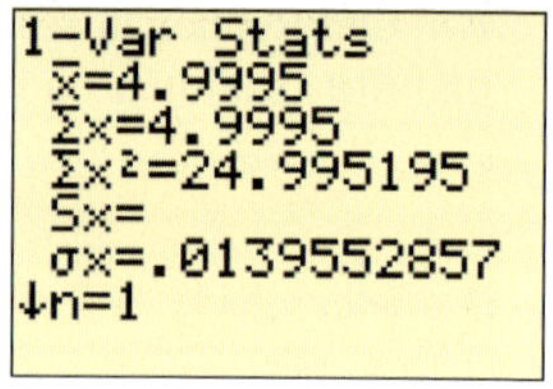

Median

Ein weiterer wichtiger Lageparameter ist der Median $\tilde{x}$ (gesprochen: x Tilde). Im Gegensatz zum arithmetischen Mittel ist dieser weniger anfällig gegenüber „Ausreißern“, also Werten, die besonders stark von den übrigen abweichen. Der Median teilt die Stichprobe in zwei Hälften. Maximal die Hälfte aller Merkmalsausprägungen liegt dann unterhalb und maximal die Hälfte oberhalb des Medians.

Um den Median berechnen zu können, werden die Merkmalsausprägungen x_i der Größe nach aufsteigend geordnet. Je nachdem, ob die Anzahl der Merkmalsausprägungen gerade oder ungerade ist, wird der Median mit zwei unterschiedlichen Formeln berechnet.

$$\tilde{x} = \frac{x_{\frac{n}{2}} + x_{\frac{n}{2}+1}}{2}$$

Median für gerade n

$$\tilde{x} = x_{\frac{n+1}{2}}$$

Median für ungerade n

Für ungerade n ist der Median immer ein Element der Menge der Merkmalsausprägungen. Ist n gerade, so kann der Median ein Element dieser Menge sein.

Situation 5

In einer Landschlachterei wird Wurst in Schweinedärmen produziert. Da es sich um ein Naturprodukt handelt, schwankt das Gewicht der einzelnen Würste. Im Rahmen der Preisauszeichnung wurden 10 Würste gewogen und etikettiert. Folgende Preise [EUR] traten auf:

3,56; 3,99; 2,48; 4,23; 3,34; 2,87; 4,01; 3,28; 3,07; 3,88

Bestimmen Sie den Median und interpretieren Sie Ihr Ergebnis anwendungsbezogen.

Lösung (Algebra)

Die Merkmalswerte werden aufsteigend der Größe nach sortiert.

x_1	x_2	x_3	x_4	x_5	x_6	x_7	x_8	x_9	x_{10}
2,48	2,87	3,07	3,28	3,34	3,56	3,88	3,99	4,01	4,23

Da es sich mit $n = 10$ um eine Stichprobe mit einer geraden Anzahl an Merkmalsausprägungen handelt, gilt für den Median:

$$\tilde{x} = \frac{x_{\frac{n}{2}} + x_{\frac{n}{2}+1}}{2} = \frac{x_{\frac{10}{2}} + x_{\frac{10}{2}+1}}{2} = \frac{x_5 + x_6}{2} = \frac{3{,}34 + 3{,}56}{2} = 3{,}45$$

Der Median der Stichprobe beträgt 3,45 EUR. Fünf der zehn Würste, also 50 %, kosten weniger als 3,45 EUR, die übrigen fünf Würste, ebenfalls 50 %, kosten mehr als 3,45 EUR.

Lösung (GTR)

Anhang 7

Der Median kann auch mithilfe des GTR bestimmt werden. Da es sich um einen Kennwert einer Stichprobe handelt, wird dieser bei dem Befehl 1-Var Stats automatisch mit berechnet. Die Werte müssen vorher nicht sortiert werden, denn der GTR ordnet diese intern automatisch.

Geben Sie alle Merkmalsausprägungen mit [STAT] 1: Edit [ENTER] in die Liste L1 ein.

Hinweis:
Die Grafik zeigt nur einen Tabellenausschnitt.

Wählen Sie [STAT] [CALC] 1: 1-Var Stats [2nd] [L1] und bestätigen Sie mit [ENTER]. Durch Scrollen können Sie den Median unter Med ablesen.

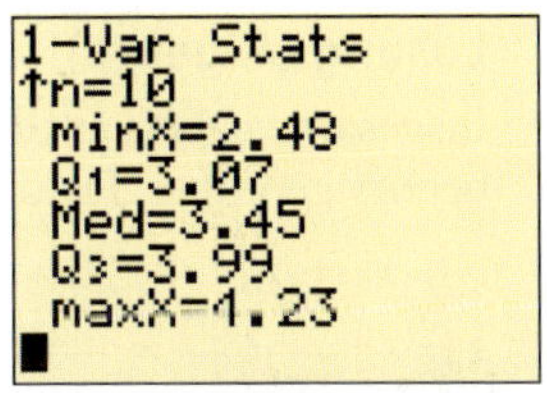

Situation 6

In einer Abfüllanlage wird Fruchtsaft in Flaschen mit einem Sollwert von 500 ml abgefüllt. Der Produktion werden elf Flaschen entnommen und auf ihre Füllmenge überprüft. Die Urliste enthält die Füllmengen in ml:

505; 502; 497; 496; 510; 503; 499; 498; 502; 501; 500

Bestimmen Sie den Median und interpretieren Sie Ihr Ergebnis anwendungsbezogen.

Lösung

Die Merkmalswerte werden aufsteigend der Größe nach sortiert.

x_1	x_2	x_3	x_4	x_5	x_6	x_7	x_8	x_9	x_{10}	x_{11}
496	497	498	499	500	501	502	502	503	505	510

Da es sich mit $n = 11$ um eine Stichprobe mit einer ungeraden Anzahl an Merkmalsausprägungen handelt, gilt für den Median:

$$\tilde{x} = x_{\frac{n+1}{2}} = x_{\frac{11+1}{2}} = x_6 = 501$$

Der Median der Stichprobe beträgt 501 ml. Fünf der elf Flaschen haben eine Füllmenge von weniger als 501 ml und ebenfalls fünf Flaschen haben eine Füllmenge von mehr als 501 ml. Die Füllmenge einer Flasche entspricht dem Median.

Situation 7

Ein Assessment-Center führt im Auftrag eines Industrieunternehmens eine Bewerbungsauswahl durch. Im Rahmen dieses Auswahlverfahrens werden den Bewerbern bei einem Test 130 Fragen gestellt. Die Anzahl der korrekt beantworteten Fragen und die jeweils dazugehörige Anzahl der Bewerber lassen sich der Tabelle entnehmen.

richtige Antworten	70	74	78	82	86	90	94	98	102	106	110	114	118	122	126
Anzahl Bewerber	4	9	16	28	45	66	85	72	54	38	27	18	11	5	2

Bestimmen Sie den Median richtiger Antworten.

Lösung (Algebra)

Insgesamt haben an dem Test 480 Personen teilgenommen. Die Stichprobe ist bereits geordnet. Da der Stichprobenumfang gerade ist, gilt für den Median:

$$\tilde{x} = \frac{x_{\frac{n}{2}} + x_{\frac{n}{2}+1}}{2} = \frac{x_{\frac{480}{2}} + x_{\frac{480}{2}+1}}{2} = \frac{x_{240} + x_{241}}{2} = \frac{94 + 94}{2} = 94$$

168 Personen haben 90 Fragen oder weniger korrekt beantwortet. Weitere 85 haben 94 Fragen richtig beantwortet. Die Merkmalsausprägungen x_{240} und x_{241} betragen daher 94.

Anhang 8

Lösung (GTR)

Der Median kann auch bei großen Stichprobenumfängen und gruppierten Merkmalsausprägungen mit dem GTR bestimmt werden. Da es sich um einen Kennwert einer Stichprobe handelt, wird dieser bei dem Befehl 1-Var Stats automatisch mit berechnet. Selbst wenn die Werte nicht geordnet wären, müssten diese vorher nicht sortiert werden, denn der GTR ordnet diese intern automatisch.

Geben Sie alle Merkmalsausprägungen mit [STAT] 1: Edit [ENTER] in die Liste L1 und die dazugehörigen absoluten Häufigkeiten in die Liste L2 ein.

Hinweis:
Die Grafik zeigt nur einen Tabellenausschnitt.

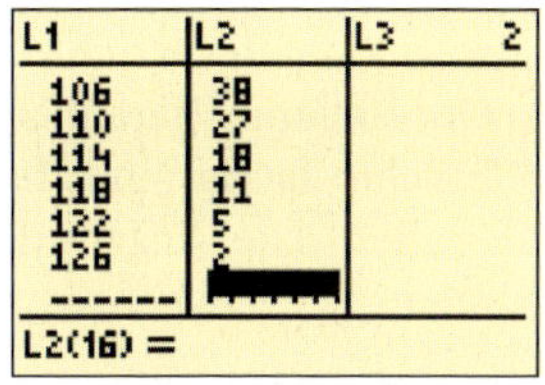

Wählen Sie [STAT] [CALC] 1: 1-Var Stats [2nd] [L1] [,] [2nd] [L2] und bestätigen Sie mit [ENTER]. Durch Scrollen können Sie den Median unter Med ablesen.

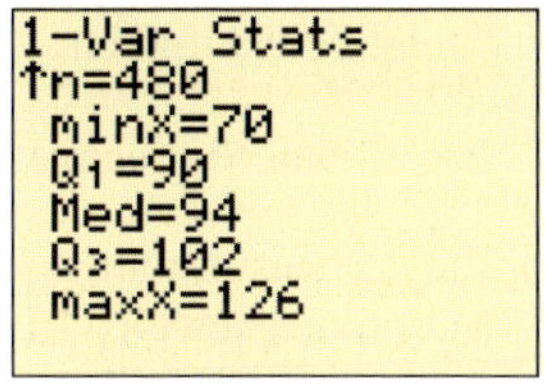

Übungsaufgaben

1 In einem Industriebetrieb wird Limonade in Flaschen mit einer Sollfüllmenge von einem Liter abgefüllt. Im Rahmen einer Qualitätskontrolle wird die Sollfüllmenge der Flaschen durch eine Stichprobe überprüft. Dazu werden der laufenden Produktion fünf Flaschen entnommen, deren Füllmenge überprüft und in einer Tabelle notiert:

Flasche	1	2	3	4	5
Füllmenge [ml]	997	998	1 001	1 003	1 005

Berechnen Sie algebraisch, wie viel Limonade die Flaschen durchschnittlich enthalten.

2 In einem Einzelhandelsunternehmen arbeiten viele Aushilfen. Die Stundenlöhne der Mitarbeiter können der Tabelle entnommen werden.

Anzahl der Aushilfen	4	2	3	1	5	2
Stundenlohn je Aushilfe [EUR]	8,50	12,60	7,80	9,20	8,80	8,30

Berechnen Sie den Durchschnittsstundenlohn der Aushilfen.

3 Ein Bauunternehmer erhält wöchentliche Lieferung von 200 Säcken Zement mit einem Sollgewicht von jeweils 25 kg. Im Rahmen der Qualitätskontrolle werden 5 % aller Säcke gewogen. Nachdem 90 % der Stichprobe kontrolliert wurden, liegt das Durchschnittsgewicht bei 24,8 kg. Wie viel muss der letzte Sack wiegen, damit das Durchschnittsgewicht doch noch 25 kg beträgt?

4 Der Betreiber einer Betriebskantine benötigt jeden Tag 60 Stiegen frischer Bio-Pfirsiche mit jeweils 30 Früchten. Da bei den Bio-Pfirsichen auf Pflanzenschutzmittel verzichtet wird, sind einige der Früchte bei der Anlieferung faulig. Der Lieferant garantiert jedoch, dass innerhalb einer Lieferung maximal 5 % aller Früchte faulig sind. Im Rahmen der Qualitätskontrolle werden die Stiegen kontrolliert. Die Anzahl der fauligen Früchte je Stiege lässt sich der Tabelle entnehmen.

faulige Früchte	0	1	2	3
relative Häufigkeit	60 %	25 %	10 %	5 %

Begründen Sie rechnerisch, ob die Aussage des Lieferanten stimmt.

5 Ein Lebensmittelhersteller produziert täglich für eine Fast-Food-Kette an zwei Maschinen jeweils 10 000 Hamburger-Patties mit einem Sollgewicht von 125 g, das automatisch überprüft wird. Da sich die Nachfrage in letzter Zeit halbiert hat, soll eine der beiden Maschinen außer Betrieb gesetzt werden. Welche der beiden Maschinen sollte stillgelegt werden, wenn der Kunde großen Wert auf das genaue Gewicht der Patties legt?

Gewicht [g]	123	124	125	126	127	
Maschine 1		1 480			620	n_i
	0,112		0,48			$h(x_i)$
Maschine 2			4 950	2 130		n_i
	0,129				0,059	$h(x_i)$

6 Bestimmen Sie algebraisch den Median und überprüfen Sie Ihre Ergebnisse mit dem GTR.

a) 19; 12; 17; 14; 15; 13; 18; 11; 12; 15

b) 100; 102; 103; 105; 110; 99; 95; 97; 108; 94; 94; 93; 101; 102; 105

c)

x_i	7	9	4	6	5	8
n_i	4	3	5	6	7	9

d)

x_i	11	14	13	12	10	15
n_i	84	89	112	100	72	16

e)

$n = 1\,000$	x_i	100	200	300	400	500	600
	$h(x_i)$	0,25	0,15	0,30	0,05	0,10	0,15

f)

$n = 675$	x_i	1 120	1 270	1 500	992	1 968	880
	$h(x_i)$	0,20	$0{,}2\overline{6}$	$0{,}1\overline{3}$	$0{,}0\overline{6}$	0,20	$0{,}1\overline{3}$

7 Auf dem Hamburger Dom, einem dreimal im Jahr stattfindenden Volksfest, werden an einer Losbude zehn Lose für 2,50 EUR verkauft. Herr G. Nauer und Herr P. Nibel vom Ordnungsamt sind sehr an einer braunen Aktentasche interessiert, die es dort als Hauptgewinn zu gewinnen gibt. Die beiden haben insgesamt jedoch nur noch 10,00 EUR dabei. Um abzuschätzen, ob Sie mit dem Ihnen zur Verfügung stehenden Kapital eine realistische Chance auf die Aktentasche haben, beobachten die beiden vier Stunden lang die Losbude und fragen jeden Hauptgewinner, wie viel Geld er investiert hat, um diesen zu erhalten. Die Ergebnisse haben Sie in der nachfolgenden Tabelle festgehalten.

investiertes Kapital [EUR]	2,50	5,00	7,50	10,00	12,50	15,00
Anzahl der Hauptgewinner	19	9	5	2	23	27

Beide werten die Daten aus. Herr Nauer ist der Meinung, dass das Geld reichen wird, Herr Nibel ist anderer Meinung.
Stützen Sie mithilfe zweier Lageparameter die Aussagen der beiden Herren.

8 Ein Fußballstadion hat eine Kapazität von 50 000 Personen. Bei den im vergangenen Jahr dort stattgefundenen Fußballspielen und Trainings war das Stadion unterschiedlich stark ausgelastet.

Auslastung	85 %	75 %	60 %	50 %	25 %	10 %
Anzahl der Spiele	35	20	15	23	8	5

Bestimmen Sie die Anzahl an Personen, die in 50 % aller Fälle mindestens im Stadion waren.

9 Eine kleine Tischlerei fertigt individuelle Kleiderschränke mit aufwändigen Intarsien. Ein solventer Kunde hat einen solchen Schrank vor zwei Wochen in Auftrag gegeben und fragt nun telefonisch nach, ob er ihn in drei Wochen abholen könne. Der Meister sagt: „Das ist schwer zu sagen. Entweder es klappt, oder es klappt nicht. Ich sag' mal, die Chance ist 50 : 50." Der Kunde erwidert: „Geht es nicht ein bisschen genauer?"
Geben Sie dem Kunden eine möglichst präzise Auskunft, indem Sie zwei geeignete Lageparameter anhand der nachfolgenden Daten aus der Vergangenheit auswerten.

Fertigungszeit [Wochen]	8	7	6	5	4	3
Anzahl	2	5	6	15	12	10

10 **monatliches Bruttoeinkommen Verwaltung**

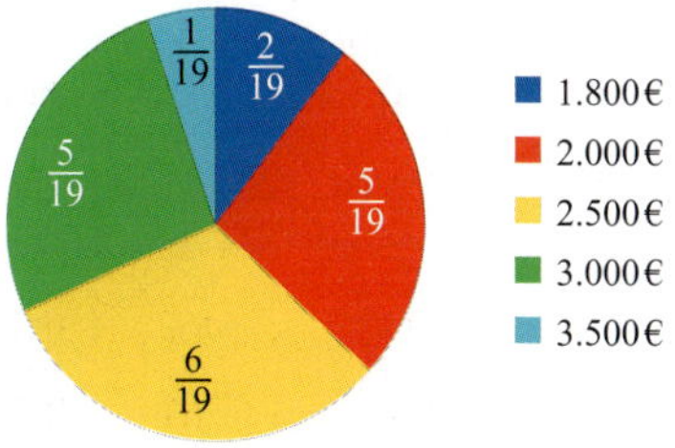

Ein Industrieunternehmen beschäftigt 855 Personen. Vier Fünftel der Beschäftigten arbeiten in der Produktion, der Rest in der Verwaltung. Das monatliche Bruttoeinkommen der Beschäftigten in der Verwaltung lässt sich der nebenstehenden Grafik entnehmen.
Berechnen Sie den Median und interpretieren Sie Ihr Ergebnis anwendungsbezogen.

1.2.3 Streuungsmaße

In zahlreichen Fällen genügt die ausschließliche Betrachtung von Mittelwerten zur Beurteilung statistischer Daten nicht. Anhand von Mittelwerten kann keine Aussage darüber getätigt werden, wie stark die einzelnen Merkmalsausprägungen vom Mittelwert abweichen.

Beispiel

In zwei vergleichbaren Unternehmen arbeiten jeweils 6 Angestellte. Die Bruttomonatsgehälter [EUR] lassen sich der nachfolgenden Tabelle entnehmen.

	x_1	x_2	x_3	x_4	x_5	x_6
Unternehmen A	2 010	2 050	1 990	2 500	1 950	1 500
Unternehmen B	1 000	1 000	1 000	1 000	6 000	2 000

$$\bar{x}_A = \frac{1}{n}\sum_{i=1}^{n} x_{A_i} = 2\,000 \qquad \bar{x}_B = \frac{1}{n}\sum_{i=1}^{n} x_{B_i} = 2\,000$$

In beiden Fällen beträgt das arithmetische Mittel 2 000,00 EUR. Diese Zahl allein ist wenig aussagekräftig, da im Falle des Unternehmens B die Werte extrem stark um den Mittelwert schwanken. Daher werden häufig zusätzlich zum Mittelwert **Streuungsmaße** angegeben, die es ermöglichen etwas über die „Qualität" des arithmetischen Mittels auszusagen. Generell gilt: Je kleiner die absoluten Werte der Streuungsmaße sind, desto weniger weichen die einzelnen Merkmalsausprägungen vom arithmetischen Mittel ab.

Wichtige Streuungsmaße sind die **Spannweite**, die **mittlere lineare Abweichung**, die **mittlere quadratische Abweichung (Varianz)** und die **Standardabweichung**.

Spannweite

Die Spannweite R[1] ist die Differenz zwischen der größten und der kleinsten Merkmalsausprägung.

$$R = x_{max} - x_{min}$$

Spannweite

Beispiel

Für die im Ausgangsbeispiel erwähnten Unternehmen ergibt sich:

$$R_A = 2\,500 - 1\,500 = 1\,000 \qquad R_B = 6\,000 - 1\,000 = 5\,000$$

Da die Spannweite bei Unternehmen A deutlich geringer ist, schwanken die einzelnen Werte deutlich weniger um das Durchschnittsgehalt als bei Unternehmen B.

---

[1] R für range, dem englischen Begriff für Spannweite

Sonderfall

Gilt bei einer Stichprobe $R = 0$, so gilt auch $x_{max} = x_{min}$. Alle Merkmalsausprägungen sind identisch und stimmen mit dem Wert des arithmetischen Mittels überein. Aus $x_1 = x_2 = x_3 = \ldots = x_n = \bar{x}$ folgt $R = 0$.

Mittlere lineare Abweichung

Die mittlere lineare Abweichung[1] d gibt an, wie stark die einzelnen Merkmalsausprägungen um das arithmetische Mittel streuen.

Beispiel

	Bruttomonatsgehälter [EUR]					
	x_1	x_2	x_3	x_4	x_5	x_6
Unternehmen A	2 010	2 050	1 990	2 500	1 950	1 500
Unternehmen B	1 000	1 000	1 000	1 000	6 000	2 000

Es wird mit den absoluten Abweichungen vom Mittelwert gerechnet, damit sich Abweichungen nach oben und unten nicht gegenseitig aufheben, wie in der Grafik dargestellt. Die absoluten Abweichungen erhält man, wenn jede Merkmalsausprägung vom Mittelwert subtrahiert und davon der Betrag gebildet wird.

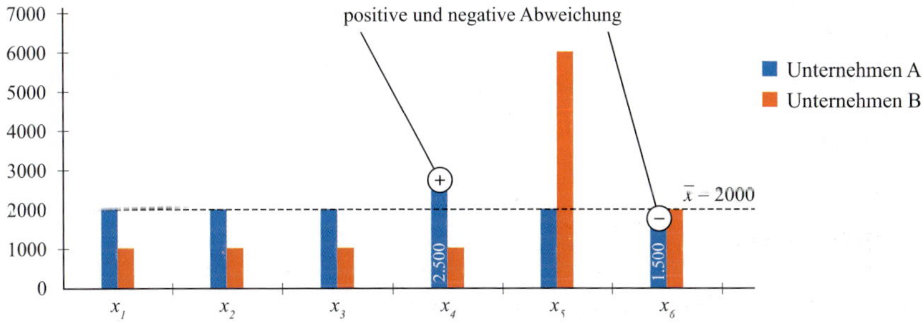

Für die Berechnung der mittleren linearen Abweichung d aus ungruppiertem Datenmaterial gilt:

$$d = \frac{|x_1 - \bar{x}| + |x_2 - \bar{x}| + |x_3 - \bar{x}| + \ldots + |x_n - \bar{x}|}{n}$$

mittlere lineare Abweichung

$$d = \frac{1}{n} \sum_{i=1}^{n} |x_i - \bar{x}|$$

mittlere lineare Abweichung (Summenschreibweise)

[1] auch absolute mittlere Abweichung, absolutes mittleres Streuungsmaß, absolute lineare Abweichung

Für Datenmaterial, das nach Häufigkeit gruppiert wurde, gilt dementsprechend:

$d = \frac{1}{n}\sum_{i=1}^{k} \lvert x_i - \bar{x} \rvert \cdot n_i$	$d = \sum_{i=1}^{k} \lvert x_i - \bar{x} \rvert \cdot h(x_i)$
mittlere lineare Abweichung bei gegebener absoluter Häufigkeit	**mittlere lineare Abweichung bei gegebener relativer Häufigkeit**

Situation 5

Auf einem Bauernhof werden 10 Milchkühe für einen Test mit unterschiedlichem Futter gefüttert. Ziel ist eine Jahresmilchleistung von 5 000 Liter je Kuh. Während die eine Hälfte mit rein natürlichem Futter versorgt wird, erhält die andere Hälfte ein speziell angereichertes Futter für Hochleistungsmilchkühe. Die Jahresmilchleistung [Liter] lässt sich der folgenden Tabelle entnehmen:

	Kuh 1	Kuh 2	Kuh 3	Kuh 4	Kuh 5
natürliches Futter	6 000	5 000	3 000	7 000	4 000

	Kuh 6	Kuh 7	Kuh 8	Kuh 9	Kuh 10
angereichertes Futter	5 100	4 900	5 050	5 000	4 950

Berechnen Sie für beide Futtersorten die mittlere lineare Abweichung und interpretieren Sie Ihre Ergebnisse anwendungsbezogen.

Lösung

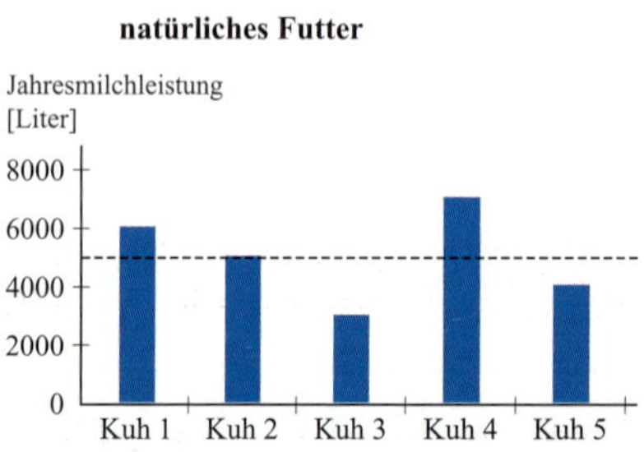

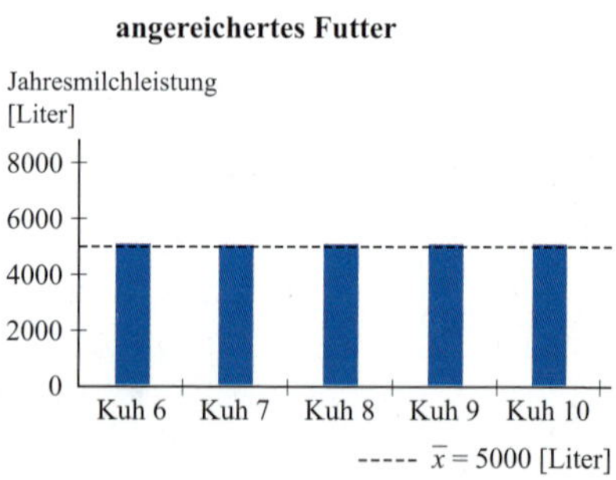

Zunächst muss für beide Sorten das arithmetische Mittel berechnet werden.

$$\bar{x}_{nF} = \frac{6\,000 + 5\,000 + 3\,000 + 7\,000 + 4\,000}{5} = 5\,000 \text{ [Liter]}$$

$$\bar{x}_{aF} = \frac{5\,100 + 4\,900 + 5\,050 + 5\,000 + 4\,950}{5} = 5\,000 \text{ [Liter]}$$

Es beträgt bei beiden Futtersorten 5 000 Liter.

Dann wird die mittlere lineare Abweichung mit der Formel $d = \frac{1}{n}\sum_{i=1}^{n} \lvert x_i - \bar{x} \rvert$ berechnet.

$$d_{nF} = \frac{|6\,000 - 5\,000| + |5\,000 - 5\,000| + |3\,000 - 5\,000| + |7\,000 - 5\,000| + |4\,000 - 5\,000|}{5}$$

$$= \frac{1\,000 + 0 + 2\,000 + 2\,000 + 1\,000}{5} = \frac{6\,000}{5} = 1\,200 \text{ [Liter]}$$

$$d_{aF} = \frac{|5\,100 - 5\,000| + |4\,900 - 5\,000| + |5\,050 - 5\,000| + |5\,000 - 5\,000| + |4\,950 - 5\,000|}{5}$$

$$= \frac{100 + 100 + 50 + 0 + 50}{5} = 60 \text{ [Liter]}$$

Die Jahresmilchleistung weicht bei normalem Futter durchschnittlich um 1 200 Liter von der mittleren Jahresmilchleistung ab. Bei angereichertem Futter beträgt die durchschnittliche Abweichung nur 60 Liter. Zukünftig sollte nur noch das angereicherte Futter eingesetzt werden, da die Ergebnisse weniger stark schwanken.

Situation 6

In einem Industrieunternehmen wird mithilfe zweier Maschinen Kunststoffgranulat in Tüten à 500 g abgefüllt. Zur Qualitätssicherung werden bei beiden Maschinen jeweils zehn Tüten der laufenden Produktion entnommen und auf ihr Gewicht überprüft.

Gewicht [g]	499	500	501	
Maschine 1	2	6	2	n_i
Maschine 2	0,3	0,4	0,3	$h(x_i)$

Welche der beiden Maschinen arbeitet genauer?

Lösung

$$\bar{x}_{M1} = \frac{499 \cdot 2 + 500 \cdot 6 + 501 \cdot 2}{10} = 500 \text{ [g]}$$

$$\bar{x}_{M2} = 499 \cdot 0{,}3 + 500 \cdot 0{,}4 + 501 \cdot 0{,}3 = 500 \text{ [g]}$$

Beide Maschinen füllen durchschnittlich 500 g ab. Offensichtlich ist das arithmetische Mittel allein nicht aussagekräftig genug. Daher wird zusätzlich die mittlere lineare Abweichung bestimmt.

$$d_{M1} = \frac{|499 - 500| \cdot 2 + |500 - 500| \cdot 6 + |501 - 500| \cdot 2}{10} = \frac{1 \cdot 2 + 0 \cdot 6 + 1 \cdot 2}{10} = \frac{4}{10} = 0{,}4 \text{ [g]}$$

$$d_{M2} = |499 - 500| \cdot 0{,}3 + |500 - 500| \cdot 0{,}4 + |501 - 500| \cdot 0{,}3$$
$$= 1 \cdot 0{,}3 + 0 \cdot 0{,}4 + 1 \cdot 0{,}3 = 0{,}6 \text{ [g]}$$

Die Maschine 1 arbeitet genauer, da die mittlere lineare Abweichung kleiner als bei Maschine 2 ist.

Varianz und Standardabweichung

Die in der Statistik am häufigsten verwendeten Streuungsmaße sind die **Varianz** σ^2 und die **Standardabweichung** σ. Die Standardabweichung ist der positive Wert der Quadratwurzel aus der Varianz. σ ist der griechische Kleinbuchstabe Sigma.

$$\sigma = \sqrt{\sigma^2} \text{ mit } \sigma^2 = \frac{1}{n}\sum_{i=1}^{n}(x_i - \overline{x})^2$$

Standardabweichung

Wie die mittlere lineare Abweichung geben auch die Varianz und die Standardabweichung an, wie stark die einzelnen Merkmalsausprägungen um das arithmetische Mittel streuen. Damit sich die Abweichungen nach oben und unten nicht gegenseitig aufheben, werden bei Berechnung der Varianz die Differenzen der Abweichungen quadriert. Daher wird die Varianz häufig auch als **mittlere quadratische Abweichung** bezeichnet. Im Unterschied zur mittleren linearen Abweichung werden große Abweichungen vom arithmetischen Mittel stärker berücksichtigt als kleine.

Die Formel zur Berechnung der Varianz ähnelt stark der Formel der mittleren linearen Abweichung.

$$\sigma^2 = \frac{(x_1 - \overline{x})^2 + (x_2 - \overline{x})^2 + (x_3 - \overline{x})^2 + \ldots + (x_n - \overline{x})^2}{n}$$

Varianz

$$\sigma^2 = \frac{1}{n}\sum_{i=1}^{n}(x_i - \overline{x})^2$$

Varianz (Summenschreibweise)

Für gruppiertes Datenmaterial gilt dementsprechend:

$$\sigma^2 = \frac{1}{n}\sum_{i=1}^{k}(x_i - \overline{x})^2 \cdot n_i$$

Varianz bei gegebener absoluter Häufigkeit

$$\sigma^2 = \sum_{i=1}^{k}(x_i - \overline{x})^2 \cdot h(x_i)$$

Varianz bei gegebener relativer Häufigkeit

Die Varianz dient lediglich zur Berechnung der Standardabweichung. Eine anwendungsbezogene Interpretation ist wegen der Quadratur der Einheiten nicht sinnvoll.

Situation 7

Auf der Speisekarte eines Münchener Biergartens werden fünf typisch bayerische Spezialitäten angeboten. Berechnen Sie das arithmetische Mittel, die Varianz und die Standardabweichung der Preise und interpretieren Sie die Ergebnisse anwendungsbezogen.

Lösung (Algebra)

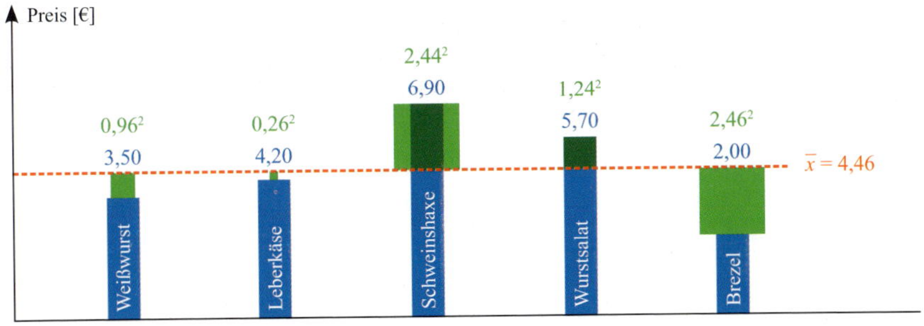

$$\overline{x} = \frac{3{,}5 + 4{,}2 + 6{,}9 + 5{,}7 + 2}{5} = 4{,}46 \text{ [EUR]}$$

Eine Speise kostet durchschnittlich 4,46 EUR.

$$\sigma^2 = \frac{(3{,}5 - 4{,}46)^2 + (4{,}2 - 4{,}46)^2 + (6{,}9 - 4{,}46)^2 + (5{,}7 - 4{,}46)^2 + (2 - 4{,}46)^2}{5} = 2{,}9064 \text{ [EUR}^2\text{]}$$

Die Einheit ist EUR². Eine errechnete Interpretation ist nicht sinnvoll.

$\sigma = \sqrt{2{,}9064} \approx 1{,}70$ [EUR]

Der Rechnungsbetrag weicht durchschnittlich um 1,70 EUR vom mittleren Rechnungsbetrag (Durchschnittsbetrag) ab.

Lösung (GTR)

Die Standardabweichung lässt sich auch mit dem Taschenrechner bestimmen.

<table>
<tr><td>Die Merkmalsausprägungen durch [STAT] [ENTER] in eine Liste eingeben.
Hinweis: Bei Bedarf können in eine weitere Liste auch absolute oder relative Häufigkeiten eingegeben werden.</td><td>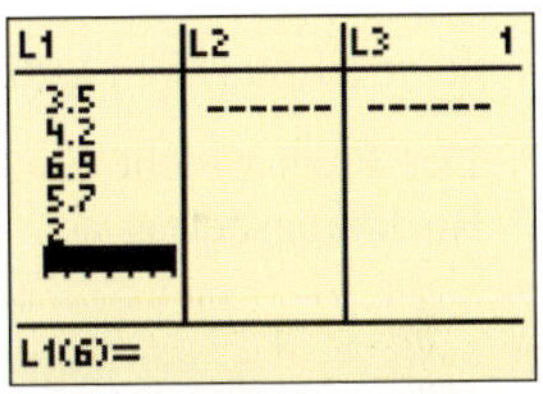
</td></tr>
<tr><td>Nun [STAT] [CALC] 1: 1-Var Stats mit [ENTER] auswählen und die entsprechenden Listen durch [2nd] [L1] oder [2nd] [L1] [,] [2nd] [L2] auswählen. [ENTER] liefert nun verschiedene Kennwerte der Listen.</td><td>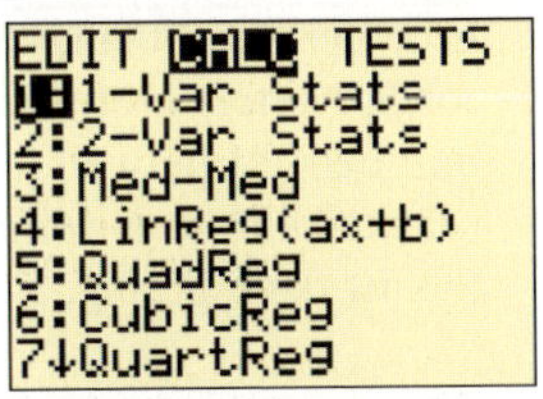

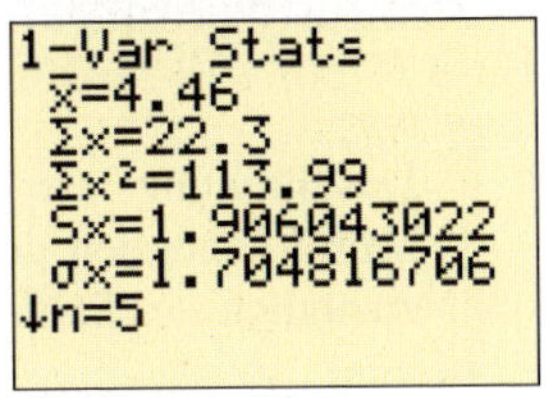
</td></tr>
</table>

Der unten angezeigte Wert σx ist die Standardabweichung

$$\sigma = \sqrt{\frac{1}{n}\sum_{i=1}^{n}(x_i - \overline{x})^2}.$$

Situation 8

An einem Sommertag kommen 600 Gäste in den Biergarten. Ein Viertel der Gäste isst Weißwurst und ein Fünftel Schweinshaxe. Der Rest verteilt sich gleichmäßig auf Leberkäse und Wurstsalat. Die Brezeln finden keine Käufer.

a) Wie viel muss jeder Gast nach der Speisekarte von Situation 7 durchschnittlich bezahlen?

b) Wie viel EUR beträgt die durchschnittliche Abweichung vom mittleren Rechnungsbetrag?

Lösung

Zunächst wird die Anzahl der verkauften Speisen ermittelt. Anschließend kann mit der Formel $\bar{x} = \frac{1}{n}\sum_{i=1}^{k} x_i \cdot n_i$ das arithmetische Mittel berechnet werden.

Weißwurst: $600 \cdot 0{,}25 = 150$

Schweinshaxe: $600 \cdot \frac{1}{5} = 120$

Leberkäse: $(600 - 150 - 120) : 2 = 165$

Wurstsalat: $(600 - 150 - 120) : 2 = 165$

$$\bar{x} = \frac{150 \cdot 3{,}5 + 120 \cdot 6{,}9 + 165 \cdot 4{,}2 + 165 \cdot 5{,}7}{600} \approx 4{,}98 \text{ [EUR]}$$

Jeder Gast muss durchschnittlich 4,98 EUR bezahlen.

$$\sigma^2 = \frac{(3{,}5 - 4{,}98)^2 \cdot 150 + (4{,}2 - 4{,}98)^2 \cdot 165 + (6{,}9 - 4{,}98)^2 \cdot 120 + (5{,}7 - 4{,}98)^2 \cdot 165}{600} = 1{,}59475 \text{ [EUR}^2\text{]}$$

$$\sigma = \sqrt{1{,}59475} \approx 1{,}26 \text{ [EUR]}$$

Der Preis weicht für eine Speise um durchschnittlich 1,26 EUR vom mittleren Rechnungsbetrag ab.

Eine geringe Standardabweichung bedeutet, dass die Aussagekraft des arithmetischen Mittels groß ist, da die einzelnen Merkmalsausprägungen nur geringfügig um den Mittelwert schwanken. Ist die Standardabweichung hingegen groß, schwanken die einzelnen Werte stark. Die Aussagekraft des arithmetischen Mittels ist dann gering.

Streuungsintervall (Intervall um das arithmetische Mittel)

Das Streuungsintervall enthält alle Werte, die zwischen dem arithmetischen Mittel abzüglich der Standardabweichung und dem arithmetischen Mittel zuzüglich der Standardabweichung liegen: $[\bar{x} - \sigma; \bar{x} + \sigma]$.

Werte, die in dem Streuungsintervall liegen, werden als „normal", „üblich" oder „charakteristisch" bezeichnet.

Situation 9

Karte
Filterkaffee 2,20 €
Latte Macchiato 3,20 €
Café au Lait 2,70 €
Cappuccino 2,80 €
Espresso 2,50 €

In einem Coffee-Shop werden fünf Kaffeespezialitäten zu unterschiedlichen Preisen angeboten. Die Herstellungskosten sind bei allen fünf Produkten identisch. Begründen Sie rechnerisch, welche der Getränke zu teuer oder zu billig angeboten werden.

Lösung

$$\bar{x} = \frac{2{,}2 + 3{,}2 + 2{,}7 + 2{,}8 + 2{,}5}{5} = 2{,}68 \text{ [EUR]}$$

$$\sigma^2 = \frac{(2{,}2 - 2{,}68)^2 + (3{,}2 - 2{,}68)^2 + (2{,}7 - 2{,}68)^2 + (2{,}8 - 2{,}68)^2 + (2{,}5 - 2{,}68)^2}{5} = 0{,}1096$$

$$\sigma = \sqrt{0{,}1096} \approx 0{,}33 \text{ [EUR]}$$

$$[2{,}68 - 0{,}33;\ 2{,}68 + 0{,}33] = [2{,}35;\ 3{,}01]$$

Alle Kaffeespezialitäten, die weniger als 2,35 EUR kosten, sind zu billig, zu teuer sind Produkte über 3,01 EUR. Das sind Filterkaffee und Latte Macchiato.

Übungsaufgaben

1 Die schwedische Käserei „SvenskOst" stellt Käse aus der Milch von fünf unterschiedlichen Tierarten her. Der Anteil des Wassers in der Milch ist grafisch dargestellt.

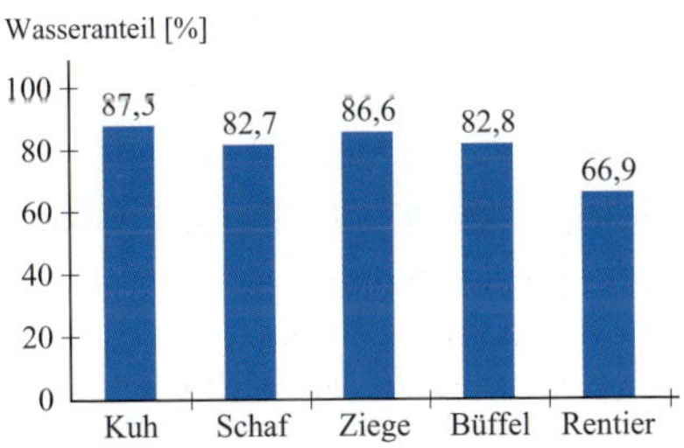

Berechnen Sie unter der Annahme, dass die Milchsorten im Verhältnis 10 : 4 : 3 : 2 : 1 in der Produktion eingesetzt werden, die mittlere lineare Abweichung für den Wasseranteil in der Milch und interpretieren Sie Ihr Ergebnis.

2 In zwei Wohnblöcken wird eine Umfrage zur Anzahl der Familienmitglieder durchgeführt. Nach der Auswertung steht fest, dass in beiden Wohnblöcken sowohl die absolute Anzahl an Personen als auch die durchschnittliche Anzahl der Familienmitglieder identisch ist.

Familienmitglieder	2	3	4	5
Wohnblock A	12	8	6	3
Wohnblock B	16	3	4	6

Bestimmen Sie für beide Wohnblöcke das arithmetische Mittel und begründen Sie rechnerisch, welcher der beiden Durchschnittswerte aussagekräftiger ist.

3 Bei einem Fußballspiel gelten die Getränkepreise der Tabelle. Von den 30 000 verkauften Bieren waren 20 % alkoholfrei. Der Anteil des alkoholfreien Bieres an den gesamten antialkoholischen Kaltgetränken betrug 60 %. Durchschnittlich haben die Zuschauer 2,40 EUR bezahlt.

Bier	2,60 EUR
Bier, alkoholfrei	2,40 EUR
Cola	1,50 EUR
Kaffee	1,20 EUR

a) Wie viele Becher Kaffee wurden verkauft?

b) Berechnen Sie die mittlere lineare Abweichung und interpretieren Sie Ihr Ergebnis anwendungsbezogen.

c) Wie hoch waren die Gesamteinnahmen?

4 Berechnen Sie die Spannweite, das arithmetische Mittel, den Median, die Standardabweichung und das Streuungsintervall anhand der Daten aus der Abbildung und interpretieren Sie Ihre Ergebnisse.

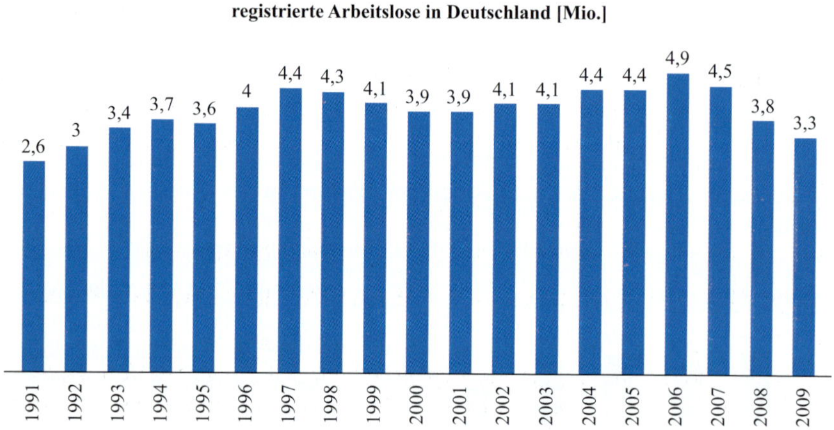

(Zahlen vom Bundesamt für Statistik)

5 In einem mittelständischen Industrieunternehmen arbeiten 300 Personen an fünf Tagen in der Woche. In der letzten Zeit hat die Anzahl der Krankheitstage stark zugenommen. Berechnen Sie anhand der Ihnen zur Verfügung stehenden Daten, wie viele Krankheitstage für die Woche charakteristisch sind und geben Sie an, wie viele Mitarbeiter besonders selten krank sind.

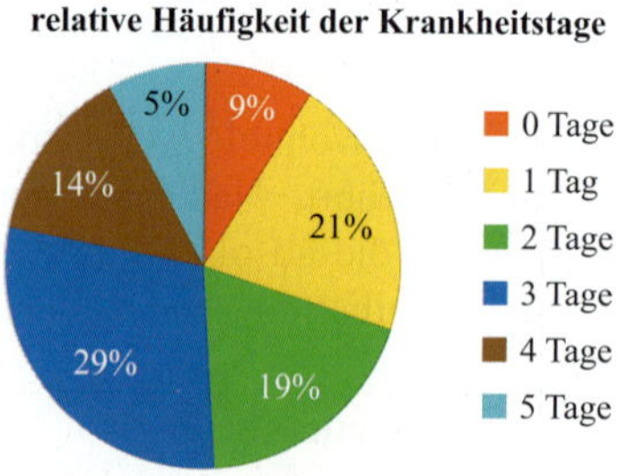

6 Ein Gemüsesaftproduzent ist auf der Suche nach einem neuen zuverlässigen Karottenlieferanten. Er bestellt daher bei drei unterschiedlichen Bauern jeweils 500 kg Karotten. Diese werden in Säcken mit einem Füllgewicht von jeweils 20 kg angeliefert. Im Rahmen der Qualitätskontrolle wird aus den drei Lieferungen jeweils eine Stichprobe entnommen, das Gewicht der Säcke gewogen und in kg notiert.

Sack	1	2	3	4	5
Bauer A	19,8	20,1	19,9	20	20,2
Bauer B	20	19,7	19,8	20,3	20,2
Bauer C	19	21	20	19,3	20,7

Begründen Sie rechnerisch, bei welchem der drei Bauern der Gemüsesaftproduzent zukünftig bestellen sollte.

7 Ein Lüneburger Bauunternehmen beschäftigt zehn Fliesenleger, die jeweils 2 500,00 EUR brutto im Monat verdienen. Da der Geschäftsführer sehr penibel ist, kontrolliert er alle Angestellten und die eingehenden Baustofflieferungen sehr genau.
In letzter Zeit ist dem Geschäftsführer aufgefallen, dass die Arbeitsleistung seiner Fliesenleger sehr unterschiedlich ist, und führt einen selbst entwickelten Fliesenlegetest durch. Die Arbeiter schaffen in der vorgegebenen Zeit folgende Flächen [m^2]:
12; 14; 13; 12,5; 11,8; 11,5; 12,3; 13,5; 12; 14

a) Wie viel m^2 haben die Fliesenleger durchschnittlich geschafft?

b) Begründen Sie rechnerisch, wie viele der Fliesenleger über- bzw. unterbezahlt sind.

Herr Schwarz hat bei dem Fliesenlegetest nur 11,8 m^2 geschafft, während Herr Mertens in der gleichen Zeit 14 m^2 fliesen konnte. Herr Schwarz macht den Geschäftsführer darauf aufmerksam, dass er wesentlich genauer gearbeitet hat als Herr Mertens. Der Geschäftsführer misst daraufhin bei beiden Testflächen 100 Fugen nach.

Herr Schwarz	
Fugenbreite [mm]	Anzahl
4,8	12
4,9	29
5,0	41
5,1	13
5,2	5

Herr Mertens	
Fugenbreite [mm]	Anzahl
4,8	20
4,9	20
5,0	40
5,1	10
5,2	10

c) Bestimmen Sie die Streuungsintervalle und interpretieren Sie Ihre Ergebnisse.

Nach dem Ausmessen der Fugen kontrolliert der Geschäftsführer eine Fliesenkleberlieferung. Dafür entnimmt er aus der Lieferung ein Dutzend Säcke und wiegt diese auf einer geeichten Waage nach. Seine Messergebnisse hat er in Gramm [g] festgehalten:
24 984; 24 989; 24 992; 24 996; 24 998; 24 999; 25 000; 25 002; 25 010; 25 013; 25 028; 49 987

d) Berechnen Sie das Durchschnittsgewicht eines Sackes und nehmen Sie kritisch zu Ihrem Ergebnis Stellung.

e) Berechnen und interpretieren Sie eine weitere Kenngröße, um die Aussagekraft des in Aufgabenteil d) berechneten Wertes zu erhöhen.

1.2.4 Offene Handlungssituationen zu den Kennwerten einer Stichprobe

Die Situationen sollen Sie mit den Ihnen zur Verfügung stehenden Rechnern bearbeiten. Besonders wichtig ist die Interpretation Ihrer Ergebnisse.

Situation 10

Ein gewinnorientiert arbeitendes Industrieunternehmen produziert Bio-Konfitüre, die jeweils zur Hälfte aus Zucker und Erdbeeren besteht. Das Unternehmen produziert pro Jahr 200 Tonnen der Erdbeerkonfitüre und bietet diese in Gläsern mit 500 g Inhalt zu einem Verkaufspreis von 1,29 EUR an. Zucker kostet auf dem Weltmarkt 500,00 EUR pro Tonne. Die jährlichen Fixkosten für die Erdbeerkonfitürenproduktion betragen 150 000,00 EUR. Aufgrund der mangelnden Zuverlässigkeit des bisherigen Erdbeerlieferanten ist die Geschäftsleitung auf der Suche nach einem neuen Zulieferer. Zur Wahl stehen drei Biobauern, die Früchte unterschiedlicher Qualität zu stark abweichenden Preisen anbieten. Es liegen Proben der Obstbauern vor, die jeweils fünf Schalen à 250 g angeliefert haben.

	Preis je Schale [EUR]	faulige Früchte je Schale [g]				
Lieferant A	0,20	10	12	7	11	10
Lieferant B	0,15	21	23	19	18	19
Lieferant C	0,25	0	2	0	0	3

Bereiten Sie sich auf eine Präsentation für die Geschäftsleitung vor, mithilfe derer eine Entscheidung getroffen werden kann.

Situation 11

Um Kosten zu sparen, müssen zwei Mitarbeiter in der Abteilung „Rechnungserstellung“ entlassen werden. Nach dem Sozialplan des Unternehmens stehen vier Mitarbeiter mit dem gleichen Gehalt zur Auswahl. Die Geschäftleitung hat die Mitarbeiter daher eine Woche lang beobachtet. Die Mitarbeiter wurden am Donnerstag über die Pläne informiert.

	erstellte Rechnungen					Σ der fehlerhaften Rechnungen/Woche
	Mo	Di	Mi	Do	Fr	
Frau Abraham	50	54	48	46	52	3
Herr Behrendt	45	53	49	53	50	4
Frau Clausen	53	50	45	49	53	2
Herr Derlinger	42	41	43	61	63	3

Treffen Sie für die Geschäftsleitung eine begründete Entscheidung.

Situation 12

Der Hersteller einer Hautpflegecreme möchte eine neue Werbekampagne starten. Die Kunden sollen die Möglichkeit bekommen, das Produkt auszuprobieren, und erhalten bei Nichtgefallen den Einkaufspreis zurück sowie einen Einkaufsgutschein für eine Drogerie im Wert von 15,00 EUR. Im Rahmen eines Konsumententests wurde festgestellt, dass 80 % der Kunden mit dem Produkt zufrieden waren. Durch die Auswertung ähnlicher Kampagnen in der Vergangenheit ist bekannt, dass 10 % der zufriedenen Kunden die Aktion des Herstellers ausnutzen werden, um den Kaufpreis erstattet zu bekommen und einen Gutschein zu erhalten.

Die Creme kostet in der Herstellung 10,00 EUR pro Liter und wird in unterschiedlichen Verpackungsgrößen angeboten. Insgesamt plant das Unternehmen, während der Werbeaktion 50 000 Dosen abzusetzen, wie in den Diagrammen dargestellt.

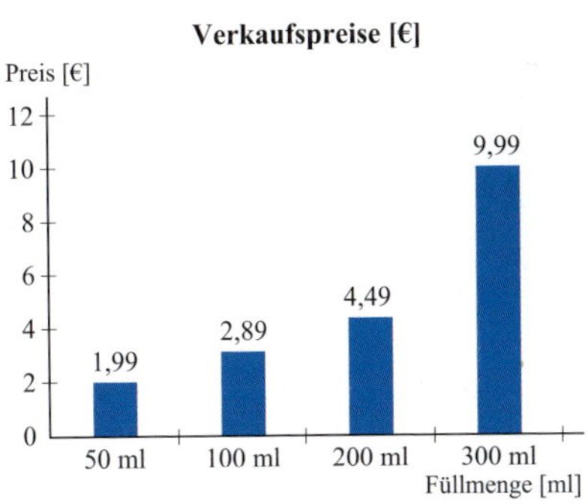

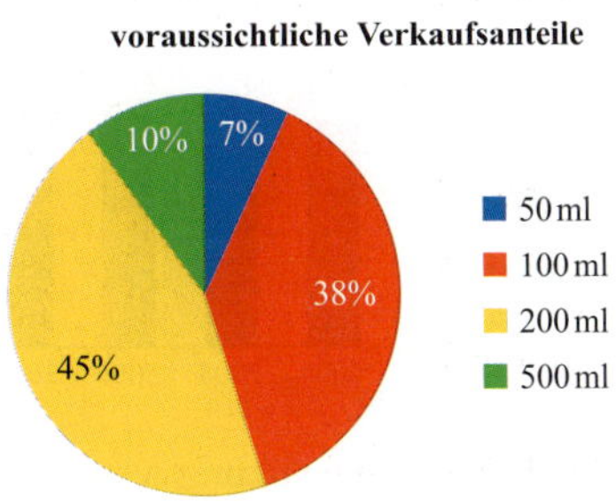

Die Geschäftsleitung erwartet von Ihnen eine Stellungnahme zur geplanten Kampagne.

Situation 13

Der Vorstand der Vestana Motor AG produziert vier Pkw-Modelle und hat einen Unternehmensberater damit beauftragt, die Gewinnzahlen für das kommende Geschäftsjahr anhand der Durchschnittwerte der vergangenen Jahre zu prognostizieren. Seit 2002 lässt sich die Entwicklung der jährlichen Lohnkosten eines Mitarbeiters L [GE] in Abhängigkeit von der Zeit t [Jahre] durch die Funktionsgleichung $L(t) = 20\,000 + 1\,000 \cdot \sqrt{t}$ beschreiben. Die jährlichen Fixkosten betragen 3 Mio. GE.

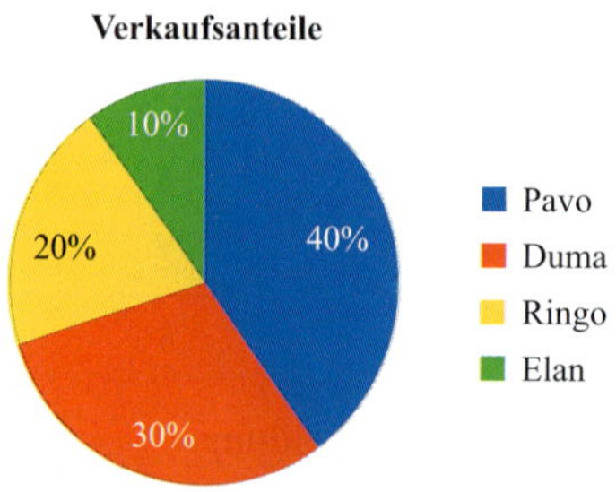

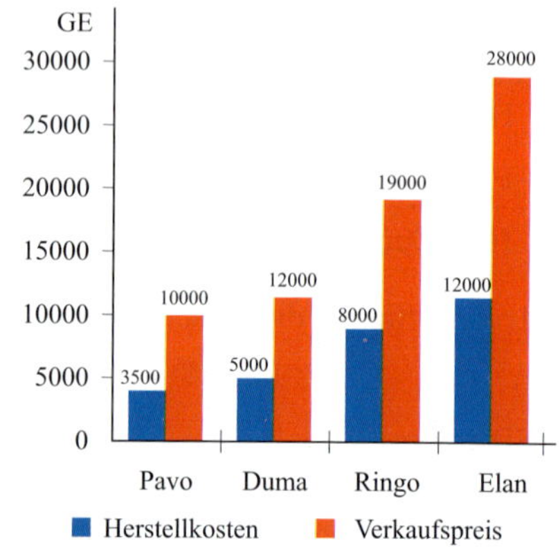

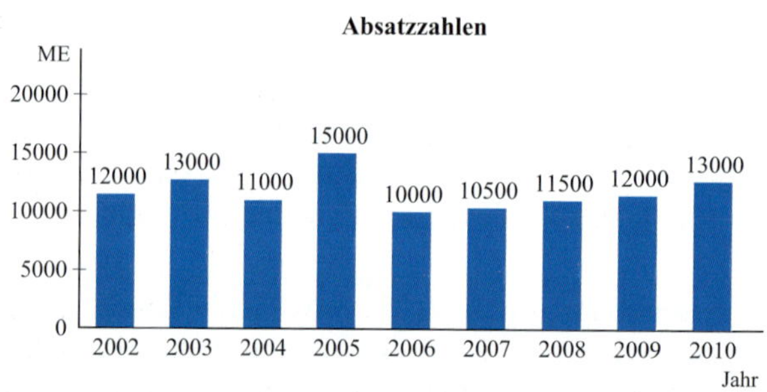

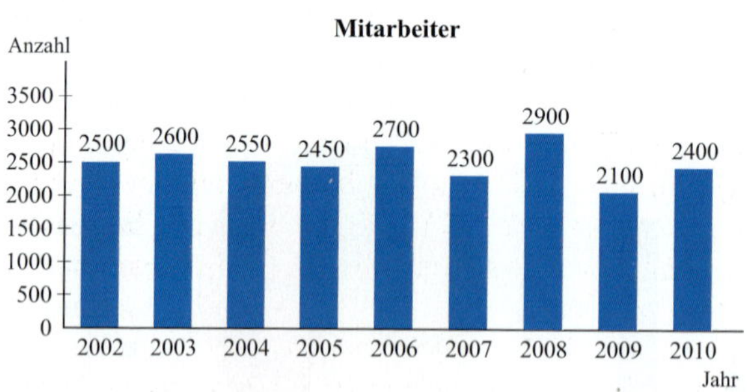

Auf der Vorstandssitzung verkündet der Unternehmensberater: „Im Normalfall müssen Sie aufgrund der Durchschnittswerte der vergangenen Jahre im kommenden Geschäftsjahr mit einem Verlust in Höhe von ca. 10 Mio. GE rechnen.“

Nehmen Sie kritisch zu der Aussage des Unternehmensberaters Stellung.

1.3 Klassierung großer Stichproben

Der **Stichprobenumfang** ist bei Umfragen oder Qualitätskontrollen häufig **sehr groß**. Außerdem können die **Merkmalsausprägungen nur sehr selten mehrfach** oder sogar jeweils nur **einfach** auftreten. Tritt bei einer Stichprobe zumindest eine der beiden Möglichkeiten auf, so werden die Daten vor der Auswertung in sogenannte **Klassen** eingeteilt.

1.3.1 Klassenbildung

Beispiel

In einer Schokoladenmanufaktur werden täglich 6 400 Tafeln Vollmilch-Schokolade in Handarbeit hergestellt, sodass es zu kleineren Gewichtsschwankungen kommt. Im Rahmen der Qualitätssicherung wird täglich bei 1 % der Produktion das Sollgewicht von 100 g kontrolliert. Die Ergebnisse [g] der heutigen Produktion werden in einer Urliste notiert:

99,93	100,60	101,23	99,77	99,29	101,84	**98,00**	100,56
99,29	98,25	99,89	**102,00**	98,79	98,20	99,04	99,02
101,35	100,02	99,92	100,18	99,83	99,53	99,18	100,03
101,77	99,48	100,49	98,13	101,08	101,27	99,12	98,62
99,26	100,45	100,48	99,31	101,18	98,45	101,45	101,62
99,60	100,59	99,17	101,78	98,83	99,60	99,76	98,03
101,31	99,44	100,34	101,61	100,95	101,85	99,43	101,64
99,53	99,12	101,52	99,26	99,00	98,23	100,39	98,87

Jede Merkmalsausprägung ist nur einfach vorhanden. Eine Auswertung per Hand oder mit dem Taschenrechner wäre mit den bisher bekannten Formeln sehr aufwendig, obwohl eine Stichprobe vom Umfang $n = 64$ eher klein als groß ist. Stichproben vom Umfang $n > 999$ sind mit dem TI-84 Plus nicht mehr auswertbar, da eine Liste auf 999 Elemente beschränkt ist.

Die Messwerte sollen daher in Klassen eingeteilt werden – man sagt klassieren. Eine Klasse ist ein „beliebig breiter Teil", also ein Intervall innerhalb der Spannweite R. In diesem Beispiel ist $R = \mathbf{102} - \mathbf{98} = 4$ [g]. Eine mögliche Klassenbreite wäre 0,5 g. In der ersten Klasse, im Intervall [98; 98,5), liegen in diesem Fall die sieben umrandeten Messwerte.

Theoretisch kann die Spannweite in unendlich viele Klassen eingeteilt werden. Dem steht das Ziel entgegen, die Berechnungen zu vereinfachen und „ähnliche" Werte zusammenzufassen. Daher wird bei der Bestimmung der Klassenanzahl häufig auf zwei „Faustregeln" zurückgegriffen:

$$\boldsymbol{k \approx \sqrt{n}} \text{ für } \boldsymbol{n \leq 500} \qquad \text{und} \qquad \boldsymbol{k \leq 30} \text{ für } \boldsymbol{n > 500}$$

Die Klassenbreite b folgt aus Spannweite und Klassenanzahl:

$$b = \frac{\text{Spannweite}}{\text{Anzahl der Klassen}} = \frac{R}{k}$$

Klassenbreite

Bei der Einteilung der Klassen muss auf zwei Dinge geachtet werden:

1. Das Klassenende der vorherigen Klasse darf sich nicht mit dem Klassenanfang der nachfolgenden Klasse überschneiden[1].
2. Die Klassen **sollen** die gleiche Breite besitzen.

Die **untere Grenze** einer Klasse wird als x_i^u, die **obere Grenze** als x_i^o bezeichnet. Die **Klassenmitte** x_i^* ist das arithmetische Mittel aus unterer und oberer Grenze.

$$x_i^* = \frac{x_i^u + x_i^o}{2}$$

Klassenmitte

1.3.2 Arithmetisches Mittel klassierter Daten

Die Formeln zur Berechnung des gewichteten arithmetischen Mittels $\bar{x}$ sind Ihnen bereits aus den vorherigen Kapiteln bekannt. Sie ändern sich nur insoweit, dass die Merkmalsausprägung x_i durch die entsprechenden Klassemitte x_i^* ersetzt wird:

$$\bar{x} = \frac{1}{n} \sum_{i=1}^{k} x_i^* \cdot n_i$$

arithmetisches Mittel klassierter Daten bei gegebener absoluter Häufigkeit

$$\bar{x} = \sum_{i=1}^{k} x_i^* \cdot h(x_i^*)$$

arithmetisches Mittel klassierter Daten bei gegebener relativer Häufigkeit

Situation 1

In einer Schokoladenmanufaktur werden täglich 6 400 Tafeln Vollmilch-Schokolade in Handarbeit hergestellt, sodass es zu kleineren Gewichtsschwankungen kommt. Im Rahmen der Qualitätssicherung wird täglich bei 1 % der Produktion das Sollgewicht von 100 g kontrolliert. Die Ergebnisse [g] der heutigen Produktion werden in einer Urliste notiert:

---

[1] Ansonsten ist es möglich, dass eine Merkmalsauprägung zwei Klassen zugeordnet werden muss und doppelt in die Berechnungen einfließt.

99,93	100,60	101,23	99,77	99,29	101,84	**98,00**	100,56
99,29	98,25	99,89	**102,00**	98,79	98,20	99,04	99,02
101,35	100,02	99,92	100,18	99,83	99,53	99,18	100,03
101,77	99,48	100,49	98,13	101,08	101,27	99,12	98,62
99,26	100,45	100,48	99,31	101,18	98,45	101,45	101,62
99,60	100,59	99,17	101,78	98,83	99,60	99,76	98,03
101,31	99,44	100,34	101,61	100,95	101,85	99,43	101,64
99,53	99,12	101,52	99,26	99,00	98,23	100,39	98,87

Berechnen Sie das arithmetische Mittel der Ihnen zur Verfügung stehenden Daten, indem Sie die Daten vorher in Klassen einteilen.

Lösung

Insgesamt wurden 64 Tafeln untersucht. Nach der Faustregel sollten daher $\sqrt{64} = 8$ Klassen gleicher Breite gebildet werden. Um die Breite festzulegen, wird die Spannweite ermittelt, der größte Wert ist **102,00 g** und der kleinste Wert **98,00 g**. Somit ist die Spannweite $\boldsymbol{R} = \mathbf{4}$. Durch die Anwendung der Formel für die Klassenbreite $b = \frac{R}{k}$ ergibt sich eine Klassenbreite von 0,5 g. Aufgrund der zahlreichen Rechnungen bietet sich das Aufstellen einer Tabelle an, in der die Merkmalsausprägungen der jeweiligen Klasse zugeordnet werden.

$\boldsymbol{k}$	$\boldsymbol{x_i^u}$	$\boldsymbol{x_i^o}$	$\boldsymbol{x_i^*}$	$\boldsymbol{n_i}$	$\boldsymbol{x_i^* \cdot n}$
1	98	< 98,5	98,25	7	687,75
2	≤ 98,5	< 99	98,75	4	395
3	≤ 99	< 99,5	99,25	15	1 488,75
4	≤ 99,5	< 100	99,75	10	997,5
5	≤ 100	< 100,5	100,25	8	802
6	≤ 100,5	< 101	100,75	4	403
7	≤ 101	< 101,5	101,25	7	708,75
8	≤ 101,5	≤ 102	101,75	9	915,75
			Σ	**64**	**6 398,5**

Mithilfe der berechneten Zwischenwerte lässt sich nun das arithmetische Mittel relativ unkompliziert bestimmen:

$$\bar{x} = \frac{1}{n} \sum_{i=1}^{k} x_i^* \cdot n_i = \frac{1}{64} \cdot 6\,398{,}5 \approx 99{,}98 \text{ [g]}.$$

Das durchschnittliche Gewicht der 64 kontrollierten Tafeln beträgt ca. 99,98 g.

Berechnet man das arithmetische Mittel der Urliste ohne die Daten vorher zu klassieren, ergibt sich ein Wert in Höhe von $\bar{x} \approx 99{,}96$ [g]. Die Abweichung beträgt somit lediglich zwei hundertstel Gramm.

1.3.3 Varianz und Standardabweichung klassierter Daten

Wie bei der Berechnung des arithmetischen Mittels ergeben sich auch bei Varianz und Standardabweichung keine wesentlichen Änderungen der Berechnung. In den Formeln muss lediglich jedes x_i durch die Mitte x_i^* der entsprechenden Klasse ersetzt werden.

$$\sigma^2 = \frac{1}{n}\sum_{i=1}^{k}(x_i^* - \bar{x})^2 \cdot n_i$$

Varianz klassierter Daten bei gegebener absoluter Häufigkeit

$$\sigma^2 = \sum_{i=1}^{k}(x_i^* - \bar{x})^2 \cdot h(x_i)$$

Varianz klassierter Daten bei gegebener relativer Häufigkeit

$$\sigma = \sqrt{\sigma^2} \text{ mit } \sigma^2 = \frac{1}{n}\sum_{i=1}^{n}(x_i^* - \bar{x})^2$$

Standardabweichung

Situation 2

Berechnen Sie für die Schokoladenmanufaktur aus Situation 1 die Standardabweichung und das Streuungsintervall und interpretieren Sie Ihre Ergebnisse anwendungsbezogen.

Lösung

Um die Berechnungen übersichtlich zu lassen, wird der Tabelle rechts eine weitere Spalte hinzugefügt.

k	x_i^u	x_i^o	x_i^*	n_i	$x_i^* \cdot n$	$(x_i^* - \bar{x})^2 \cdot n_i$
1	98	< 98,5	98,25	7	687,75	20,9503
2	≤ 98,5	< 99	98,75	4	395	6,0516
3	≤ 99	< 99,5	99,25	15	1 488,75	7,9935
4	≤ 99,5	< 100	99,75	10	997,5	0,529
5	≤ 100	< 100,5	100,25	8	802	0,5832
6	≤ 100,5	< 101	100,75	4	403	2,3716
7	≤ 101	< 101,5	101,25	7	708,75	11,2903
8	≤ 101,5	≤ 102	101,75	9	915,75	28,1961
			Σ	**64**	**6 398,5**	**77,9656**

Das arithmetische Mittel ist mit 99,98 g bereits aus Situation 1 bekannt. Für die Varianz ergibt sich $\sigma^2 = \frac{1}{n}\sum_{i=1}^{k}(x_i^* - \overline{x})^2 \cdot n_i = \frac{77{,}9656}{64} \approx 1{,}22\ [\mathrm{g}^2]$, für die Standardabweichung $\sigma = \sqrt{1{,}22} \approx 1{,}1\ [\mathrm{g}]$

Die durchschnittliche Abweichung vom Durchschnittsgewicht beträgt 1,1 g. Für das Streuungsintervall ergibt sich [98,88; 101,08], die Tafeln wiegen normalerweise zwischen 98,88 g und 101,08 g.

Bei Berechnungen anhand der Urliste ohne Klassenbildung ergeben sich die Werte:

$\sigma \approx 1{,}1243$ [98,8405; 101,089]

Übungsaufgaben

1 Ein Lebensmittelkonzern stellt Orangensaft her. Ein neuer Lieferant behauptet, dass sich aus einer 250 g schweren Orange 50 ml Saft herauspressen lassen. Eine Überprüfung von gleich schweren Orangen lieferte diese Ergebnisse:

52,5	51,7	52,3	50,9	48,8	51,4	48,3
52,2	51,4	50,7	50,8	52,0	48,4	50,0
49,9	51,9	48,7	51,4	52,4	47,9	51,0
51,4	49,1	47,5	51,5	48,7	51,3	47,9
49,5	49,9	50,1	50,2	52,4	52,0	50,1
48,9	50,2	48,0	51,5	49,8	49,1	48,4
51,7	51,1	51,2	51,5	48,3	51,5	51,1

a) Teilen Sie die Ergebnisse in fünf gleich breite Klassen ein und ermitteln Sie das arithmetische Mittel und das Streuungsintervall.

b) Mit wie viel Umsatz kann der Hersteller rechnen, wenn er 10 Tonnen Orangen verarbeitet und 1 Liter Orangensaft für 0,89 EUR verkauft werden?

2 In 24 Ländern Europas wurden 2004 die Arbeitskosten je Stunde[1] ermittelt.

31,98 31,15 30,36 30,09 28,85 28,17 27,42 25,39 24,97 23,36 23,03 16,27

15,43 12,50 10,70 10,30 9,42 6,02 5,95 4,60 4,48 4,30 3,26 2,75

Daten: Bundesamt für Statistik

Berechnen Sie den Mittelwert, die Standardabweichung und das Streuungsintervall indem Sie die Daten in sechs Klassen der Breite $b = 5$ einteilen. Interpretieren Sie Ihre Ergebnisse.

[1] Summe aus Bruttolohn und Lohnnebenkosten

3 Im Stammwerk eines großen Automobilherstellers wird in der Buchhaltung Statistik über die Löhne der 3 000 Arbeiter geführt. Die Tabelle gibt die Einkommensklassen und die relative Häufigkeit an.

Nettolohn/Monat [EUR]	$h(x_i^*)$
$1\,000 \leq x_i < 1\,250$	4 %
$1\,250 \leq x_i < 1\,500$	12 %
$1\,500 \leq x_i < 1\,750$	63 %
$1\,750 \leq x_i < 2\,000$	15 %
$2\,000 \leq x_i \leq 2\,250$	6 %

a Erstellen Sie ein geeignetes Kreis- und ein geeignetes Säulendiagramm.

b) Berechnen Sie, wie viel ein Arbeiter im Durchschnitt verdient.

c) Wie viel muss der Automobilhersteller ca. insgesamt monatlich an Lohn überweisen?

d) Geben Sie eine Spanne [EUR] an, mit der zusätzlich monatlich gerechnet werden müsste, wenn 100 ähnlich qualifizierte Mitarbeiter zusätzlich eingestellt würden.

1.3.4 Offene Handlungssituationen zu Klassierung großer Stichproben

Die Situationen sollen Sie mit den Ihnen zur Verfügung stehenden Rechnern bearbeiten. Besonders wichtig ist die Interpretation Ihrer Ergebnisse.

Situation 3

Ein Investor könnte ein Lüneburger Eiscafé übernehmen. Der Inhaber besitzt das Café seit zwölf Jahren und hat während des vergangenen Jahres penibel Buch über die verkaufte Eismenge geführt.

verkaufte Eismenge pro Tag

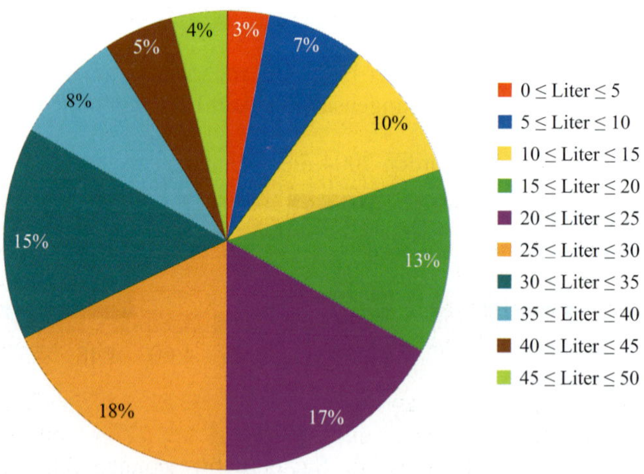

Aus den Büchern geht auch hervor, dass pro Tag Kosten in Höhe von durchschnittlich 100,00 EUR anfallen.

Der Investor kauft sich eine Kugel Eis für 0,60 EUR, sie hat einen Durchmesser von 5 cm. Beim Verzehr überlegt er, ob sich die Investition im Normalfall lohnen wird.

Situation 4

Bei einer repräsentativen Umfrage im vergangenen Jahr wurden 500 Personen gefragt, wie viele Titel für jeweils 0,99 EUR sie sich im Internet heruntergeladen haben.

gekaufte Titel	0 bis 4	5 bis 9	10 bis 14	15 bis 19	20 bis 24
Anzahl	198	120	94	60	28

Eine weitere Umfrage hat ergeben, dass 9,75 Mio. Deutsche regelmäßig Musik im Internet herunterladen. Darüber hinaus ist bekannt, dass bei einem geringeren Preis mehr Personen bereit wären, Musik im Internet zu kaufen. Momentan wird der Markt von vier großen Anbietern beherrscht.

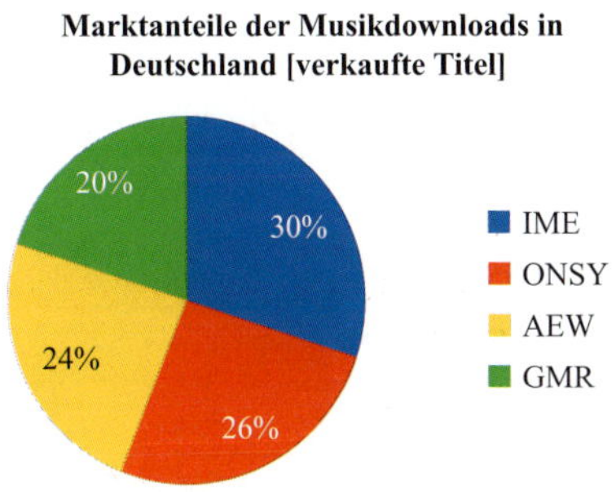

Der kleinste Anbieter möchte seinen Marktanteil vergrößern und alle Titel für nur noch 0,79 EUR anbieten, da die Analysten des Musikkonzerns davon ausgehen, dass man die neue Käufergruppe komplett für sich gewinnen und so der Marktanteil der verkauften Titel auf 25 % vergrößert werden könnte. Außerdem ist bekannt, dass bei einem Preis von 0,99 EUR pro Titel die Anzahl der verkauften Titel bei der Konkurrenz stabil bleiben wird.

Analysieren Sie für die Geschäftsleitung, ob die Idee sinnvoll ist, und bereiten Sie Ihre Ergebnisse für eine Präsentation grafisch auf.

Situation 5

In einem großen Industriebetrieb arbeiten 2 500 Personen, die zwischen 1 000,00 EUR und 45 000,00 EUR brutto pro Monat verdienen. Die Belegschaft, vertreten durch den Betriebsrat und die Gewerkschaft, fordert für alle Beschäftigten, die weniger als 4 000,00 EUR brutto pro Monat verdienen, aufgrund der gestiegenen Lebenshaltungskosten eine Lohn- oder Gehaltserhöhung um 5 %. Der Betriebsratsvorsitzende möchte auf der Versammlung ankündigen:

„Gute Arbeit muss auch gut bezahlt werden. Es ist ein Skandal, dass die Geschäftsführung behauptet, die Mitarbeiter würden mit durchschnittlich XXXX EUR besser bezahlt werden, als es in der Branche üblich ist! Dabei ist es Realität, dass die Hälfte aller Personen weniger als XXXX EUR pro Monat erhält!“ Wenn möglich soll auch noch der Satz: „Die Gehaltserhöhung würde für deutlich mehr Gerechtigkeit sorgen!“ mit in die Rede einfließen.

Bereiten Sie eine Präsentation mit den entsprechenden Zahlen vor, die nach Möglichkeit die Aussagen des Betriebsratsvorsitzenden stützt. Ihnen stehen diese Daten zur Verfügung:

1 000 ≤ EUR < 2 000	2 000 ≤ EUR < 4 000	4 000 ≤ EUR < 6 000
45 %	27 %	19 %
6 000 ≤ EUR < 10 000	10 000 ≤ EUR < 20 000	20 000 ≤ EUR ≤ 45 000
7 %	1,8 %	0,2 %

Situation 6

Eine Fast-Food-Kette möchte die Kosten-, Umsatz- und Gewinnzahlen sowie die Kunden- und Absatzzahlen für den aktuellen Geschäftsbericht ansprechend aufbereiten.

vorheriges Geschäftsjahr	
Umsatz [EUR]	250 Mio.
Kunden [Anzahl]	38,5 Mio.
Gewinn [EUR]	30 Mio.
verkaufte Produkte [Anzahl]	84,7 Mio.

aktuelles Geschäftsjahr	
Kunden [Anzahl]	41 Mio.
Kosten [EUR]	174 Mio.

Anzahl gekaufter Produkte je Kunde

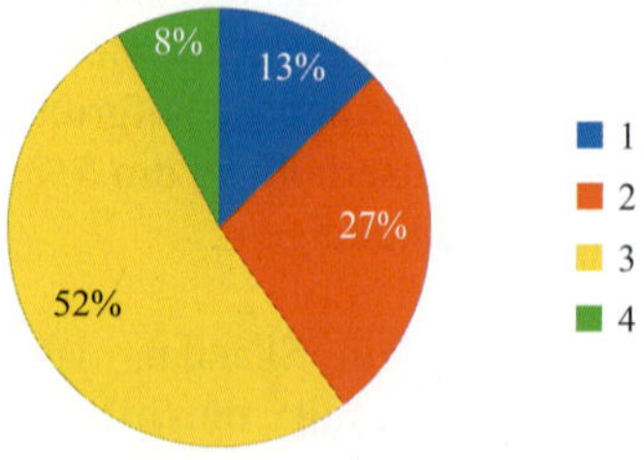

Umsatz pro Gast

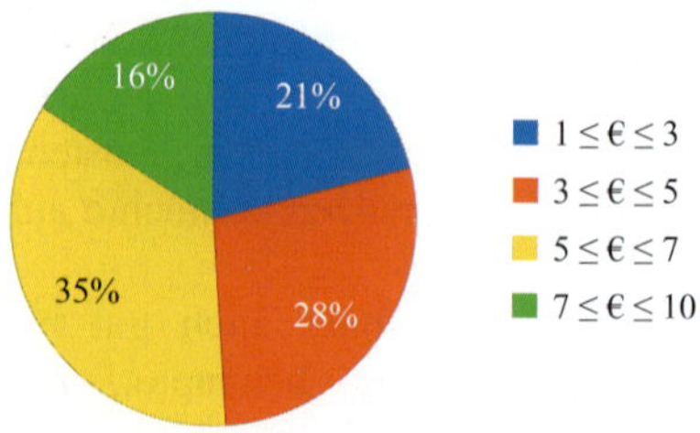

Unterbreiten Sie der Geschäftführung mehrere Vorschläge, die die Entwicklungen möglichst positiv darstellen.

1.4 Beziehung statistischer Daten

1.4.1 Lineare Regression

Im alltäglichen Umfeld, in den Naturwissenschaften und dem technischen Bereich gibt es zahlreiche Merkmale, deren Merkmalsausprägung zwar zufällig ist, die aber gegenseitig in einem mehr oder weniger stark ausgeprägten Zusammenhang stehen. Das sind beispielsweise

- die Körpergröße x eines Menschen und sein Gewicht y oder
- die Anzahl der Sonnenstunden x und die Tagestemperatur y oder
- die Anzahl der Gäste x in einem Restaurant und die Anzahl verkaufter Getränke y.

Betrachtet man das letzte Beispiel, so wird deutlich, dass sowohl die Anzahl der Gäste als auch die Anzahl der verkauften Getränke in einem Restaurant grundsätzlich vom Zufall abhängen. Dennoch ist es glaubhaft, dass mit der Anzahl der Gäste auch die Anzahl der verkauften Getränke ansteigen wird.

Die **Regressionsanalyse** hat die Aufgabe, derartige Zusammenhänge zu beschreiben. Dazu werden einer Grundgesamtheit n zweidimensionale Messpunkte der Form (x_1/y_1), (x_2/y_2), (x_3/y_3), …, (x_n/y_n) als Stichprobe entnommen und untersucht. Dabei wird x als unabhängige und y als abhängige Variable definiert.

Besteht zwischen den beiden Variablen eine lineare Abhängigkeit, so wird dies in der Statistik als **lineare Regression** bezeichnet. Ziel der linearen Regression ist, eine lineare Funktionsgleichung aufzustellen, die den Zusammenhang möglichst präzise beschreibt, um so für einen eventuell auftretenden x-Wert den dazugehörigen y-Wert treffend abzuschätzen.

Punktwolke mit

offensichtlich **absolut linearen** Zusammenhang

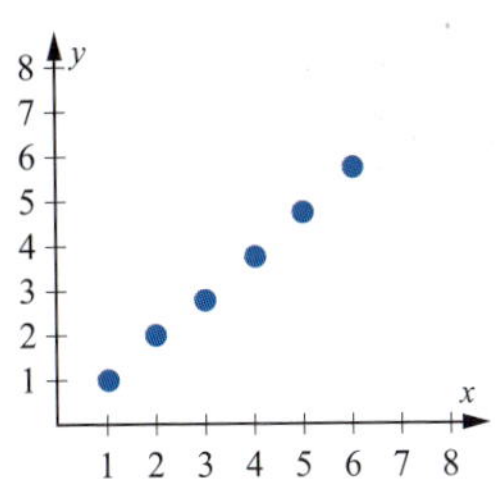

weniger stark ausgeprägtem linearen Zusammenhang (hier quadratisch)

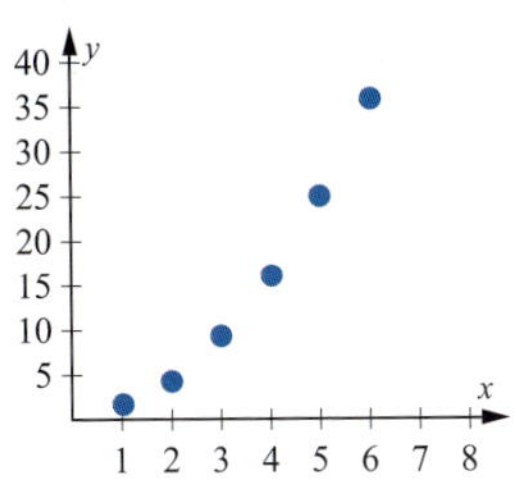

gering ausgeprägtem linearen Zusammenhang

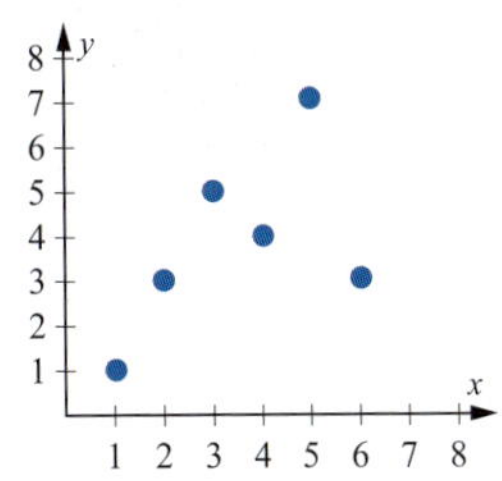

Situation 1

Der Inhaber eines Restaurants plant für das Wochenende eine Feier mit 75 Gästen. Um abschätzen zu können, wie viele Flaschen Wein er für die Feier benötigen wird, hat er die Anzahl der Gäste und den jeweiligen Konsum der letzten fünf Tage in einer Tabelle festgehalten.

Anzahl der Gäste [Personen]	30	25	60	40	20
Konsum [Flaschen]	6	5	12	8	4

Wie viele Flaschen Wein wird der Wirt vermutlich für die Feier benötigen?

Lösung

Die Anzahl der Gäste wird als x und der Konsum als y definiert. Fasst man diese Wertepaare als Punkte auf und trägt sie in ein Koordinatensystem ein, so ergibt sich ein Bild, das einen offensichtlich starken, positiven linearen Zusammenhang zwischen den Merkmalen zeigt.

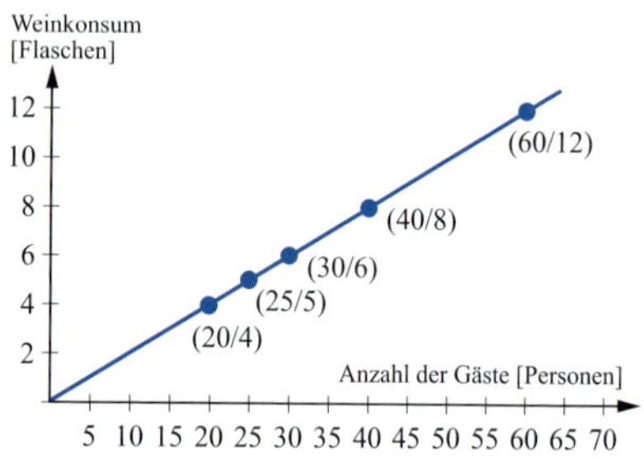

Die eingezeichnete Gerade wird als **Regressions-** oder **Ausgleichsgerade** bezeichnet. In diesem Fall liegen alle Wertepaare genau auf der **Regressionsgeraden**. Dann kann die zur Gerade gehörige Funktionsgleichung mit Ihnen bereits bekannten Mitteln aus der Analysis leicht bestimmt werden.

$f(x) = mx + b$ $\qquad$ $P_1(25/5)$ $\qquad$ $P_2(30/6)$

Bestimmung des Parameters m

$$m = \frac{y_2 - y_1}{x_2 - x_1} = \frac{6-5}{30-25} = 0{,}2$$

Bestimmung des Parameters b

$$f(x) = mx + b$$
$$5 = 0{,}2 \cdot 25 + b$$
$$b = 0$$

$$f(x) = 0{,}2x$$

Mit der Funktionsgleichung lässt sich nun kalkulieren, wie viel Wein der Gastwirt benötigen wird. Der zur Gästeanzahl $x = 75$ gehörige Funktionswert lautet $f(75) = 0{,}2 \cdot 75 = 15$. Der Gastwirt wird vermutlich 15 Flaschen Wein benötigen.

In diesem besonderen Fall konnten die benötigten Daten auch ohne eine Regressionsanalyse bestimmt werden. Aber es ist sehr unwahrscheinlich, dass der Zusammenhang zwischen der Anzahl der Gäste und der Menge des konsumierten Weines immer so eindeutig ist.

Situation 2

Der Inhaber eines Restaurants plant für das Wochenende eine Feier mit 78 Gästen. Um abschätzen zu können, wie viele Flaschen Wein er für die Feier benötigen wird, hat er die Anzahl der Gäste und den jeweiligen Konsum der letzten fünf Tage in einer Tabelle festgehalten.

Anzahl der Gäste [Personen]	30	25	60	40	20
Konsum [Flaschen]	6	7	12	10	4

Wie viele Flaschen Wein wird der Wirt vermutlich für die Feier benötigen?

Lösung (Algebra)

Offensichtlich gibt es immer noch einen starken, positiv linearen Zusammenhang. Die Punkte liegen jedoch nicht auf der Regressionsgeraden. In diesem Fall lässt sich die Regressionsgerade nicht wie in Situation 1 ermitteln, da der Zusammenhang weniger eindeutig ist.

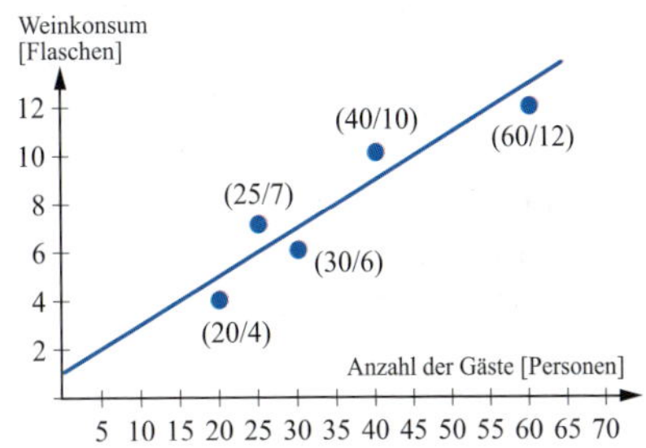

Ziel der linearen Regression ist, die Funktionsgleichung zu bestimmen, deren Gerade insgesamt den geringsten Abstand von allen Punkten hat. Dazu wird der Abstand jedes einzelnen Punktes von der Geraden bestimmt. Damit sich positive und negative Abweichungen nicht gegenseitig aufheben, werden die Abstandswerte erst quadriert und dann addiert. Diese **Quadratsumme** soll so gering wie möglich sein (**Gaußsche Methode der kleinsten Quadrate**).

Die zu bestimmende Gleichung wird vermutlich umso „besser", je mehr der gegebenen Wertepaare die Gleichung erfüllen. Die fünf Punkte laden ein, eine Gerade durch die oberen zwei Punkte P_2 und P_4 sowie eine durch die unteren drei Punkte P_1, P_3 und P_5 zu untersuchen.

Von den fünf Punkten liegen P_2 und P_4 auf der Geraden $f(x) = 0{,}2x + 2$.

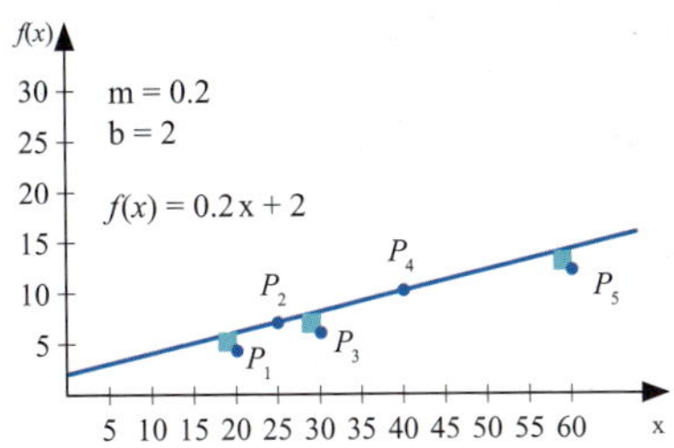

	P_1	P_2	P_3	P_4	P_5
x	20	25	30	40	60
y	4	7	6	10	12
$f(x)$	6	7	8	10	14
$y - f(x)$	−2	0	−2	0	−2
$(y - f(x))^2$	4	0	4	0	4

Die Quadratsumme beträgt $4 + 0 + 4 + 0 + 4 = 12$ Flächeneinheiten.

Die drei Punkte P_1, P_3 und P_5 von fünf Punkten liegen auf der Geraden $f(x) = 0{,}2x + 0$.

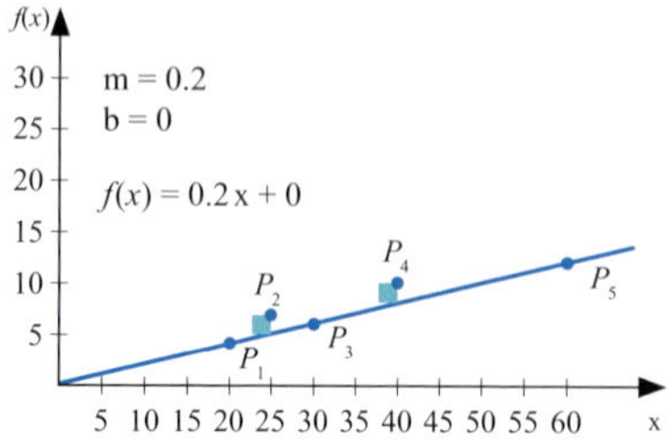

	P_1	P_2	P_3	P_4	P_5
x	20	25	30	40	60
y	4	7	6	10	12
$f(x)$	4	5	6	8	12
$y - f(x)$	0	2	0	2	0
$(y - f(x))^2$	0	4	0	4	0

Die Quadratsumme beträgt $0 + 4 + 0 + 4 + 0 = 8$ Flächeneinheiten.

Durch die Quadrierung fallen große Abweichungen stärker ins Gewicht als kleine. Deshalb ist es sinnvoller, eine Gerade mit möglichst geringem Abstand zu allen Punkten zu wählen, als die Gerade durch einige Punkte zu legen und andere Punkte mit großem Abstand zu belassen.

Auf der Geraden $f(x) = 0{,}2x + 1{,}15$ liegt keiner der fünf Punkte.

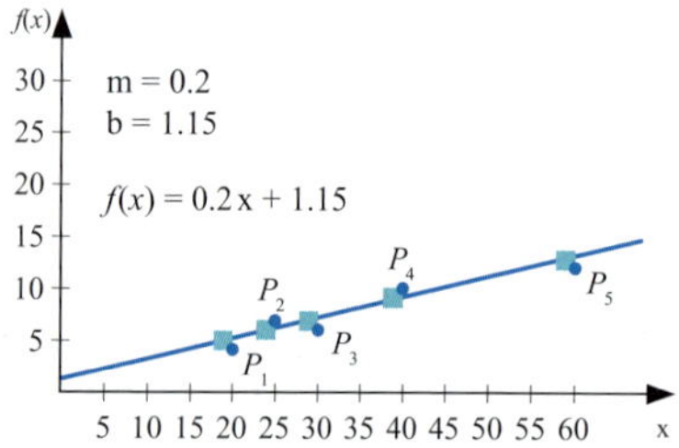

	P_1	P_2	P_3	P_4	P_5
x	20	25	30	40	60
y	4	7	6	10	12
$f(x)$	5,1500	6,1500	7,1500	9,1500	13,1500
$y - f(x)$	−1,1500	0,8500	−1,1500	0,8500	−1,1500
$(y - f(x))^2$	1,3225	0,7225	1,3225	0,7225	1,3225

Dennoch ist die Quadratsumme mit 5,4125 Flächeneinheiten geringer als in den beiden ersten Varianten.

Durch Verändern der Steigung m lässt sich die Quadratsumme weiter verringern. Die minimale Quadratsumme beträgt 4,7 Flächeneinheiten mit $b = 1{,}15$ und $m = 0{,}19$.

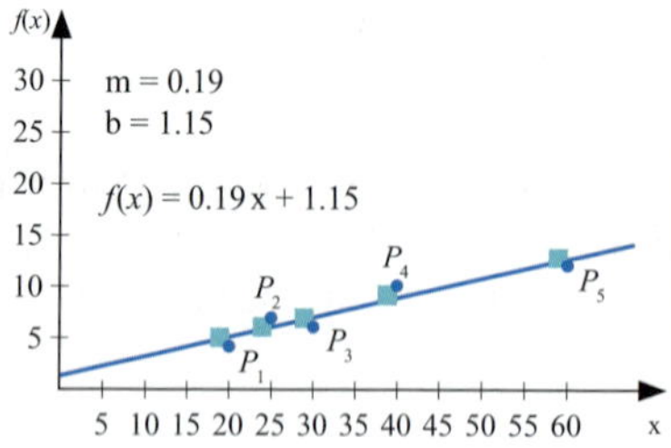

	P_1	P_2	P_3	P_4	P_5
x	20	25	30	40	60
y	4	7	6	10	12
$f(x)$	4,9500	5,9000	6,8500	8,7500	12,5500
$y - f(x)$	0,9500	1,1000	0,8500	1,2500	0,5500
$(y - f(x))^2$	0,9025	1,2100	0,7225	1,5625	0,3025

Statt eine Gerade nach Augenmaß zu wählen und zu prüfen, können die Parameter m und b auch berechnet werden (ohne Herleitung oder Beweis):

$$m = \frac{\sum_{i=1}^{n} x_i \cdot y_i - n \cdot \bar{x} \cdot \bar{y}}{\sum_{i=1}^{n} x^2 x_i^2 - n \cdot \bar{x}^2}$$

Parameter *m* der Regressionsgeraden

$$b = \bar{y} - m \cdot \bar{x}$$

Parameter *b* der Regressionsgeraden

Die Mittelwerte $\bar{x}$ und $\bar{y}$ der Wertepaare (x/y) bilden den Schwerpunkt $S(\bar{x}/\bar{y})$ der Regressionsgeraden.

$$\bar{x} = \frac{1}{n}\sum_{i=1}^{n} x_i = \frac{20 + 25 + 30 + 40 + 60}{5} = 35 \qquad \bar{y} = \frac{1}{n}\sum_{i=1}^{n} y_i = \frac{4 + 7 + 6 + 10 + 12}{5} = 7{,}8$$

Die Berechnung der Steigung m ist umfangreich, sodass sich eine Tabelle zur Berechnung der Zwischenschritte anbietet.

	x_i	y_i	$x_i \cdot y_i$	x_i^2
	30	6	180	900
	25	7	175	625
	60	12	720	3 600
	40	10	400	1 600
	20	4	80	400
Σ	175	39	1 555	7 125

Bestimmung des Parameters m

$$m = \frac{1\,555 - 5 \cdot 35 \cdot 7{,}8}{7\,125 - 5 \cdot 35^2} = \frac{190}{1\,000} = 0{,}19$$

Bestimmung des Parameters b

$$b = 7{,}8 - 0{,}19 \cdot 35 = 1{,}15$$

$$f(x) = 0{,}19x + 1{,}15$$

Mithilfe der Funktionsgleichung lässt sich nun die Zahl Weinflaschen berechnen, der Gastwirt voraussichtlich benötigen wird. Der zur Gästeanzahl $x = 78$ gehörige Funktionswert lautet $f(78) = 0{,}19 \cdot 78 + 1{,}15 = 15{,}97$. Der Gastwirt sollte 16 Flaschen Wein vorrätig haben.

Anhang 1, 11

Lösung (GTR)

Eine Regressionsgerade lässt sich auch mit dem Taschenrechner bestimmen.

<table>
<tr><td>Die x-Werte aller Datenpunkte durch [STAT] [ENTER] in die Liste L1 und die y-Werte aller Datenpunkte durch [STAT] [ENTER] in die Liste L2 eingeben.</td><td>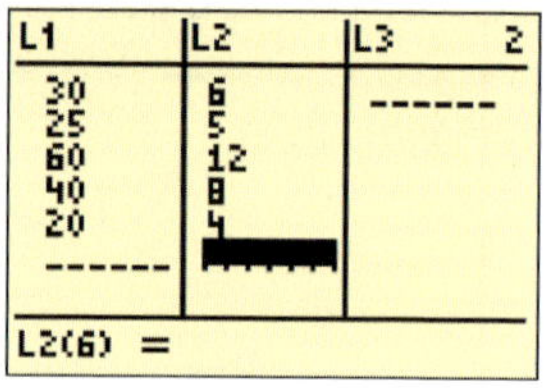
</td></tr>
<tr><td>Im Hauptbildschirm wird durch [STAT] CALC 4: LinReg(ax+b) die lineare Regression aufgerufen.</td><td>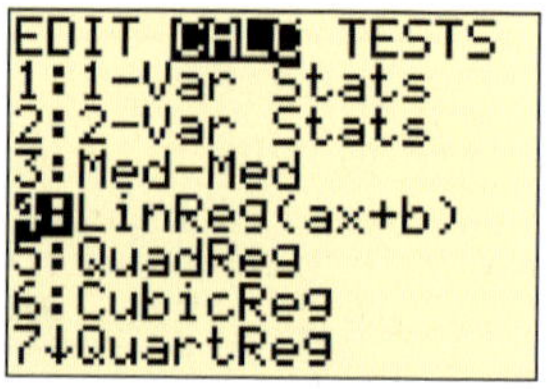
</td></tr>
<tr><td>Nun die entsprechende Listen durch [2nd] [L1] [2nd] [L2] auswählen.
Hinweis: Wenn die Gleichung der Regressionsgeraden direkt in den Y-Editor aufgenommen werden soll, müssen Sie die Eingabe im Fenster um [,] Y1 ergänzen.</td><td>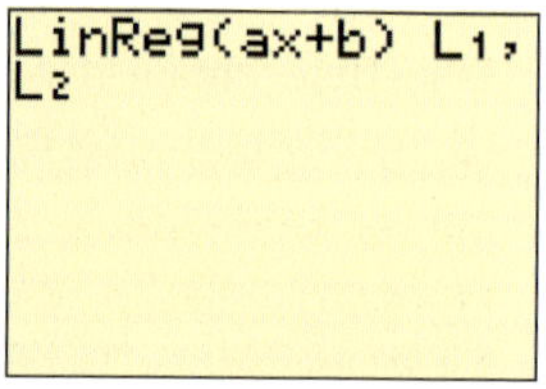
</td></tr>
<tr><td>[ENTER] liefert nun die Gleichung der Regressionsgeraden.</td><td>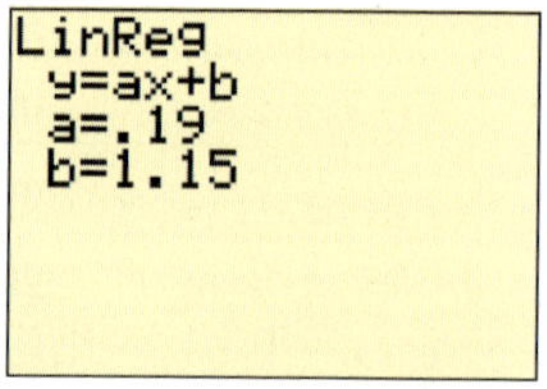
</td></tr>
</table>

Zusammenfassung

Sind in einer Stichprobe vom Umfang n mindestens drei unterschiedliche Wertepaare der Form (x_1/y_1), (x_2/y_2), (x_3/y_3), …, (x_n/y_n) vorhanden und liegen die dazugehörigen Punkte annähernd auf einer Geraden, so lässt sich mit eine Ausgleichsgerade der Form

$$f(x) = mx + b \text{ mit } m = \frac{\sum_{i=1}^{n} x_i \cdot y_i - n \cdot \bar{x} \cdot \bar{y}}{\sum_{i=1}^{n} x_i^2 - n \cdot \bar{x}^2} \text{ und } b = \bar{y} - m \cdot \bar{x} \text{ bestimmen.}$$

Der Punkt S mit den Koordinaten $(\overline{x}/\overline{y})$ wird als **Schwerpunkt** bezeichnet und liegt immer auf der Regressionsgeraden.

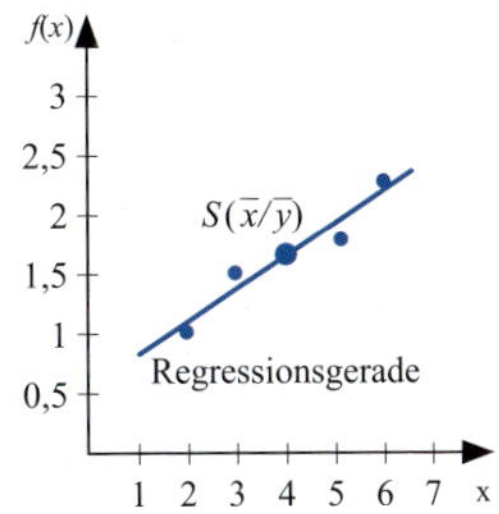

1.4.2 Lineare Korrelation

Die Bereiche Korrelation und Regression sind eng miteinander verbunden. Wie bei der Regression geht es bei der Korrelation darum, zu untersuchen, ob es zwischen zwei Zufallsvariablen eine Beziehung gibt, oder ob die beiden Variablen unabhängig voneinander sind. Besteht ein Zusammenhang, so wird dies als **Korrelation** bezeichnet.

Wie bei der Regression werden auch in diesem Fall der Grundgesamtheit n zweidimensionale Messpunkte der Form (x_1/y_1), (x_2/y_2), (x_3/y_3), …, (x_n/y_n) als Stichprobe entnommen. Im Gegensatz zur Regression wird dabei jedoch nicht zwischen unabhängiger und abhängiger Variable unterschieden. Beispiele sind:

- die Größe eines Kindes und die Größe der Eltern,
- der Hubraum einen Motors und seine Leistung,
- die Kosten für Qualitätssicherung und die Anzahl der Reklamationen.

Während es bei der linearen Regression vor allem darum ging, eine Funktionsgleichung aufzustellen, die den Zusammenhang zwischen zwei Variablen möglichst präzise beschreibt, geht es bei der Korrelation um eine Maßzahl, die angibt, wie stark der Zusammenhang ist. Diese Zahl wird als **Korrelationskoeffizient** r bezeichnet. Die dimensionslose Maßzahl liegt immer im Intervall $[-1; 1]$. In der Regel wird für die lineare Abhängigkeit folgende Einteilung verwendet.

$r = 0$	$0 < r \leq \lvert 0{,}25 \rvert$	$\lvert 0{,}25 \rvert < r \leq \lvert 0{,}75 \rvert$	$\lvert 0{,}75 \rvert < r < \lvert 1 \rvert$	$r = \lvert 1 \rvert$
kein	schwach	mittel	stark	absolut

Der Korrelationskoeffizient r wird aus den Wertepaaren (x/y) und ihren Mittelwerten $\overline{x}$ und $\overline{y}$ berechnet (ohne Beweis).

$$r = \frac{\sum_{i=1}^{n} x_i \cdot y_i - n \cdot \overline{x} \cdot \overline{y}}{\sqrt{\left(\sum_{i=1}^{n} x_i^2 - n \cdot \overline{x}^2\right) \cdot \left(\sum_{i=1}^{n} y_i^2 - n \cdot \overline{y}^2\right)}}$$

Korrelationskoeffizient

Beispiel für eine absolute negative lineare Korrelation

Situation 3

Im vorletzten Quartal lag die Reklamationsquote bei einem Lebensmittelkonzern deutlich über dem normalen Niveau. Die Kunden bemängelten, dass die Verpackungen der Fertiggerichte nicht dicht gewesen seien. Die Geschäftsleitung hat daher in den letzten vier Monaten versuchsweise eine unterschiedliche Anzahl von Mitarbeitern in der Qualitätssicherung eingesetzt.

Monat	1	2	3	4
Anzahl der Mitarbeiter	2	4	8	10
Anzahl der Reklamationen	9	7	3	1

Überprüfen Sie rechnerisch, ob es einen Zusammenhang zwischen der Anzahl der Mitarbeiter in der Qualitätssicherung und der Anzahl der Reklamationen gibt.

Lösung

Zunächst wird die Anzahl der Mitarbeiter als x und die Anzahl der Reklamationen als y definiert. Fasst man diese Wertepaare als Punkte auf und trägt diese in ein Koordinatensystem ein, so ergibt sich ein Bild, das offensichtlich einen starken, negativen linearen Zusammenhang zwischen den Merkmalen zeigt.

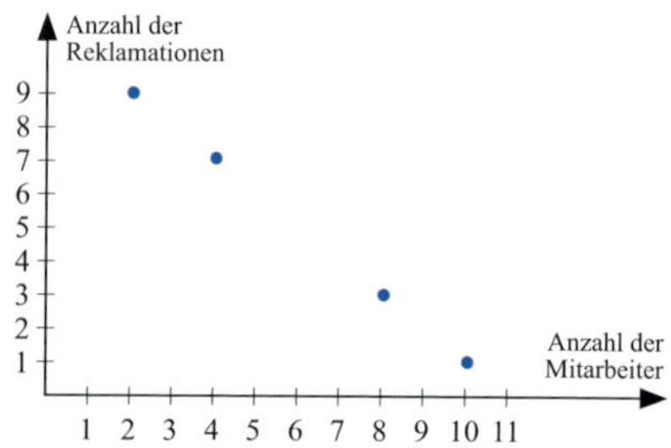

Offensichtlich liegen alle Punkte auf einer Ausgleichsgeraden, die sich mithilfe der Analysis oder der linearen Regression leicht bestimmen lassen würde. Es handelt sich daher um einen absoluten negativen linearen Zusammenhang. Der Korrelationskoeffizient muss daher den Wert $r = -1$ annehmen.

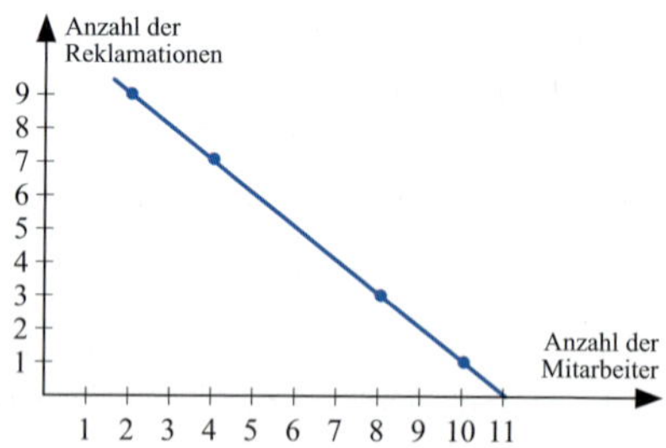

$$\bar{x} = \frac{1}{n}\sum_{i=1}^{n} x_i = \frac{2+4+8+10}{4} = 6 \qquad \bar{y} = \frac{1}{n}\sum_{i=1}^{n} y_i = \frac{9+7+3+1}{4} = 5$$

Die Berechnung zahlreicher Zwischenwerte erfolgt zweckmäßig in einer Tabelle.

	x_i	y_i	$x_i \cdot y_i$	x_i^2	y_i^2
	2	9	18	4	81
	4	7	28	16	49
	8	3	24	64	9
	10	1	10	100	1
Σ	24	20	80	184	140

$$r = \frac{80 - 4 \cdot 6 \cdot 5}{\sqrt{(184 - 4 \cdot 6^2) \cdot (140 - 5 \cdot 5^2)}} = \frac{-40}{\sqrt{1\,600}} = -\frac{40}{40} = -1$$

Der Korrelationskoeffizient $r = -1$ gibt an, dass es einen absoluten negativen linearen Zusammenhang zwischen der Anzahl der Mitarbeiter in der Qualitätssicherung und der Anzahl der Reklamationen gibt. Einfach ausgedrückt heißt dies: Je mehr Mitarbeiter in der Qualitätssicherung beschäftigt sind, desto weniger Reklamationen treten auf.

Dies erscheint sinnvoll, weil mehr Mitarbeiter in der Lage wären, mehr undichte Verpackungen zu entdecken.

Beispiel für eine absolute positive lineare Korrelation

Situation 4

Ein Lebensmittelkonzern produziert Fertiggerichte, die auch unter extremen Bedingungen möglichst lange haltbar sein sollen. Dies lässt sich nur mit Hilfe von Konservierungsstoffen verwirklichen. Bei der Erprobung eines neuen Gerichtes kamen unterschiedliche Mengen des Konservierungsstoffes zum Einsatz. Die jeweilige Haltbarkeit lässt sich der nachfolgenden Tabelle entnehmen.

Variante	1	2	3	4
Menge des Konservierungsmittels [mg]	2	4	8	10
Haltbarkeit [Monate]	2	3	5	6

Berechnen Sie den Grad der linearen Abhängigkeit zwischen der Menge des verwendeten Konservierungsmittels und der Haltbarkeit.

Lösung

Das Streuungsdiagramm und die bereits eingezeichnete Regressionsgerade machen deutlich, dass es einen absoluten positiven linearen Zusammenhang zwischen den beiden Variablen gibt. Der Korrelationskoeffizient muss daher den Wert $r = 1$ annehmen.

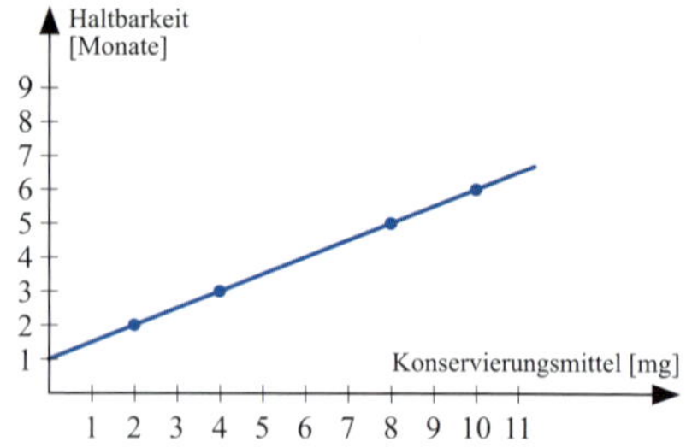

$$\bar{x} = \frac{1}{n}\sum_{i=1}^{n} x_i = \frac{2+4+8+10}{4} = 6 \qquad \bar{y} = \frac{1}{n}\sum_{i=1}^{n} y_i = \frac{2+3+5+6}{4} = 4$$

Da es sich um eine relativ umfangreiche Berechnung handelt, bietet sich das Aufstellen einer Tabelle zur Berechnung von Zwischenwerten an.

	x_i	y_i	$x_i \cdot y_i$	x_i^2	y_i^2
	2	2	4	4	4
	4	3	12	16	9
	8	5	40	64	25
	10	6	60	100	36
Σ	24	16	116	184	74

$$r = \frac{116 - 4 \cdot 6 \cdot 4}{\sqrt{(184 - 4 \cdot 6^2) \cdot (74 - 4 \cdot 4^2)}} = \frac{20}{\sqrt{400}} = \frac{20}{20} = 1$$

Der Korrelationskoeffizient $r = 1$ gibt einen absoluten positiven linearen Zusammenhang zwischen der Menge der Konservierungsmittels und der Haltbarkeit des Produktes an: Je mehr Konservierungsmittel eingesetzt wird, desto länger bleibt das Produkt genießbar.

Beispiel für Fehlen einer linearen Korrelation

Situation 5

Die Mitarbeiter im Tiefkühllager eines Lebensmittelkonzerns sind oft erkältet. Die Geschäftsleitung führte deshalb im vergangenen Jahr eine betriebsinterne Untersuchung durch, ob dies mit der Temperatur zusammenhängt.

	Tiefkühllager	Lager	Verwaltung	Produktion
Temperatur [°C]	−20	12	20	38
Erkältungsfälle	70	55	120	55

Berechnen Sie, wie stark die lineare Abhängigkeit zwischen der Temperatur am Arbeitsplatz und der Anzahl der Erkältungsfälle ist.

Lösung

Das Streuungsdiagramm und die eingezeichnete Regressionsgerade mit Steigung null zeigen deutlich, dass es keinen linearen Zusammenhang zwischen den beiden Variablen gibt. Der Korrelationskoeffizient muss daher den Wert $r = 0$ annehmen.

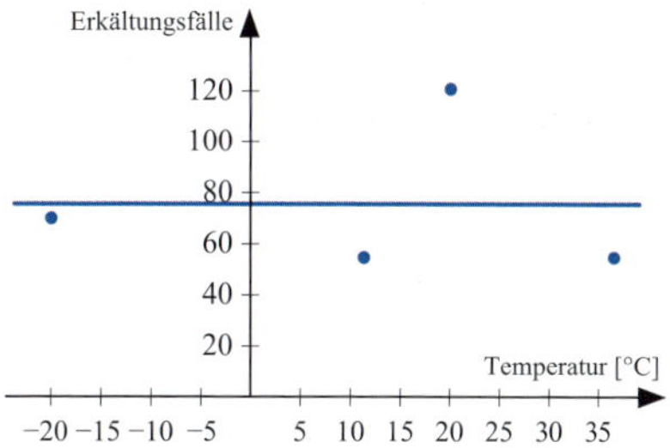

$$\bar{x} = \frac{1}{n}\sum_{i=1}^{n} x_i = \frac{-20 + 12 + 20 + 38}{4} = 12{,}5 \qquad \bar{y} = \frac{1}{n}\sum_{i=1}^{n} y_i = \frac{70 + 55 + 120 + 55}{4} = 75$$

Die umfangreichen Zwischenwerte werden wieder tabellarisch berechnet.

	x_i	y_i	$x_i \cdot y_i$	x_i^2	y_i^2
	−20	70	−1 400	400	4 900
	12	55	660	144	3 025
	20	120	2 400	400	14 400
	38	55	2 090	1 444	3 025
Σ	50	300	3 750	2 388	25 350

$$r = \frac{3\,750 - 4 \cdot 12{,}5 \cdot 75}{\sqrt{(2\,388 - 4 \cdot 12{,}5^2) \cdot (23\,350 - 4 \cdot 75^2)}} = \frac{0}{\sqrt{1\,498\,550}} = 0$$

Ein Korrelationskoeffizient $r = 0$ bedeutet, dass es keinen linearen Zusammenhang zwischen der Temperatur am Arbeitsplatz und der Anzahl der Erkältungsfälle gibt. Die beiden Variablen sind voneinander linear unabhängig.

Beispiel für eine mittlere negative lineare Korrelation

Situation 6

Neben der undichten Verpackung reklamierten die Kunden in der letzten Zeit auch den schlechter gewordenen Geschmack der Fertiggerichte. Die Geschäftsleitung hat daher in den letzten vier Wochen testweise eine unterschiedliche Anzahl von Mitarbeitern in der Sensorikabteilung[1)] eingesetzt und die Fertiggerichte nach der Freigabe durch die übrigen Mitarbeiter bewerten lassen.

Wochen	1	2	3	4
Anzahl der Mitarbeiter	2	4	8	10
Anzahl der Beanstandungen	8	5	2	6

[1)] Bewertung von Eigenschaften mit den Sinnesorganen, z. B. nach Geruch und Geschmack

Überprüfen Sie rechnerisch, wie stark der lineare Zusammenhang zwischen der Anzahl der Mitarbeiter in der Sensorikabteilung und der Anzahl der Beanstandungen ist.

Lösung

Das Streuungsdiagramm und die bereits eingezeichnete Regressionsgerade zeigen einen mittleren negativen linearen Zusammenhang zwischen den beiden Variablen. Der Korrelationskoeffizient muss daher einen Wert im Bereich $-0{,}75 \leq r < -0{,}25$ annehmen.

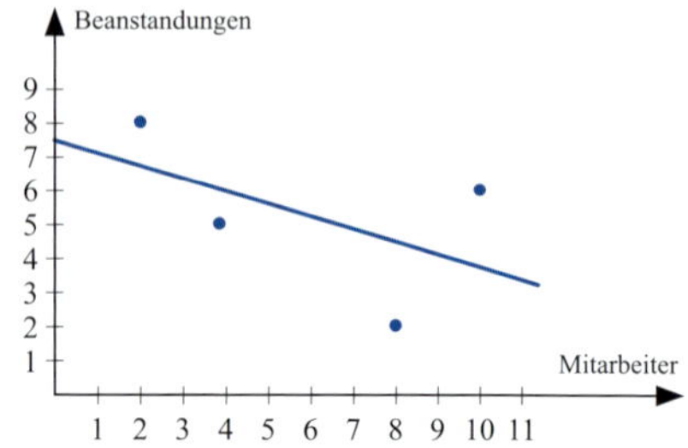

$$\bar{x} = \frac{1}{n}\sum_{i=1}^{n} x_i = \frac{2+4+8+10}{4} = 6 \qquad \bar{y} = \frac{1}{n}\sum_{i=1}^{n} y_i = \frac{8+5+2+6}{4} = 5{,}25$$

	x_i	y_i	$x_i \cdot y_i$	x_i^2	y_i^2
	2	8	16	4	64
	4	5	20	16	25
	8	2	16	64	4
	10	6	60	100	36
Σ	24	21	112	184	129

$$r = \frac{112 - 4 \cdot 6 \cdot 5{,}25}{\sqrt{(184 - 4 \cdot 6^2) \cdot (129 - 4 \cdot 5{,}25^2)}} = \frac{-14}{\sqrt{750}} \approx -0{,}511$$

Der Korrelationskoeffizient $r \approx -0{,}511$ gibt einen mittleren negativ ausgeprägten linearen Zusammenhang zwischen der Anzahl der Mitarbeiter in der Sensorikabteilung und der Anzahl der Beanstandungen an. Der Zusammenhang kann nicht absolut sein, da Geschmack nicht objektiv messbar ist.

Beispiel für eine schwache positive lineare Korrelation

Situation 7

Der Lebensmittelkonzern vertreibt auch Joghurt mit gesundheitsförderlichen Bakterienkulturen. Die Forschungsabteilung vermutet, dass es einen Zusammenhang zwischen der Temperatur des Joghurts und der Anzahl der Bakterien gibt. Die Ergebnisse der letzten vier Messungen wurden tabellarisch protokolliert.

Messung	1	2	3	4
Temperatur [°C]	2	4	6	8
Anzahl der Bakterien [Mio.]	2	1,8	1,5	2,3

Bestimmen Sie die Maßzahl, die den linearen Zusammenhang zwischen der Temperatur des Joghurts und der darin enthaltenen Anzahl der Bakterien beschreibt.

Lösung (Algebra)

Das Streuungsdiagramm und die bereits eingezeichnete Regressionsgerade lassen auf einen schwachen positiven linearen Zusammenhang zwischen den beiden Variablen schließen. Der Korrelationskoeffizient sollte einen Wert im Bereich $0 < r \leq 0{,}25$ annehmen.

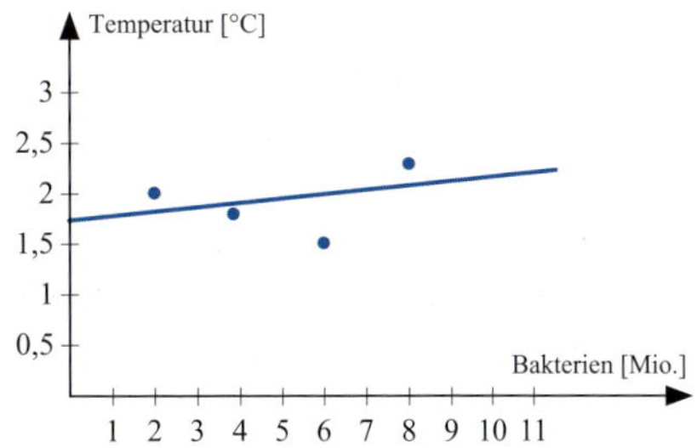

$$\bar{x} = \frac{1}{n}\sum_{i=1}^{n} x_i = \frac{2+4+6+8}{4} = 5 \qquad \bar{y} = \frac{1}{n}\sum_{i=1}^{n} y_i = \frac{2+1{,}8+1{,}5+2{,}3}{4} = 1{,}9$$

Da es sich um eine relativ umfangreiche Berechnung handelt, bietet sich das Aufstellen einer Tabelle zur Berechnung von Zwischenwerten an.

	x_i	y_i	$x_i \cdot y_i$	x_i^2	y_i^2
	2	2	4	4	4
	4	1,8	7,2	16	3,24
	6	1,5	9	36	2,25
	8	2,3	18,4	64	5,29
Σ	20	7,6	38,6	120	14,78

$$r = \frac{38{,}6 - 4 \cdot 5 \cdot 1{,}9}{\sqrt{(120 - 4 \cdot 5^2) \cdot (14{,}78 - 1{,}9^2)}} = \frac{0{,}6}{\sqrt{6{,}8}} \approx 0{,}23$$

Der Korrelationskoeffizient $r \approx 0{,}23$ gibt einen schwachen positiv ausgeprägten linearen Zusammenhang zwischen der Temperatur des Joghurts und der Anzahl der darin enthaltenen Bakterien an. Offensichtlich wirken noch weitere Einflussfaktoren auf die Bakterien.

Lösung (GTR)

Der Korrelationskoeffizient lässt sich auch mit dem Taschenrechner bestimmen.

Anhang 12

Wählen Sie im Hauptbildschirm [2nd] [CATALOG] DiagnosticOn und bestätigen Sie mit [ENTER] [ENTER].

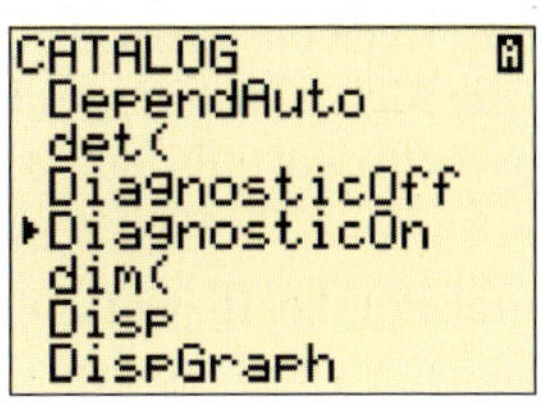

Der Korrelationskoeffizient wird ab sofort bei jeder Regression automatisch mitberechnet.	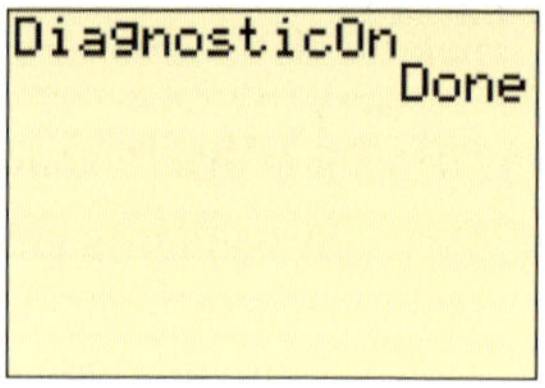
Die Temperaturwerte durch STAT 1:Edit ENTER in L1 und die Anzahl der Bakterien in L2 eingeben. Anschließend mit STAT CALC 4: LinReg(ax+b) ENTER 2nd L1 , 2nd L2 ENTER die lineare Regression durchführen. Der Korrelationskoeffizient $r \approx 0{,}23$ wird nun automatisch mitberechnet. **Hinweis:** **Zusätzlich wird noch das Bestimmtheitsmaß r^2 ausgegeben.**	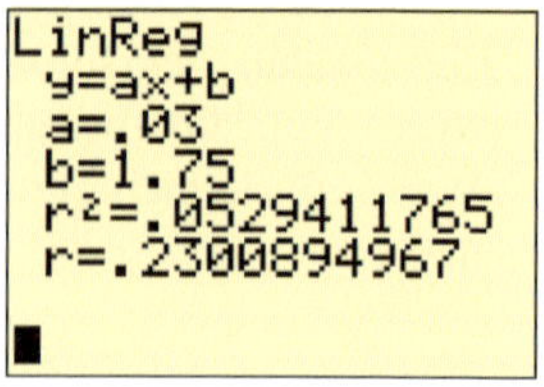

Zusammenfassung

Sind in einer Stichprobe vom Umfang n unterschiedliche Wertepaare der Form (x_1/y_1), (x_2/y_2), (x_3/y_3), …, (x_n/y_n) vorhanden und soll überprüft werden, ob die dazugehörigen Zufallsvariablen X und Y in einer linearen Abhängigkeit zueinander stehen, so lässt sich der Grad dieser Abhängigkeit als Korrelationskoeffizient r berechnen.

$$r = \frac{\sum_{i=1}^{n} x_i \cdot y_i - n \cdot \bar{x} \cdot \bar{y}}{\sqrt{\left(\sum_{i=1}^{n} x_i^2 - n \cdot \bar{x}^2\right) \cdot \left(\sum_{i=1}^{n} y_i^2 - n \cdot \bar{y}^2\right)}}$$

Je nachdem in welchem Bereich r liegt, wird das Ausmaß der linearen Abhängigkeit eingestuft:

$r = 0$	$0 < r \leq \lvert 0{,}25 \rvert$	$\lvert 0{,}25 \rvert < r \leq \lvert 0{,}75 \rvert$	$\lvert 0{,}75 \rvert < r < \lvert 1 \rvert$	$r = \lvert 1 \rvert$
kein	schwacher	mittlerer Zusammenhang	starker	absoluter

Besteht ein absoluter linearer Zusammenhang, liegen **alle** Messpunkte auf der Regressionsgeraden. Besteht ein absoluter negativer Zusammenhang ist die Steigung der Geraden negativ. Besteht ein absoluter positiver Zusammenhang ist die Steigung der Geraden ebenfalls positiv.

Weicht der Korrelationskoeffizient von $\lvert 1 \rvert$ ab, ist aber nicht 0, so gibt die Abweichung an, wie „weit" die Messpunkte insgesamt von der Geraden abweichen. Anders ausgedrückt: Der Korrelationskoeffizient gibt an, wie gut sich die Messpunkte durch eine Gerade beschreiben lassen.

Ist der Korrelationskoeffizient null, besteht **kein linearer Zusammenhang** zwischen den Zufallsvariablen X und Y. Andere Zusammenhänge sind durchaus möglich.

Beachten Sie:

Die Interpretation des Korrelationskoeffizienten ist nur sinnvoll, wenn es einen glaubhaften, kausalen Zusammenhang zwischen den Zufallsvariablen gibt.

Übungsaufgaben

1 Ein großer Fahrzeughersteller untersucht, ob zwischen der gefahrenen Geschwindigkeit und dem Benzinverbrauch ein linearer Zusammenhang besteht. Die Werte wurden bei einem Langzeittest ermittelt.

km/h	30	50	100	130	200
Liter/100 km	4,8	5,4	6,5	7,2	16,3

a) Bestimmen Sie die Gleichung der linearen Regressionsgeraden.

b) Schätzen Sie anhand Ihrer Berechnungen ab, wie viel Liter das Fahrzeug je 100 km bei einer Geschwindigkeit von 75 km/h verbrauchen wird.

c) Geben Sie eine Maßzahl an, die eine Aussage über die „Güte" Ihrer Berechnungen erlaubt.

2 Im Rahmen einer Studie wurde untersucht, ob es einen Zusammenhang zwischen dem Intelligenzquotienten (IQ) eines Menschen und seinem monatlichen Nettoeinkommen [EUR] gibt. Dazu wurden den Probanden 100 Fragen eines standardisierten Tests vorgelegt.

Nettoeinkommen	1 400	3 000	2 800	850	1 250	5 000	1 750	2 000
ermittelter IQ	89	102	100	99	114	101	104	123

Berechnen Sie, wie ausgeprägt der Zusammenhang zwischen dem IQ und dem monatlichen Nettoeinkommen ist.

3

Ein bayerischer Pizzalieferdienst bietet seine Pizza „Mog a Rita" in sechs verschiedenen Größen an. Führen Sie eine Regressionsanalyse durch und berechnen Sie, wie stark der Zusammenhang zwischen der Größe und dem Preis der Pizza ist.

Junior	Mini	Standard	Maxi	Family	Party
∅ 22 cm	∅ 26 cm	∅ 29 cm	∅ 36 cm	45 × 32 cm	60 × 40 cm
3,50 EUR	4,50 EUR	5,20 EUR	7,90 EUR	10,90 EUR	12,90 EUR

4 Ein Immobilienmakler bietet in und um Lüneburg Grundstücke an. Im Zentrum von Lüneburg kostet ein 800 m^2 großes Grundstück 120 000,00 EUR. 10 km vom Zentrum entfernt kostet ein um 200 m^2 kleineres Grundstück nur 75 000 EUR. Wird die Entfernung verdoppelt, sinkt der Quadratmeterpreis im Vergleich zum 10 km entfernten Grundstück um 30 %. Wie weit ist in etwa ein Grundstück mit einer Fläche von 1 500 m^2 für 60 000,00 EUR vom Zentrum entfernt?

5 Als Mitarbeiter der Abteilung „Schadensregulierung Nord III" bei einer Versicherung liegen ihnen zwei Statistiken vor.

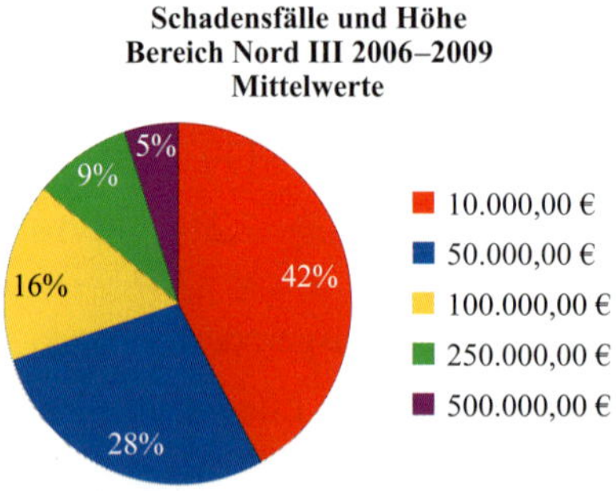

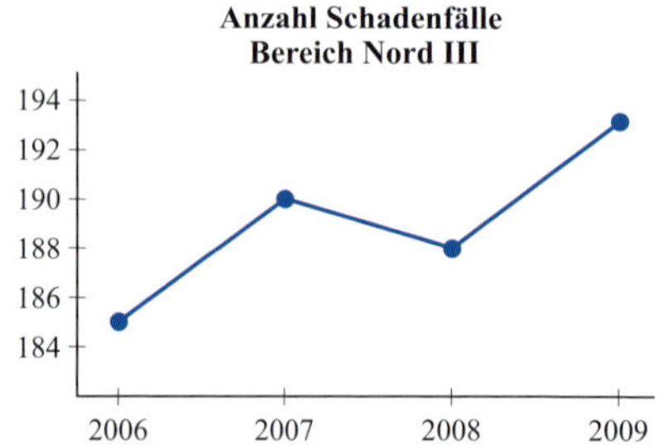

Ihr Vorgesetzter bittet Sie, anhand der Ihnen zur Verfügung stehenden Daten abzuschätzen, wie viel Geld für das Jahr 2010 zur Schadensregulierung eingeplant werden sollte.

1.4.3 Offene Handlungssituationen zur Beziehung statistischer Daten

Die folgenden Situationen sollen Sie mit den Ihnen zur Verfügung stehenden Rechnern bearbeiten. Besonders wichtig ist die Interpretation Ihrer Ergebnisse.

Situation 8

In einem Automobilwerk werden pro Monat etwa 12 000 Autos in vier Farben (rot, blau, weiß und schwarz) ohne Aufpreis produziert. In den vergangenen Monaten hat sich die Nachfrage nach den einzelnen Farben stark verändert, wie die Grafik zeigt.

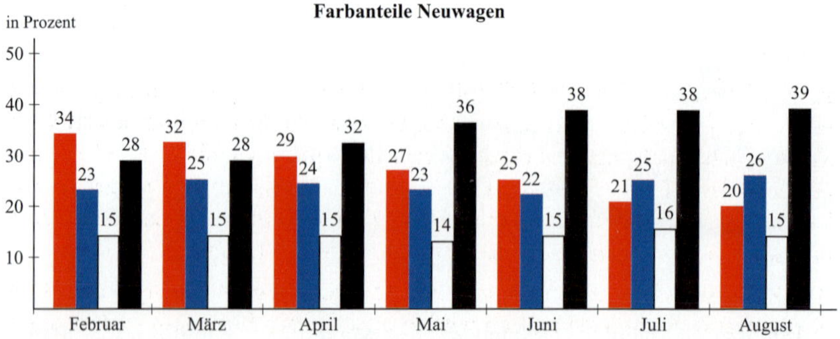

Die Unternehmensleitung möchte wissen, wie viele Autos der jeweiligen Farbe im kommenden Monat produziert werden sollten. Bereiten Sie sich auf eine Präsentation vor, bei der Sie Ihre Empfehlung adressatengerecht darstellen.

Situation 9

Laut einer Studie ist das Risiko, an Diabetes mellitus (DM) zu erkranken, stark davon abhängig, welchen Body-Mass-Index[1] (BMI) die untersuchte Person hat. Ist der BMI größer als 25, gilt die Person als übergewichtig. Eine private Krankenkasse überlegt daher, die Beiträge für übergewichtige Personen stark anzuheben.

Nehmen Sie kritisch zu den Überlegungen der Krankenkasse Stellung, wenn der Studie mit 1 000 zufällig ausgewählten Personen die Tabelle zugrunde liegt.

BMI	$17 \leq \text{BMI} < 21$	$21 \leq \text{BMI} < 25$	$25 \leq \text{BMI} < 29$	$29 \leq \text{BMI} < 33$	$33 \leq \text{BMI} \leq 37$
Anteil DM Patienten	3 %	5 %	8 %	2 %	4 %

Situation 10

Der Eigentümer eines Eiscafés ist in die Jahre gekommen und möchte sich zur Ruhe setzen. Daher soll das Geschäft verkauft werden. Er möchte für die Interessenten eine Präsentation vorbereiten, um sie von der Investition zu überzeugen. Die Anzahl der Kunden, die pro Stunde das Eiscafé besuchen, ist stark von der Temperatur abhängig und wurde tabellarisch festgehalten:

Temperatur [°C]	8	12	15	20	25	30	35	38
Anzahl Kunden	60	100	180	240	310	400	430	450

In Deutschland beträgt die Jahresdurchschnittstemperatur 9,55 °C.

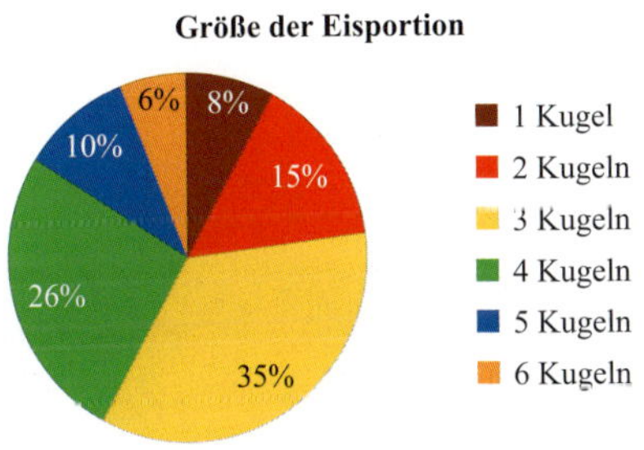

Überzeugen Sie mit einer Präsentation die Interessierten davon, dass sich die Investition lohnt, wenn eine Kugel Eis für 0,75 EUR verkauft werden kann, das Eiscafé an 300 Tagen im Jahr 10 Stunden pro Tag geöffnet hat und jährlich Kosten in Höhe von 40 000,00 EUR anfallen.

Situation 11

In Niedersachsen leben 7 937 500 Einwohner. Bei einer Landtagswahl gaben 60 % aller Einwohner ihre Stimme ab. Obwohl die Stimmen in den fünf größten Städten noch nicht ausgezählt sind, gibt der Spitzenkandidat der Gemeinschaftspartei Deutschland (GPD) bereits bekannt: „Nach dem bisherigen Auszählen haben wir exakt 5 % aller Stimmen erreicht. Den Einzug in den Landtag werden uns auch die fünf großen Städte nicht mehr streitig machen!"

Als Anhänger einer anderen Partei zweifeln Sie an dem Einzug der GPD in den Niedersächsischen Landtag und wollen dies für ein Interview auch belegen können. Bereiten Sie sich mithilfe der nachfolgenden Fakten auf dieses Interview vor.

---

[1] $\frac{\text{Gewicht [kg]}}{\text{Körpergröße}^2\ [\text{m}^2]}$

Stadt/Ort	Lünzen	Wietzendorf	Munster	Stade	Hildesheim
Einwohnerzahl	690	4 104	16 564	44 929	103 909
Stimmenanteil LPD	5 %	4,8 %	4,6 %	4,3 %	4 %

Stadt	Einwohner	Wahlbeteiligung [%]
Hannover	519 620	45
Braunschweig	245 996	50
Osnabrück	163 280	70
Oldenburg	160 300	68
Göttingen	121 455	60

2 Mit dem Zufall rechnen

2.1 Zufallsexperimente

2.1.1 Aufgaben der Wahrscheinlichkeitsrechnung

Viele Dinge im täglichen Leben sind eindeutig zu bestimmen und eindeutig vorherzusehen. Zahlreiche andere Dinge im Leben sind weder eindeutig zu bestimmen noch eindeutig vorhersehbar. Sie sind vom Zufall abhängig.

Die Wahrscheinlichkeitsrechnung modelliert reale Fragestellungen mathematisch und hat die Aufgabe „vorherzusagen“, wie wahrscheinlich ein vom Zufall abhängiger Ausgang eintritt. Beispiele für solche Fragestellung sind die Wahrscheinlichkeit,

- beim Samstagslotto den Lottojackpot zu knacken,
- bei einem Wurf mit zwei Würfeln einen Pasch[1] zu erhalten,
- bei einer Stichprobe ein defektes Bauteil auszuwählen,

[1] zweimal die gleiche Augenzahl

- eine vierstellige PIN beim erstem Mal richtig zu erraten,
- im nächsten Geschäftsjahr mehr als 100 000,00 EUR Umsatz zu erwirtschaften oder
- in einem Eierkarton höchstens 5 zerbrochene Eier zu finden.

2.1.2 Grundbegriffe der Wahrscheinlichkeitsrechnung

Die wichtigsten Grundbegriffe der Wahrscheinlichkeitsrechnung sollen an einigen einfachen Beispielen erläutert werden. Die Begriffe werden wieder in den entsprechenden Kapiteln mit Beispielaufgaben aufgegriffen.

Beispiele

Spieltheorie	Anwendungsbezug
Wirft eine Person einen Würfel, so ist das Ergebnis des Wurfes vom Zufall abhängig. Da die Person – zumindest theoretisch – unendlich oft mit dem Würfel würfeln könnte, handelt es sich bei diesem Experiment um ein **Zufallsexperiment** oder **Zufallsversuch**. Bei einem normalen Würfel gibt es sechs mögliche **Ergebnisse** e_i:  Die Menge aller Ergebnisse e_i eines Zufallsversuches wird als **Ergebnismenge** S bezeichnet. Bei einem Würfel gibt es die Ergebnismenge $S = \{1; 2; 3; 4; 5; 6\}$.	Ein Süßwarenhersteller produziert rote, gelbe, grüne und weiße Gummibärchen. Der laufenden Produktion wird blind ein Gummibärchen entnommen. Der Mitarbeiter erhält ein grünes Bärchen. Da der Ausgang dieses Experiments nicht vorhergesagt werden kann und – zumindest theoretisch – unendlich oft wiederholt werden könnte, bezeichnet man ein solches Experiment als **Zufallsexperiment** oder **Zufallsversuch**. Die Ausgänge des Experiments heißen **Ergebnisse** e_i. Die Menge aller möglichen Ergebnisse, in diesem Fall rot, gelb, grün oder weiß wird als **Ergebnismenge** S bezeichnet.

Allgemein gibt es zu jedem Zufallsversuch die Ergebnismenge S.

$$S = \{e_1; e_2; e_3; \ldots; e_n\} \text{ mit } n \text{ möglichen Ergebnissen } e_i$$

Spieltheorie

Wirft eine Person mit zwei Würfeln gleichzeitig, so ist das Ergebnis des Wurfes vom Zufall abhängig. Da auch dieses Experiment unendlich oft wiederholt werden könnte, handelt es sich wieder um einen Zufallsversuch. In diesem Experiment gibt es 36 mögliche Ergebnisse.

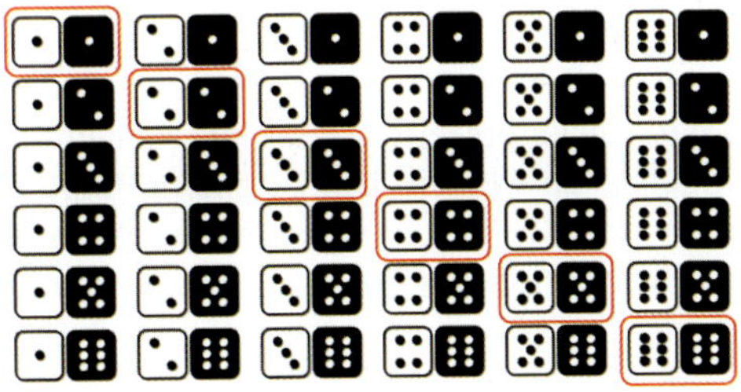

Die Ergebnismenge lautet: $S = \{(1;1); (1;2); (1;3); \ldots; (6;6)\}$

Teilmengen aus der Ergebnismenge S werden als **Ereignis** E bezeichnet.

Das Ereignis **Pasch** umfasst sechs Möglichkeiten.

Die Ergebnisse des Ereignisses sind: $E = \{(1;1); (2;2); (3;3); (4;4); (5;5); (6;6)\}$.
Enthält eine Ereignismenge wie der Sechserpasch nur ein Element, heißt es **Elementarereignis**, hier: $E = \{(6;6)\}$.

Anwendungsbezug

Entnimmt der Mitarbeiter der laufenden Produktion mit einem Griff zwei Gummibärchen, so gibt es bei vier Gummibärchenfarben (rot, gelb, grün und weiß) 12 mögliche **Kombinationen**.

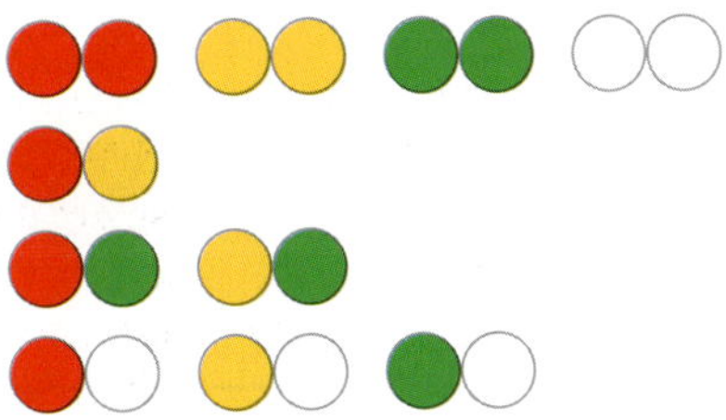

Da der Mitarbeiter die Gummibärchen mit einem Griff entnimmt, ist ●● nicht von ●● zu unterschieden. Dies wird als **Variation** bezeichnet.

Schließt man die Variationen aus, hat die Ergebnismenge nur 12 Elemente.

Ein mögliches Ereignis wäre z. B. „zwei gleichfarbige Bärchen". Der Ereignisraum hätte dann vier Elemente.

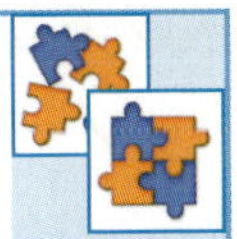

Situation 1

Es wird mit zwei Würfeln gleichzeitig gewürfelt und die Augenzahl wird addiert.

a) Geben Sie die Ergebnismenge an.

b) Geben Sie die Menge des Ereignisses E_1 „die Augensumme ist gerade" an.

c) Geben Sie die Menge des Ereignisses E_2 „die Augensumme ist eine Primzahl" an.

Lösung

a) Es gibt 11 verschiedene Ergebnisse. Die Ergebnismenge lautet
$S = \{2; 3; 4; 5; 6; 7; 8; 9; 10; 11; 12\}$.

b) Sechs Elemente aus der Ergebnismenge S sind gleichzeitig Elemente des Ereignisses
$E_1 = \{2; 4; 6; 8; 10; 12\}$.

c) Fünf Elemente aus der Ergebnismenge S sind gleichzeitig Elemente des Ereignisses
$E_2 = \{2; 3; 5; 7; 11\}$.

Situation 2

Das Unternehmen Brezel Böning aus Bremen stellt Salzbrezeln (S) und Zuckerbrezeln (Z) her, die gemeinsam in einem Ofen gebacken werden. Um zu überprüfen, ob die Brezeln bereits fertig gebacken sind, entnimmt ein Arbeiter aus dem Ofen mit einem Griff drei Brezeln und bricht sie nacheinander durch.

a) Geben Sie die Ergebnismenge S an, die alle möglichen Ergebnisse enthält.

b) Geben Sie die Menge des Ereignisses E_1 „es sind genau zwei Salzbrezeln unter den kontrollierten Brezeln“ an.

c) Geben Sie die Menge des Ereignisses E_2 „es ist mindestens eine Zuckerbretzel unter den kontrollierten Brezeln“ an.

Lösung

a) S gibt acht verschiedene Ergebnisse. Die Ergebnismenge ist
$S = \{SSS; SSZ; SZS; SZZ; ZZZ; ZZS; ZSZ; ZSS\}$.

b) Drei Elemente aus der Ergebnismenge S sind gleichzeitig Elemente des Ereignisses
$E_1 = \{SSZ; SZS; ZSS\}$.

c) Sieben Elemente aus der Ergebnismenge S sind gleichzeitig Elemente des Ereignisses
$E_2 = \{SSZ; SZS; SZZ; ZZZ; ZZS; ZSZ; ZSS\}$.

Zusammenfassung

In der Wahrscheinlichkeitsrechnung werden die Ausgänge eines Zufallsexperiments als **Ergebnisse** e_i bezeichnet. Die Gesamtheit aller Ergebnisse heißt **Ergebnismenge** S.

$S = \{e_1; e_2; e_3; \ldots; e_n\}$
Ergebnismenge mit n möglichen Ergebnissen

Eine Teilmenge aus der Ergebnismenge wird **Ereignis** E genannt. Besteht diese Teilmenge E nur aus einem Element, so heißt sie **Elementarereignis**.

Übungsaufgaben

1 In einem Werk für Computerbauteile werden Prozessoren hergestellt. Zur Qualitätssicherung werden alle Prozessoren vor der Auslieferung auf Funktionstüchtigkeit untersucht. Dabei ist ein Prozessor entweder einwandfrei (E) oder defekt (D). Die Maschine kontrolliert mithilfe zweier Messfühler immer zwei Prozessoren gleichzeitig. Geben Sie die Ergebnismenge an.

2 Ein Auszubildender in einem Handwerksbetrieb hält drei Werkzeuge in einer Hand. Einen Hammer (H), eine Zange (Z) und einen Inbusschlüssel (I). Er gibt die drei Werkzeuge nacheinander seinem Meister.

a) Geben Sie die Ergebnismenge an.

b) Nehmen Sie an, der Meister benötigt beim ersten Mal einen Hammer. Geben Sie die Menge des Ereignisses E „erst beim letzten Mal ist es das richtige Werkzeug" an.

3 Auf einem Bauernhof werden Eier in Kartons zu zehn Stück verpackt.

a) Geben Sie für einen Karton die Ergebnismenge an, die die mögliche Anzahl zerbrochener Eier (Z) beschreibt.

b) Geben Sie die Menge des Ereignisses E_1 „es ist höchstens ein Ei zerbrochen" an.

c) Geben Sie die Menge des Ereignisses E_2 „mehr als ein Drittel der Eier sind zerbrochen" an.

d) Geben Sie die Menge des Ereignisses E_3 „es sind mehr als ein Viertel aber höchstens die Hälfte der Eier zerbrochen" an.

4 Im Rahmen einer Umfrage in einem Stadtteil wird festgestellt, dass die dort lebenden Familien (Vater, Mutter und Kind(er)) im Durchschnitt zwei Kinder und maximal sechs Kinder haben.

a) Geben Sie die Anzahl der Kinder in Familien als Ergebnismenge S_1 an.

b) Geben Sie die Menge des Ereignisses E_1 „die Familie hat überdurchschnittlich viele Kinder" an.

c) Geben Sie die Ergebnismenge S_2 „die Anzahl der Familienmitglieder ist gerade" an.

5 Ein Unternehmen produziert Handtücher in weiß (w), rot (r) und blau (b) und verpackt diese nebeneinander in Doppelpacks. Enthält ein Doppelpack zwei unterschiedliche aber bunte Handtücher, so beträgt der Verkaufspreis 10,00 EUR. Zwei gleichfarbige bunte Handtücher werden für 7,50 EUR angeboten. Enthält ein Doppelpack mindestens ein weißes Handtuch, beträgt der Verkaufspreis nur noch 5,00 EUR. Die Hälfte aller Doppelpacks enthält mindestens ein weißes Handtuch. Der Anteil der Doppelpacks mit zwei gleichfarbig bunten Handtüchern ist doppelt so hoch wie der mit zwei unterschiedlichen aber bunten Handtüchern.

a) Geben Sie die Ergebnismenge der Doppelpacks in Abhängigkeit der Farbe an.

b) Geben Sie die Menge des Ereignisses E_1 an, dessen Elemente den niedrigsten Verkaufspreis haben.

c) Geben Sie die Menge des Ereignisses E_2 an, dessen Elemente einen überdurchschnittlichen Verkaufspreis haben.

2.2 Wahrscheinlichkeit

2.2.1 Zusammenhang zwischen relativer Häufigkeit und Wahrscheinlichkeit

Ähnlich wie in der beschreibenden Statistik, gibt es auch in der Wahrscheinlichkeitsrechnung den Begriff **Häufigkeit**. Anders als in der beschreibenden Statistik werden Ergebnisse e_i statt Merkmalsausprägungen x_i betrachtet.

Die Anzahl eines Ergebnisses e_i wird als absolute Häufigkeit n_i bezeichnet. Der prozentuale Anteil der absoluten Häufigkeit n_i an der Anzahl der Wiederholungen n des Zufallsexperiments ist die **relative Häufigkeit** $h(e_i)$:

$$h(e_i) = \frac{n_i}{n}$$

relative Häufigkeit des Ergebnisses e_i bei n-maliger Wiederholung des Zufallsexperiments

Beispiel

Es wird mit einem Würfel zehnmal, hundertmal oder tausendmal gewürfelt. Man erwartet, dass jedes der Ergebnisse ⚀ ⚁ ⚂ ⚃ ⚄ ⚅ gleich oft, also in $\frac{1}{6} = 0{,}1\overline{6}$ aller Fälle, eintritt.

10-mal ($n = 10$)

e_i	n_i	$h(e_i)$
⚀	2	0,2
⚁	1	0,1
⚂	1	0,2
⚃	2	0,2
⚄	2	0,2
⚅	2	0,2

100-mal ($n = 100$)

e_i	n_i	$h(e_i)$
⚀	17	0,17
⚁	12	0,12
⚂	16	0,16
⚃	18	0,18
⚄	20	0,2
⚅	17	0,17

1 000-mal ($n = 1\,000$)

e_i	n_i	$h(e_i)$
⚀	169	0,169
⚁	166	0,166
⚂	168	0,168
⚃	164	0,164
⚄	169	0,169
⚅	164	0,164

Man sieht, dass sich die relativen Häufigkeiten immer mehr dem vermuteten Wert von $\frac{1}{6} = 0{,}1\overline{6}$ annähern. Daraus lässt sich das empirische[1)] Gesetz der großen Zahlen ableiten.

21) Empirisch bedeutet, dass eine Erkenntnis auf Erfahrungswerten beruht.

- **Empirisches Gesetz der großen Zahlen**
  Wird ein Zufallsversuch sehr oft wiederholt, so nähert sich die relative Häufigkeit $h(e_i)$ des Ergebnisses e_i einem bestimmten Wert an. Ist die Anzahl der Wiederholungen sehr groß, so wird diese Näherung als Wahrscheinlichkeit $P(e_i)$ für das Ergebnis angenommen.

Der Buchstabe P steht für probability, dem englischen Begriff für Wahrscheinlichkeit.

Sowohl die relativen Häufigkeiten, als auch die Wahrscheinlichkeiten liegen immer zwischen 0 und 1, also zwischen 0 % und 100 %.

Relative Häufigkeit	**Wahrscheinlichkeit**
$0 \leq h(e_i) \leq 1$ oder $0\,\% \leq h(e_i) \leq 100\,\%$ Ist die relative Häufigkeit 0, so ist das Ergebnis während des Zufallsversuches nicht aufgetreten. Ist sie 1, so trat nur dieses Ergebnis auf. **Beispiele** Ein Würfel wird dreimal geworfen:  Die relative Häufigkeit $h(e_i)$ ist in allen drei Fällen gleich und beträgt $\frac{1}{3}$. Ein Würfel wird dreimal geworfen. Es erscheint: 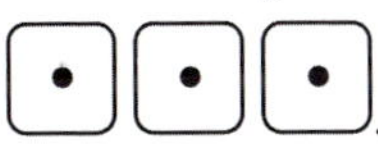. Die relative Häufigkeit für eine Eins ist 100 %, also $h(\text{Eins}) = 1$.	$0 \leq P(e_i) \leq 1$ oder $0\,\% \leq P(e_i) \leq 100\,\%$ Ist die Wahrscheinlichkeit 0, so wird dieses Ergebnis nie auftreten (**unmögliches Ergebnis**). Ist die Wahrscheinlichkeit 1, so wird dieses Ergebnis immer auftreten (**sicheres Ergebnis**). **Beispiele** Ein Würfel wird einmal geworfen. Es kann nur eins der Ergebnisse kommen:  Eine andere Zahl zu werfen ist unmöglich. Die Wahrscheinlichkeit dafür ist 0 %, also $P(\text{keine 1 bis 6}) = 0$. Ein weißer Würfel wird einmal geworfen. Dass die nach oben zeigende Seite weiß ist, ist sicher. Die Wahrscheinlichkeit dafür beträgt 100 %, also $P(\text{weiß}) = 1$.

Jede theoretisch zu ermittelnde oder mathematische Wahrscheinlichkeit kann als **Wahrscheinlichkeitsfunktion** definiert werden.

Lässt sich jedem Ergebnis e_i der Ergebnismenge S der Form $S = \{e_1; e_2; e_3; \ldots; e_n\}$ genau eine Wahrscheinlichkeit $P(e_i)$ zuordnen, so heißt diese Funktion **Wahrscheinlichkeitsfunktion** oder **Wahrscheinlichkeitsverteilung**, wenn die folgenden zwei Bedingungen erfüllt sind:

1. $0 \leq P(e_i) \leq 1$
2. $P(e_1) + P(e_2) + P(e_3) + \ldots + P(e_n) = 1$

2.2.2 Laplace-Experiment

Wenn bei einem Zufallsexperiment alle möglichen Ergebnisse die gleiche Wahrscheinlichkeit haben, so wird dieses Zufallsexperiment als Laplace[1]-Experiment oder Laplace-Versuch bezeichnet. Ein Würfel oder eine Münze sind klassische Gegenstände, mit denen sich Laplace-Experimente durchführen lassen, für deren Ergebnisse e_i gilt $P(e_1) = P(e_2) = P(e_3) = \ldots = P(e_n)$. $P(e_i)$ ist die Wahrscheinlichkeit dafür, dass das Ergebnis e_i eintritt. Analog dazu ist $P(E)$ die Wahrscheinlichkeit für Eintreten des Ereignisses E.

Die Wahrscheinlichkeiten für ein Ergebnis e oder ein Ereignis E lassen sich bei Laplace-Experimenten berechnen:

$$P(e) = \frac{1}{\text{Anzahl aller möglichen Ergebnisse}} = \frac{1}{|S|}$$

Laplace-Formel zur Berechnung der Wahrscheinlichkeit eines Ergebnisses

$$P(E) = \frac{\text{Anzahl der günstigen Ergebnisse}}{\text{Anzahl aller möglichen Ergebnisse}} = \frac{|E|}{|S|}$$

Laplace-Formel zur Berechnung der Wahrscheinlichkeit eines Ereignisses

Beispiel

Ein Würfel wird einmal geworfen. Wie groß ist die Wahrscheinlichkeit eine 4 zu würfeln?

In diesem Fall gibt es sechs mögliche Ergebnisse:

. Die Ergebnismenge $S = \{1; 2; 3; 4; 5; 6\}$ enthält 6 Elemente: $|S| = 6$

Eine 4 wird nur in einem der sechs Fälle geworfen. Die Ergebnismenge $E = \{4\}$ enthält somit nur ein Element: $|E| = 1$. Daraus folgt die Wahrscheinlichkeit $P(E)$:

$$P(E) = P(4) = \frac{|E|}{|S|} = \frac{1}{6} = 0{,}1\overline{6} = 16{,}\overline{6}\,\%.$$

Dieser Wert findet sich auch beim tausendmaligen Würfeln des Einführungsbeispiels in Verbindung mit dem Empirischen Gesetz der großen Zahlen wieder.

Ist die Wahrscheinlichkeit für das Ereignis E bekannt, so lässt sich die Wahrscheinlichkeit für das **Gegenereignis** $\overline{E}$ (gelesen: nicht E; **Gegenwahrscheinlichkeit**) berechnen:

$$P\left(\overline{E}\right) = 1 - P(E)$$

Gegenwahrscheinlichkeit

In diesem Beispiel wird in fünf der sechs Fälle keine 4 geworfen. Die Wahrscheinlichkeit beträgt: $P\left(\overline{4}\right) = 1 - P(4) = 1 - \frac{1}{6} = \frac{5}{6} = 0{,}8\overline{3} = 83{,}\overline{3}\,\%$

[1] nach Pierre Simon Marquis de Laplace, französischer Mathematiker (1749–1827)

Situation 1

Zwei unterschiedliche Würfel werden gleichzeitig geworfen. Wie groß ist die Wahrscheinlichkeit für die Ereignisse?

A: Ein Pasch wird gewürfelt.
B: Die Augensumme ist neun.
C: Das Produkt der Augen ist eine Primzahl.

Lösung

Es gibt insgesamt 36 unterschiedliche Ergebnisse:

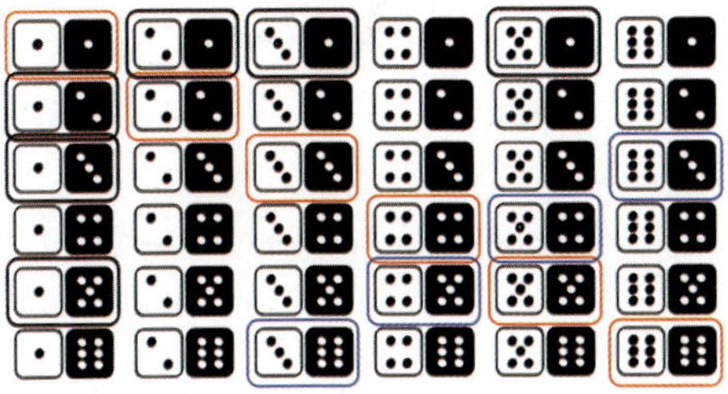

Für das Ereignis A gibt es **sechs**, für das Ereignis B **vier** und für das Ereignis C **sechs** günstige Möglichkeiten. Daraus folgt:

$$P(A) = \frac{6}{36} = 16{,}\overline{6}\,\%$$

$$P(B) = \frac{4}{36} = 11{,}\overline{1}\,\%$$

$$P(C) = \frac{6}{36} = 16{,}\overline{6}\,\%$$

Situation 2

Das Unternehmen Brezel Böning aus Bremen stellt neben einfachen großen Brezeln auch Knabbergebäck her. Besonders beliebt ist dabei die Mischung „Sweet and Salty“, die zu gleichen Teilen aus kleinen Zuckerbrezeln (Z) und kleinen Salzbrezeln (S) besteht. Ein Arbeiter am Fließband entnimmt der laufenden Produktion mit einem Griff drei Brezeln und legt diese zur optischen Kontrolle nebeneinander vor sich ab.

Wie groß ist die Wahrscheinlichkeit, dass

A: dreimal die gleiche Sorte nebeneinander liegt,
B: genau zwei Salzbrezeln dabei sind,
C: in der Stichprobe beide Sorten vorhanden sind?

Lösung

Insgesamt enthält die Ergebnismenge acht verschiedene Ergebnisse. Die Ergebnismenge lautet:
$S = \{SSS; SSZ; SZS; SZZ; ZZZ; ZZS; ZSZ; ZSS\}$. Die Wahrscheinlichkeit für jedes der acht Ergebnisse beträgt $\frac{1}{8}$.

Für das Ereignis A gibt es zwei, für das Ereignis B drei Möglichkeiten. Für C gibt es sechs Möglichkeiten.

$$P(A) = P(SSS) + P(ZZZ) = \frac{1}{8} + \frac{1}{8} = \frac{2}{8} = 0{,}25 = 25\,\%$$

Es gibt **zwei** günstige und **acht** mögliche Ergebnisse.

$P(B) = P(\text{SSZ}) + P(\text{SZS}) + P(\text{ZSS}) = \frac{1}{8} + \frac{1}{8} + \frac{1}{8} = \frac{3}{8} = 0{,}375 = 37{,}5\,\%$

Es gibt **drei** günstige und **acht** mögliche Ergebnisse.

$$P(C) = P(\text{SSZ}) + P(\text{SZS}) + P(\text{ZSS}) + P(\text{ZZS}) + P(\text{ZSZ}) + P(\text{SZZ})$$
$$= \frac{1}{8} + \frac{1}{8} + \frac{1}{8} + \frac{1}{8} + \frac{1}{8} + \frac{1}{8} = \frac{6}{8} = 0{,}75 = 75\,\%$$

Es gibt **sechs** günstige und **acht** mögliche Ergebnisse.

Da das Ereignis C das Gegenereignis von A darstellt, lässt sich die Wahrscheinlichkeit auch durch $P(C) = P(\overline{A}) = 1 - P(A) = 1 - \frac{2}{8} = \frac{6}{8} = 0{,}75 = 75\,\%$ bestimmen.

Übungsaufgaben

1 In einem Industriebetrieb werden Spielsteine für Dame in schwarz (s) und weiß (w) in gleicher Menge produziert. Ein Mitarbeiter entnimmt der laufenden Produktion zwei Spielsteine und legt diese nebeneinander auf den Tisch. Berechnen Sie die Wahrscheinlichkeit für die Entnahme zwei gleichfarbiger Spielsteine.

2 In einer Großbäckerei werden täglich 5 000 Brötchen produziert, von denen 850 mit Sesamkörnern (S), 750 mit Mohn (M) und 1400 mit Kürbiskernen (K) bestreut werden. Die restlichen Brötchen sind „normale“ Brötchen (N). Wie groß ist die Wahrscheinlichkeit, dass ein zufällig ausgewähltes Brötchen

a) kein Sesambrötchen ist?

b) kein „normales“ Brötchen ist?

c) mit Kürbiskernen oder Sesamkörnern bestreut ist?

3 Im Rahmen einer Werbeaktion veranstaltet ein Einzelhändler ein Gewinnspiel mit drei Glücksrädern.

a) Begründen Sie, bei welchem Glücksrad es sich um ein Laplace-Glücksrad handelt.

b) Wie groß ist die Wahrscheinlichkeit, dass beim linken Glücksrad „nicht blau“ kommt?

c) Wie groß ist beim mittleren Glücksrad die Wahrscheinlichkeit, dass „blau“ kommt?

d) An welchem Glücksrad sollten Sie spielen, wenn Sie nur bei „rot“ gewinnen?

4 An einer Befragung im Rahmen der Marktforschung nehmen 25 männliche (m) und 25 weibliche (w) Personen teil. Die Testleitung stellt den Teilnehmern zufällig drei Fragen, wobei es möglich ist, dass alle drei Fragen der gleichen Person gestellt werden.

a) Geben Sie die Ergebnismenge an.

b) Wie groß ist die Wahrscheinlichkeit, dass die erste Frage einer weiblichen Person gestellt wird?

c) Wie groß ist die Wahrscheinlichkeit, dass genau zwei der drei Fragen männlichen Personen gestellt werden?

5 Bei einem Möbelproduzenten besteht der Metallsatz für einen Regalbausatz aus jeweils einem Tütchen mit Schrauben, einem mit Muttern und einem mit Nägeln. Ein Tütchen mit Schrauben wiegt 80 g, mit Muttern 70 g und mit Nägeln 60 g. Da die Mitarbeiter hin und wieder versehentlich nach einem falschen Tütchen greifen, wird jeder Metallsatz vor dem Verpacken automatisch durch eine Waage kontrolliert. Hat er nicht exakt das erforderliche Gewicht von 210 g, wird er aussortiert.
Bestimmen Sie die Wahrscheinlichkeit dafür, dass ein Metallsatz nicht aussortiert wird und trotzdem nicht alle drei für den Zusammenbau erforderlichen Tütchen enthält.

2.3 Grundlegende Wahrscheinlichkeitsrechnung

2.3.1 Mehrstufige Zufallsversuche

Sämtliche bisher untersuchte Zufallsexperimente bestanden nur aus einem einzigen Zug, einem Wurf oder einem Versuch. Häufig müssen jedoch Wahrscheinlichkeiten bestimmt werden, bei denen mehrere Zufallsexperimente nacheinander durchgeführt werden. Man bezeichnet sie als **mehrstufige Zufallsversuche**.

Beispiel

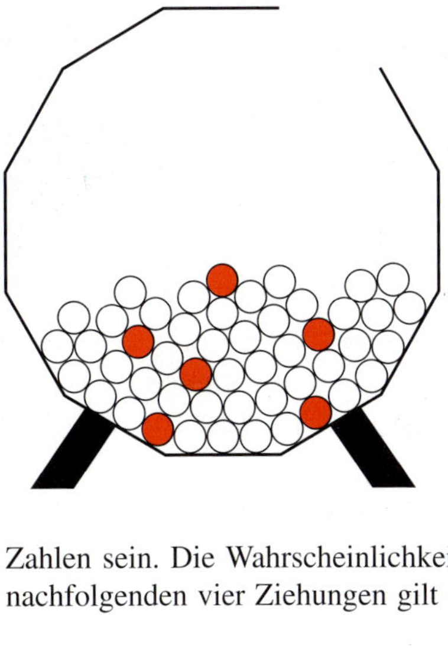

Der wahrscheinlich geläufigste mehrstufige Zufallsversuch ist das Lottospiel „6 aus 49“. Ziel eines jeden Lottospielers sind „6 Richtige“. Dabei werden nacheinander sechs Kugeln aus dem Ziehungsgerät entnommen. Bei jeder der sechs Ziehungen hängt es vom Zufall ab, welche Zahl gezogen wird. Zum ersten Zug befinden sich 49 Kugeln in der Urne. Die Wahrscheinlichkeit, dass die erste gezogene Kugel eine der sechs vorher getippten ist, beträgt $\frac{6}{49}$. Nun sind nur noch 48 Kugeln in der Urne. Die höchste gezogene muss eine der noch offenen fünf getippten Zahlen sein. Die Wahrscheinlichkeit beim zweiten Zug beträgt somit $\frac{5}{48}$. Für die nachfolgenden vier Ziehungen gilt dies dementsprechend.

Die Wahrscheinlichkeit, dass alle vorher getippten 6 Zahlen erscheinen, ist also $\frac{6}{49} \cdot \frac{5}{48} \cdot \frac{4}{47} \cdot \frac{3}{46} \cdot \frac{2}{45} \cdot \frac{1}{44} \approx 0{,}000007\,\%$. Um den Jackpot zu gewinnen, muss noch die Superzahl (null bis neun) stimmen. Die Chance Lottomillionär zu werden, ist also noch einmal um das Zehnfache geringer. Sie ist ungefähr 1 : 140 000 000.

Um bei größeren mehrstufigen Zufallsversuchen nicht den Überblick zu verlieren und die Wahrscheinlichkeit eines **Ergebnisses** oder **Ereignisses** möglichst einfach bestimmen zu können, kann die Ergebnismenge mit einem **Baumdiagramm**[1)] dargestellt werden.

2.3.2 Baumdiagramme und Pfadregeln

Baumdiagramme dienen der anschaulichen Darstellung mehrstufiger Zufallsexperimente.

Beispiele

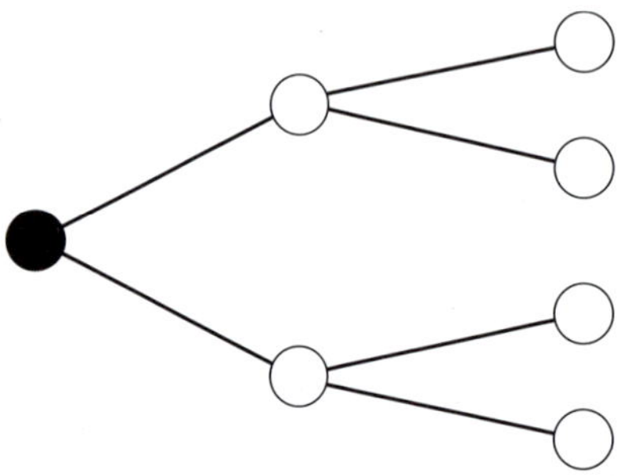

horizontales 2-stufiges Baumdiagramm
(4 mögliche Ergebnisse)

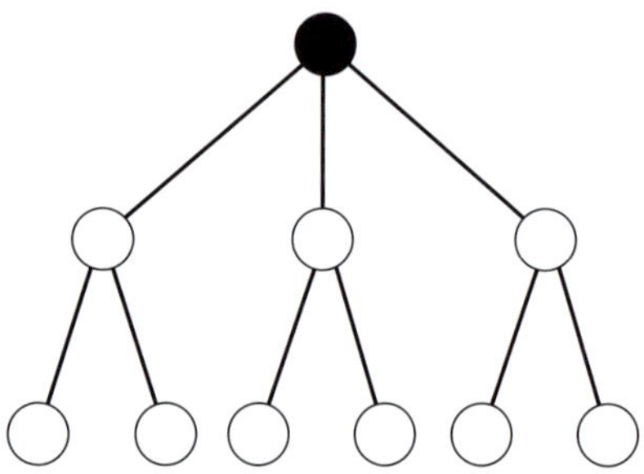

vertikales 2-stufiges Baumdiagramm
(6 mögliche Ergebnisse)

Jeder Pfad, das ist ein Weg über Äste des Baumdiagramms, stellt ein Ergebnis des Zufallsexperiments dar. Die Wahrscheinlichkeiten jedes Ergebnisses lassen sich mit den **Pfadregeln** einfach berechnen.

- **1. Pfadregel (Multiplikationsregel)**
  Liegen die **Einzelwahrscheinlichkeiten** eines Ereignisses *E* **auf einem Pfad**, so lässt sich die Wahrscheinlichkeit des Ereignisses *E* durch **Multiplikation** der Einzelwahrscheinlichkeiten berechnen.

- **2. Pfadregel (Addiditionsregel)**
  Liegen die **Einzelwahrscheinlichkeiten** eines Ereignisse *E* **auf mehreren Pfaden**, so lässt sich die Wahrscheinlichkeit des Ereignisses *E* durch **Addition** der Wahrscheinlichkeiten der zugehörigen Pfade berechnen.

[1)] häufig auch Ergebnisbaum genannt

Situation 3

Bei einer Aktiengesellschaft sollen Aufsichtsratsvorsitz und Stellvertretung neu besetzt werden. Es wird **nacheinander** gewählt, weil nicht eine Person beide Ämter innehaben darf. Vier Kandidaten stehen zur Wahl: Herr Albers, Frau Behrens, Herr Cersten und Frau Dellinger. Wie groß ist die Wahrscheinlichkeit, dass

A: beide Positionen von Männern besetzt sind,
B: beide Positionen von Frauen besetzt sind oder
C: unter den gewählten Personen beide Geschlechter vertreten sind?

Lösung

Bei der Situation handelt es sich um einen **mehrstufigen Zufallsversuch**, weil beide Wahlgänge **nacheinander** ausgeführt werden. Da vier Kandidaten zur Wahl stehen, gibt es beim ersten Wahlgang vier mögliche Ausgänge. Es wird jedoch lediglich zwischen männlich (M) und weiblich (W) unterschieden. Daher gibt es sowohl im ersten als auch im zweiten Wahlgang jeweils zwei Möglichkeiten, also insgesamt $2 \cdot 2 = 4$, diese sind MM, MW, WW und WM. Die Ergebnismenge S lautet demnach $S = \{MM, MW, WW, WM\}$.

Zur Berechnung der jeweiligen Wahrscheinlichkeit wird der Wahlablauf mithilfe eines Baumdiagramms dargestellt.

A:

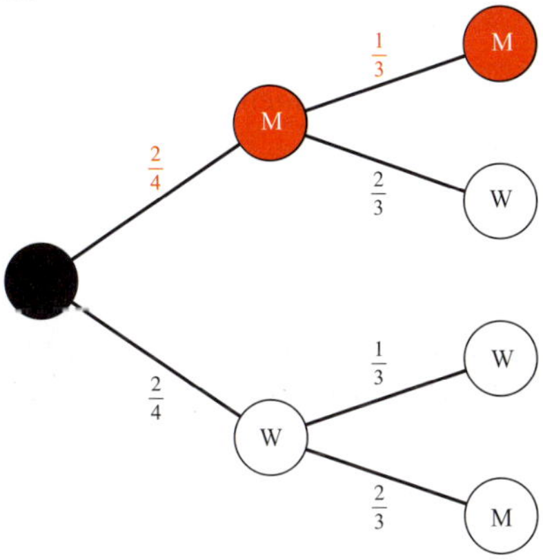

Für den Vorsitz gibt es 4 Kandidaten, von denen 2 männlich sind. Die Wahrscheinlichkeit für einen Mann beträgt daher $\frac{2}{4}$.

Für die Stellvertretung gibt es nur noch 3 Kandidaten, von den nur noch 1 männlich ist. Die Wahrscheinlichkeit für einen Mann beträgt daher $\frac{1}{3}$. Die Chance, dass beide Positionen von Männern besetzt sind, beträgt dann:

$P(A) = P(MM) = \frac{2}{4} \cdot \frac{1}{3} = \frac{2}{12} = \frac{1}{6} = 0{,}1\overline{6}$
$= 16{,}\overline{6}\,\%$.

Die Einzelwahrscheinlichkeiten werden multipliziert, weil sie auf einem Pfad liegen.

B:

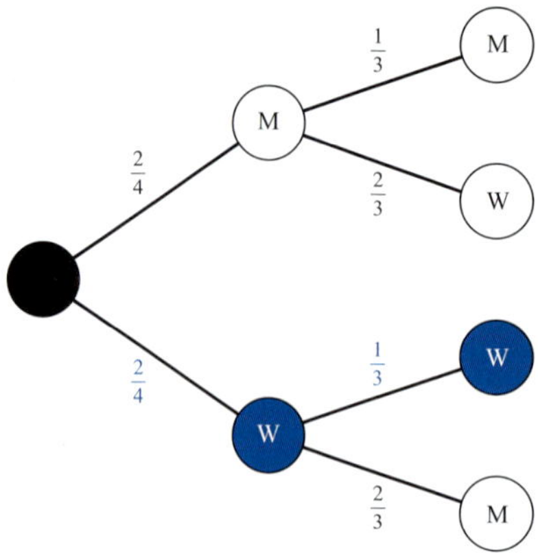

Für den Vorsitz gibt es 4 Kandidaten, von denen 2 weiblich sind. Die Wahrscheinlichkeit für eine Frau beträgt daher $\frac{2}{4}$. Für den Posten der Stellvertretung gibt es nur noch 3 Kandidaten, von den nur noch 1 weiblich ist. Die Wahrscheinlichkeit für eine Frau beträgt daher $\frac{1}{3}$. Die Chance, dass sowohl Vorsitz als auch Stellvertretung von Frauen besetzt sind, beträgt dann:

$\boldsymbol{P(B) = P(\mathrm{WW}) = \frac{2}{4} \cdot \frac{1}{3} = \frac{2}{12} = \frac{1}{6} = 0{,}1\overline{6} = 16{,}\overline{6}\,\%}$

Die Einzelwahrscheinlichkeiten werden multipliziert, weil sie auf einem Pfad liegen.

Im dritten Fall geht es nur darum, dass beide Geschlechter vorhanden sind. Welche der beiden Personen Vorsitzende oder Stellvertreter wird, spielt keine Rolle. In diesem Fall treffen zwei der vier Ergebnisse zu, entweder (M, W) oder (W, M). Beide Wahrscheinlichkeiten lassen sich wie in den beiden vorherigen Fällen berechnen.

C:

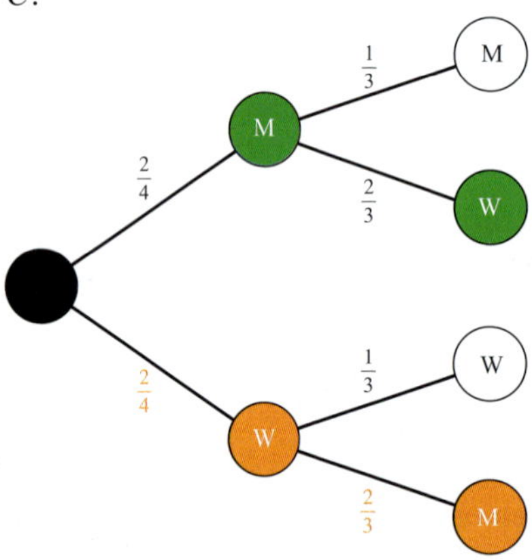

Die Chance auf einen vorsitzenden Mann beträgt $\frac{2}{4}$ und eine stellvertretende Frau tritt dann in $\frac{2}{3}$ der Fälle auf. Die Wahrscheinlichkeit beträgt also

$\boldsymbol{P(\mathrm{MW}) = \frac{2}{4} \cdot \frac{2}{3} = \frac{4}{12} = \frac{1}{3}}$. Für den umgekehrten Fall gilt dies analog:

$\boldsymbol{P(\mathrm{WM}) = \frac{2}{4} \cdot \frac{2}{3} = \frac{4}{12} = \frac{1}{3}}$

Da beide Ergebnisse möglich sind, ist die Wahrscheinlichkeit für das Ereignis *C*:

$P(C) = P(\mathrm{MW}, \mathrm{WM}) = \frac{1}{3} + \frac{1}{3} = \frac{2}{3} = 0{,}\overline{6} = 66{,}\overline{6}\,\%$

Die Einzelwahrscheinlichkeiten für die Ergebnisse MW und WM müssen **multipliziert** werden, da sie jeweils **auf einem Pfad liegen**. Die Wahrscheinlichkeiten für das Ereignis (MW, WM)) müssen **addiert** werden, da die Ergebnisse MW und WM auf **unterschiedlichen Pfaden** liegen.

Situation 4

Bei einer Aktiengesellschaft sollen Aufsichtsratsvorsitz und Stellvertretung neu besetzt werden. Es wird nacheinander gewählt, weil nicht eine Person beide Ämter innehaben darf. Vier Kandidaten stehen zur Wahl: Herr Albers, Frau Behrens, Herr Cersten und Frau Dellinger. Wie groß ist die Wahrscheinlichkeit, dass

A: Herr Albers Vorsitzender und Herr Behrens Stellvertreter wird,
B: beide Positionen von Frauen besetzt sind,
C: unter den beiden gewählten Personen beide Geschlechter vertreten sind?

Lösung

Bei der Situation handelt es sich um einen **mehrstufigen Zufallsversuch**, weil die zwei Wahlgänge **nacheinander** stattfinden. Da vier Kandidaten zur Wahl stehen und diese jeweils nur einen Posten besetzen können, gibt es beim ersten Wahlgang 4 und im zweiten Wahlgang nur noch 3 mögliche Ausgänge. Also gibt es insgesamt $4 \cdot 3 = 12$ Möglichkeiten.

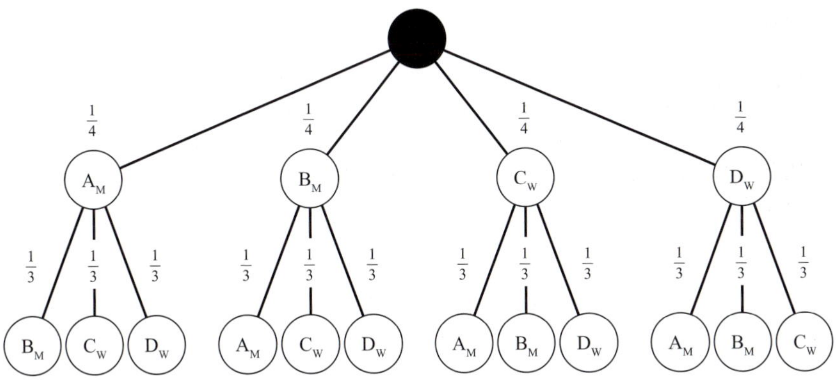

A:

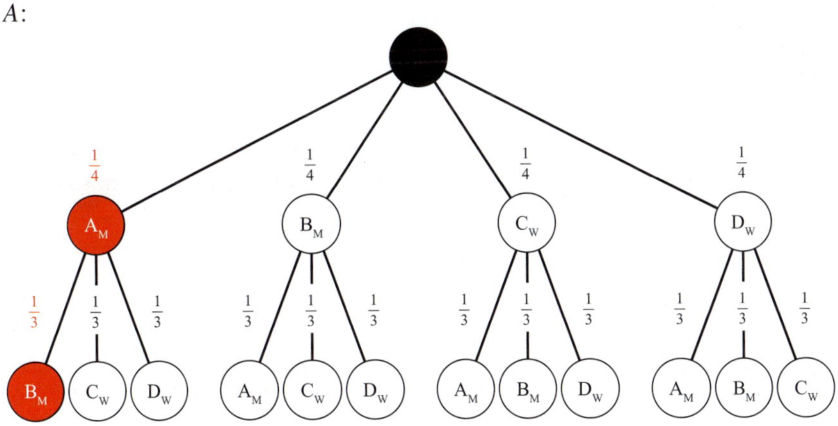

$$P(A_M B_M) = \frac{1}{4} \cdot \frac{1}{3} = \frac{1}{12} = 0{,}08\overline{3} = 8{,}\overline{3}\,\%$$

Die Wahrscheinlichkeit, dass Herr Albers Vorsitzender und Herr Behrens Stellvertreter werden, beträgt $8{,}\overline{3}\,\%$.

B:

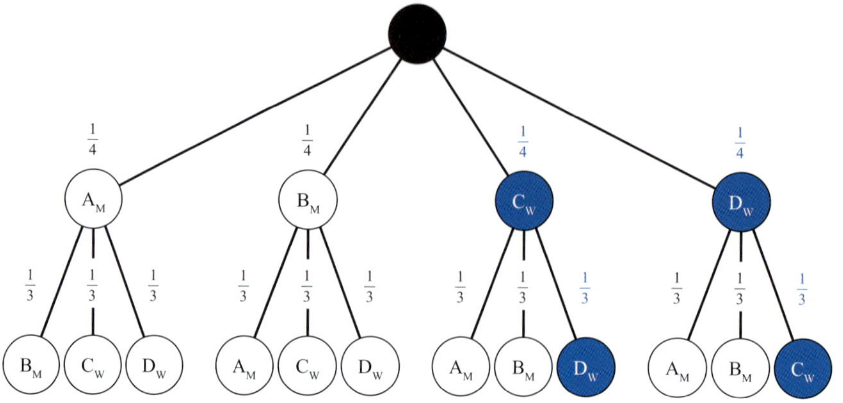

$\boldsymbol{P(C_W D_W) = \frac{1}{4} \cdot \frac{1}{3} = \frac{1}{12}}$

$\boldsymbol{P(D_W C_W) = \frac{1}{4} \cdot \frac{1}{3} = \frac{1}{12}}$

$P(B) = \frac{1}{12} + \frac{1}{12} = \frac{2}{12} = \frac{1}{6} = 0{,}1\overline{6} = 16{,}\overline{6}\,\%$

Die Wahrscheinlichkeit, dass beide Positionen von Frauen besetzt sind, beträgt $16{,}\overline{6}\,\%$.

C:

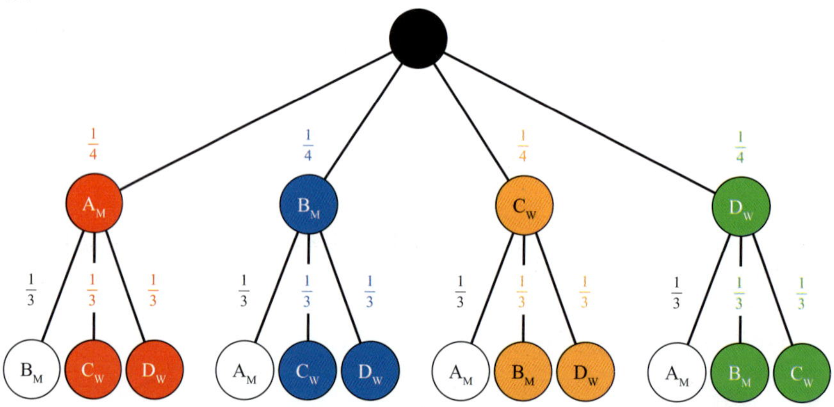

$P(C) = 8 \cdot \frac{1}{12} = \frac{8}{12} = \frac{2}{3} = 0{,}\overline{6} = 66{,}\overline{6}\,\%$

$\boldsymbol{P(A_M C_W) = \frac{1}{4} \cdot \frac{1}{3} = \frac{1}{12}}$

$\boldsymbol{P(A_M D_W) = \frac{1}{4} \cdot \frac{1}{3} = \frac{1}{12}}$

$\boldsymbol{P(B_M C_W) = \frac{1}{4} \cdot \frac{1}{3} = \frac{1}{12}}$

$\boldsymbol{P(B_M D_W) = \frac{1}{4} \cdot \frac{1}{3} = \frac{1}{12}}$

$\boldsymbol{P(C_W A_M) = \frac{1}{4} \cdot \frac{1}{3} = \frac{1}{12}}$

$\boldsymbol{P(C_W B_M) = \frac{1}{4} \cdot \frac{1}{3} = \frac{1}{12}}$

$\boldsymbol{P(D_W A_M) = \frac{1}{4} \cdot \frac{1}{3} = \frac{1}{12}}$

$\boldsymbol{P(D_W B_M) = \frac{1}{4} \cdot \frac{1}{3} = \frac{1}{12}}$

Die Wahrscheinlichkeit, dass beide Geschlechter vertreten sind, beträgt $66{,}\overline{6}\,\%$.

Übungsaufgaben

1 Berechnen Sie mit dem Baumdiagramm die gesuchten Wahrscheinlichkeiten.

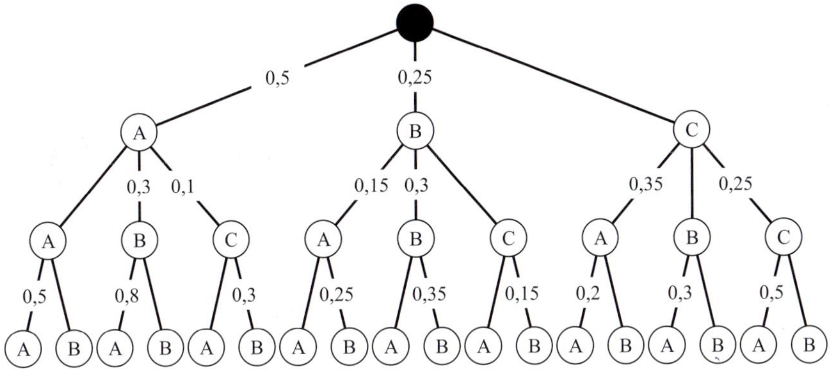

a) $P(\text{AAA})$ b) $P(\text{ABC})$ c) $P(\text{BCB})$ d) $P(\text{CBB})$
e) $P(E)$ f) $P(F)$ g) $P(G)$ h) $P(H)$

Ereignisse der Aufgabenteile e)–h)
E: „genau 2 B“
G: „maximal 2 A“
F: „mindestens 1 C“
H: „genau 2 C“

2 Ein Staubsaugervertreter klingelt nacheinander an drei Haustüren. Die Chance, einen Staubsauger zu verkaufen, beträgt 10 %. Zeichnen Sie ein Baumdiagramm und bestimmen Sie die Wahrscheinlichkeit, dass der Vertreter

a) $P(A)$: keinen Staubsauger verkauft.
b) $P(B)$: mehr als einen Staubsauger verkauft.
c) $P(C)$: beim dritten Mal einen Staubsauger verkauft.

3 An einer Betriebsratswahl nehmen 26 Frauen und 14 Männer teil. Es werden ein Vorsitzender und ein Stellvertreter gewählt. Bestimmen Sie mit einem Baumdiagramm die Wahrscheinlichkeit dafür, dass

a) $P(A)$: beide Personen weiblich sind.
b) $P(B)$: beide Personen männlich sind.
c) $P(C)$: beide Geschlechter vertreten sind.
d) $P(D)$: mindestens eine Person weiblich ist.

4 Während eines Produktionsprozesses werden Tiefkühl-Sahnetorten dreimal geprüft. Bei der ersten Kontrolle überprüft ein Metalldetektor, ob sich losgelöste Maschinenteile in der Torte befinden. Dies ist in 0,2 % aller Torten der Fall und führt zum Aussortieren. Anschließend überprüft eine Waage das Gewicht der Torte. In 95 % aller Fälle stimmt das Gewicht mit der Sollvorgabe überein, sonst wird sie ebenfalls aussortiert. Zu guter Letzt wird die Temperatur kontrolliert. Auch hier wird aussortiert, wenn die Vorgaben nicht eingehalten werden. In der Regel ist die Temperatur bei 98 % aller Torten in Ordnung. Berechnen Sie die Wahrscheinlichkeit, dass

a) $P(A)$: eine Torte fehlerfrei ist.
b) $P(B)$: eine Torte aussortiert wird.

5 Ein Fahrradhersteller produziert Mountainbikerahmen für Herren oder Damen im Verhältnis 3 : 1. Im zweiten Produktionsschritt erhalten 60 % aller Rahmen eine Federgabel und im letzten Produktionsschritt werden die fehlenden Komponenten montiert. 30 % aller Räder erhalten Hochleistungskomponenten, der Rest die Standardausführung. Zeichnen Sie ein Baumdiagramm, das den Produktionsablauf beschreibt und berechnen Sie anschließend die Wahrscheinlichkeit, dass

a) $P(A)$: es sich um ein Fahrrad mit Hochleistungskomponenten handelt.

b) $P(B)$: um ein Damenrad mit Federgabel handelt.

c) $P(C)$: das Fahrrad Hochleistungskomponenten und keine Federgabel hat.

6 In einer Wurstfabrik werden Leberwurst, Teewurst und Zwiebelwurst produziert. Ein Mitarbeiter nimmt nacheinander blind drei Sorten Wurst vom Fließband und packt diese zu einem „Schlemmerpaket" zusammen. Berechnen Sie die Wahrscheinlichkeit, dass im Schlemmerpaket

a) $P(A)$: alle drei Wurstorten enthalten sind.

b) $P(B)$: nur zwei Sorten enthalten sind.

c) $P(C)$: nur Teewurst und Leberwurst enthalten sind.

d) $P(D)$: Teewurst und Leberwurst enthalten sind.

7 Ein Zulieferer der Elektronikindustrie stellt Kondensatoren, Widerstände und Leuchtdioden im Verhältnis 5 : 3 : 2 her. Um auf Kundenbestellungen zukünftig schneller reagieren zu können, sollen jeweils drei zufällig herausgegeriffene Produkte in Tütchen verpackt und mit einem Aufkleber versehen werden, auf dem eine Bestellnummer und der Preis zu lesen ist. Ein Kondensator kostet 1,20 EUR, ein Widerstand 0,70 EUR und eine Leuchtdiode 0,10 EUR.

a) Erstellen Sie ein Baumdiagramm.

b) Wie viele unterschiedliche Aufkleber muss das Unternehmen drucken?

c) Bestimmen sie die Wahrscheinlichkeit $P(C)$ dafür, dass ein Tütchen maximal 1,50 EUR kostet.

8

Ein Unternehmen produziert Kunststoffbecher in den Farben rot, gelb und blau und verpackt diese zufällig gestapelt in Dreier-Packs. Berechnen Sie die Anteile in der Produktion und erstellen Sie ein Kreisdiagramm, das die Anteile der Farben in der Produktion darstellt, wenn die Wahrscheinlichkeiten $P(\text{RGB}) = 0{,}03$ und $P(\text{BBR}) = 0{,}02$ bekannt sind.

2.3.3 Grundlagen der Kombinatorik

Die Kombinatorik ist eine wichtige Grundlage der Wahrscheinlichkeitsrechnung. Ihre Hauptaufgabe ist, die Anzahl der Möglichkeiten zu berechnen, die beim wiederholten Ziehen aus einer Stichprobe bestimmter Größe auftreten können. Dabei wird zwischen **Variationen** und **Kombinationen** unterschieden.

Eine **Variation** ist eine geordnete Auswahl, so dass die Anordnung (a; b) **nicht** das Gleiche ist wie die Anordnung (b; a). Wenn zwei Paprikaschoten (rot $\triangleq a$ und gelb $\triangleq b$) nebeneinander auf dem Tisch liegen, dann bedeutet (a; b), dass die rote Schote links und die gelbe Schote rechts liegt. Bei (b; a) hingegen liegt die gelbe Schote links und die rote Schote rechts.

Eine **Kombination** ist eine Auswahl, bei der die Anordnung (a; b) gleichbedeutend mit der Anordnung (b; a) ist. Sollen die beiden auf dem Tisch liegenden Paprikaschoten kleingeschnitten und in einer Schüssel vermischt werden, dann ist es egal, ob zuerst die rote und dann die gelbe Schote, also (a; b) oder erst die gelbe und anschließend die rote Schote, also (b; a) kleingeschnitten werden. In der Schüssel ist dann eine Kombination der Farben rot und gelb.

Weiter lässt sich zwischen Modellen **mit und ohne Zurücklegen** unterscheiden. Durch die Beachtung von Variationen oder Kombinationen ergeben sich insgesamt vier unterschiedliche Modelle.

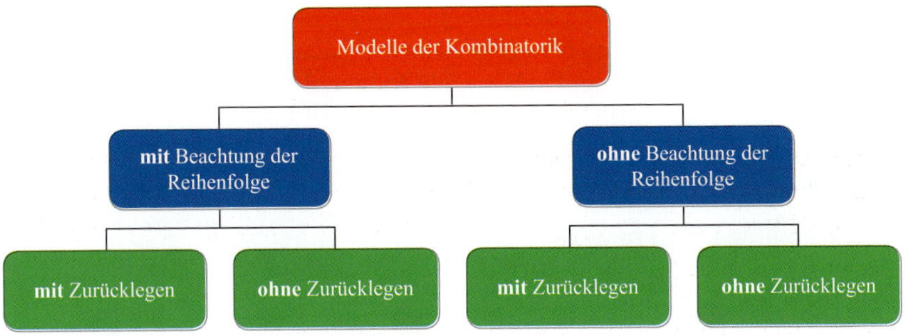

Modell mit Zurücklegen und mit Beachtung der Reihenfolge

Situation 5

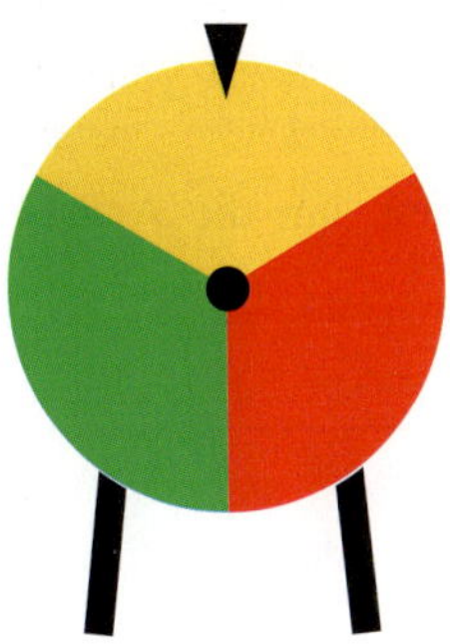

Bei einem Gewinnspiel darf der Spieler zweimal am Glücksrad drehen. Nach jedem Spieler werden die Farb-Paare notiert.

Wie viele **Variationen** gibt es für den Ausgang des Spiels?

Lösung

Baumdiagramm

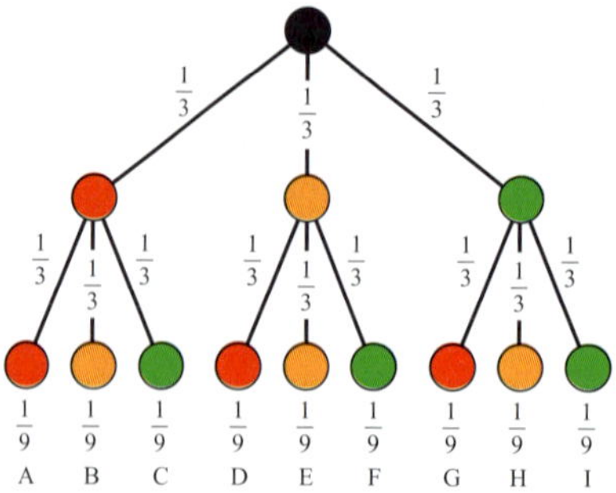

Auflistung als Ergebnismenge

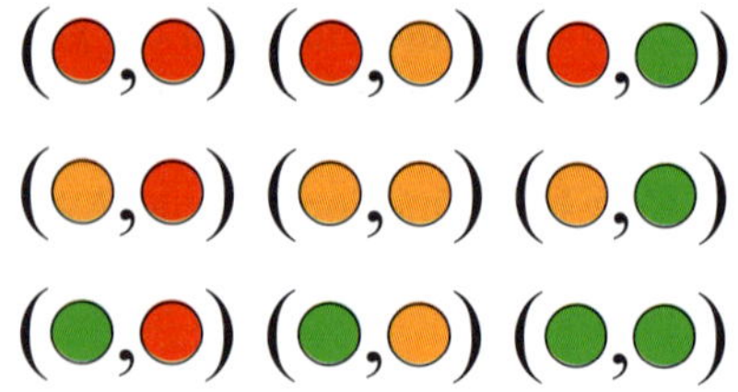

Es gibt 9 unterschiedliche **Variationen**.

Situation 5 zeigt, dass es bereits bei einer kleinen Grundgesamtheit von nur drei Feldern und zweimaligem Drehen viele Möglichkeiten gibt, so dass ein Baumdiagramm oder eine Auflistung als Ergebnismenge schnell unübersichtlich werden. Dürfte der Teilnehmer beispielsweise nicht zwei, sondern dreimal drehen, hätte das Baumdiagramm bereits 27 Äste, so gäbe es 27 unterschiedliche Variationen.

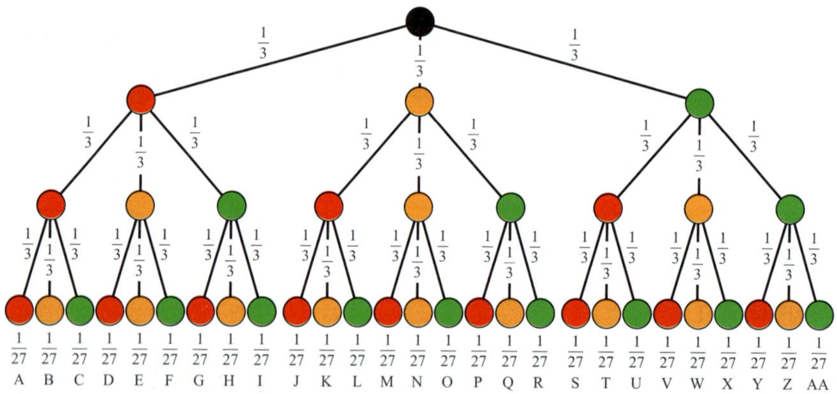

Daher soll in Situation 6 eine Formel hergeleitet werden, um die Anzahl der Möglichkeiten deutlich schneller zu bestimmen.

Situation 6

In einem Industriebetrieb werden gelbe, rote und grüne Paprikaschoten für Großverbraucher automatisch gewaschen, geschnitten und in Tüten verpackt. Das Mischungsverhältnis ist 1 : 1 : 1, die Anteile der drei Farben sind gleich. Ein Arbeiter entnimmt der laufenden Produktion nacheinander 10 Paprikastreifen und legt diese nebeneinander, um deren Schnittgröße zu überprüfen.

Wie viele unterschiedliche **Variationen** sind in diesem Fall möglich?

Lösung

Wenn der Mitarbeiter den ersten Streifen nimmt, kann dieser entweder rot, gelb oder grün sein. Es gibt somit **3** Möglichkeiten. Da die Produktion ständig weiterläuft, hat die Entnahme eines einzelnen Streifens keinen Einfluss auf das Mischungsverhältnis. Daher gibt es beim zweiten und bei jedem weiteren Streifen ebenfalls **3** Möglichkeiten. Da der Mitarbeiter insgesamt **10** Streifen entnimmt, gibt es $3 \cdot 3 \cdot 3 \cdot 3 \cdot 3 \cdot 3 \cdot 3 \cdot 3 \cdot 3 \cdot 3 = 3^{10} = 50\,049$ **Variationen**.

- **Mit Zurücklegen und mit Beachtung der Reihenfolge**
  Werden aus ***n*** **unterschiedlichen** Elementen ***k*** Elemente **mit Zurücklegen** und **mit Beachtung der Reihenfolge** gezogen, so gibt es $n \cdot n \cdot n \cdot \ldots \cdot n = n^k$ unterschiedliche **Variationen**.

Modell ohne Zurücklegen und mit Beachtung der Reihenfolge

Situation 7

Bei einem Gewinnspiel darf ein Spieler zwei Kugeln aus einer Urne ziehen. Die Kugeln werden **nicht** zurückgelegt. Nach jedem Spieler werden die zwei gezogenen Farben notiert.

Wie viele unterschiedliche **Variationen** gibt es für den Ausgang des Spiels?

Baumdiagramm

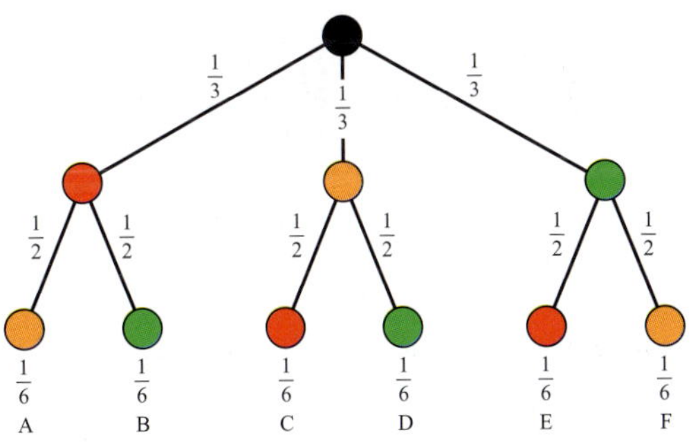

Auflistung als Ergebnismenge

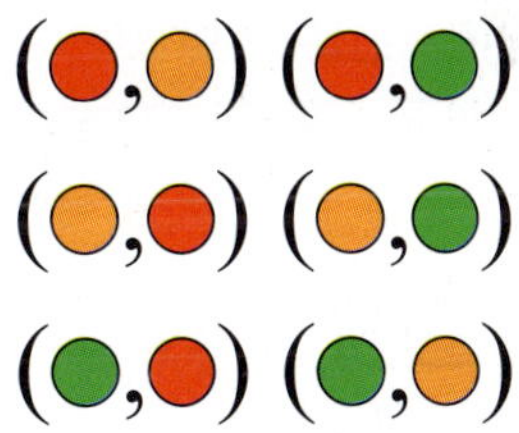

Es gibt 6 unterschiedliche Variationen. In diesem Fall sind keine Farbdopplungen möglich, da sich zu Beginn nur eine Kugel je Farbe in der Urne befindet.

Situation 8

In einem Industriebetrieb werden Paprikastreifen in drei Farben, Gabel und Dressing für den Endverbraucher in Plastikschälchen mit drei gleichgroßen Fächern verpackt. In jedes Fach kommt eine der fünf Komponenten, Doppelungen sind nicht möglich.

Wie viele unterschiedliche **Variationen** sind möglich?

Lösung (Algebra)

Auch hier ist ein Baumdiagramm oder die Auflistung der Ergebnismenge unübersichtlich. Daher wird eine allgemeine Formel hergeleitet.

Beim ersten Fach besteht die Wahl zwischen 5 unterschiedlichen Komponenten. Mit jedem weiteren Fach nimmt die Auswahl um eine Komponente pro Fach ab. Daher gibt es $5 \cdot 4 \cdot 3 = 60$ unterschiedliche **Variationen**. Die drei Faktoren entsprechen den ersten drei Faktoren der **Fakultät** von 5.

Die Fakultät bezeichnet das Produkt aller natürlichen Zahlen n, die kleiner oder gleich der Zahl n ist, von der die Fakultät bestimmt werden soll. Es wird als $n!$ geschrieben und als n Fakultät gesprochen. In diesem Fall ist $5! = 5 \cdot 4 \cdot 3 \cdot 2 \cdot 1 = 120$.
Fakultäten können mithilfe des Taschenrechners berechnet werden.

GTR Anhang 13

Im Hauptbildschirm zunächst den Wert für n eintippen. Anschließend mit [MATH] [PRB] 4:!, [ENTER] den Befehl Fakultät auswählen.	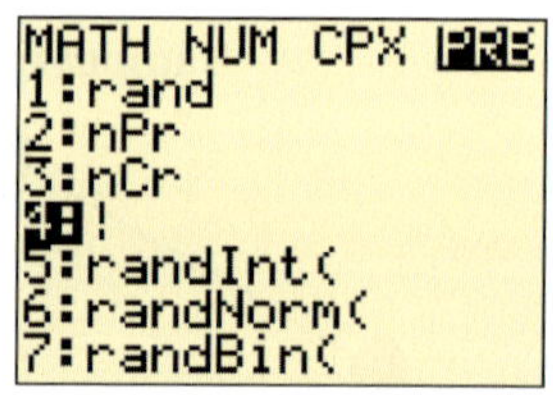
[ENTER] liefert das gewünschte Ergebnis. **Hinweis:** **Der GTR kann Fakultäten nur für $n \leq 69$ berechnen. Bei größeren Werten liefert er die Fehlermeldung OVERFLOW.**	

Um die 2 und die 1 aus der Rechnung 5! zu eliminieren, kann durch $2 \cdot 1$ geteilt werden. Daher lässt sich das Ergebnis auch anders aufschreiben, nämlich als $\frac{5 \cdot 4 \cdot 3 \cdot 2 \cdot 1}{2 \cdot 1} = \frac{5!}{(5-3)!} = 60$. In diesem Fall gibt es $n = 5$ unterschiedliche Elemente, aus denen $k = 3$ Elemente ohne zurücklegen und mit Beachtung der Reihenfolge gezogen werden, allgemein gilt: $\frac{n!}{(n-k)!}$

Lösung (GTR)

Anhang 14

Die Anzahl der Möglichkeiten beim wiederholten Ziehen aus einer Stichprobe **ohne Zurücklegen und mit Beachtung der Reihenfolge** lässt sich mit dem Taschenrechner bestimmen.

Im Hauptbildschirm wird zunächst der Wert für n eingetippt und anschließend mit [MATH] [PRB] 2:nPr [ENTER] der entsprechende Befehl ausgewählt.	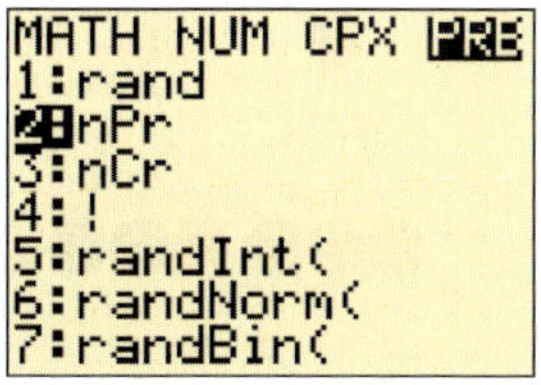
Zuletzt muss der Wert für k eingegeben werden. [ENTER] liefert das gewünschte Ergebnis. Hinter dem Befehl nPr verbirgt sich die Formel $\frac{n!}{(n-k)!}$, wobei k hier als r bezeichnet wird.	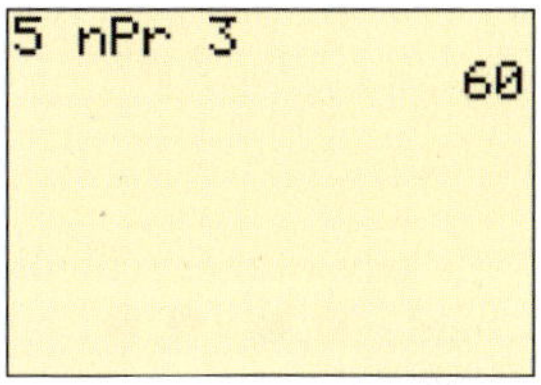

Die Schreibweise $\frac{n!}{(n-k)!}$ ist bei großen Stichproben sinnvoll, da sonst die Rechnungen sehr lang werden.

Beispiel

In eine Salatbox für Großverbraucher mit $n = 14$ Fächern sollen $k = 10$ Komponenten verteilt werden.

klassische Rechnung	formelhafte Rechnung
$14 \cdot 13 \cdot 12 \cdot 11 \cdot 10 \cdot 9 \cdot 8 \cdot 7 \cdot 6 \cdot 5 = 3\,632\,428\,800$	$\frac{14!}{(14-10)!} = 3\,632\,428\,800$

Es gibt für die Salatbox über 3,5 Milliarden Variationen.

- **Ohne Zurücklegen und mit Beachtung der Reihenfolge**
  Werden aus n **unterschiedlichen** Elementen k Elemente **ohne Zurücklegen** und **mit Beachtung der Reihenfolge** gezogen, so gibt es $\frac{n!}{(n-k)!}$ unterschiedliche **Variationen**.

Modell ohne Zurücklegen und ohne Beachtung der Reihenfolge

Situation 9

Bei einem Gewinnspiel darf ein Spieler zwei Kugeln aus einer Urne ziehen. Die Kugeln werden **nicht** zurückgelegt. Nach jedem Spieler werden die beiden gezogenen Farben notiert.

Wie viele unterschiedliche **Kombinationen** gibt es für den Ausgang des Spiels?

Baumdiagramm **Auflistung als Ergebnismenge**

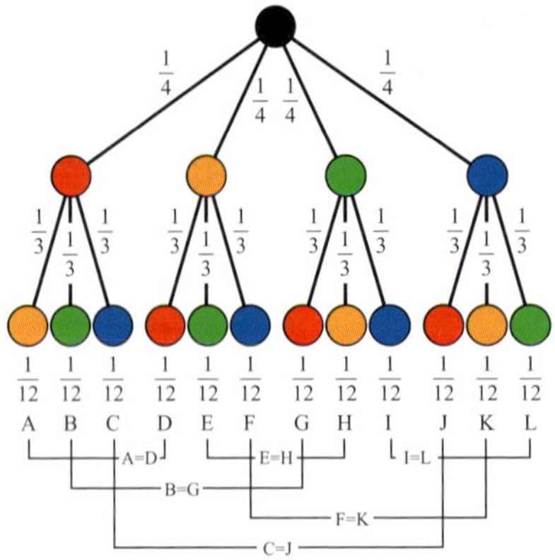

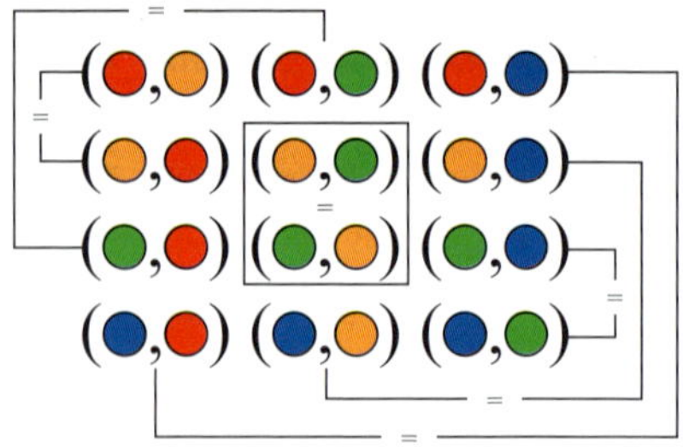

Es gibt 6 unterschiedliche **Kombinationen**, da (●, ●)(●, ●) und (●, ●)(●, ●) und (●, ●)(●, ●) und (●, ●)(●, ●) und (●, ●)(●, ●) und (●, ●)(●, ●) jeweils lediglich **Variationen** der **Kombinationen** sind.

Situation 10

In einem Industriebetrieb werden Paprikastreifen für Singles in Plastikschälchen verpackt. Die Plastikschälchen haben zwei gleichgroße Fächer, in die zwei der vier dargestellten Komponenten verpackt werden sollen. Die Reihenfolge ist egal, da durch drehen der Schachtel um 180° die Reihenfolge vertauscht werden kann.

Wie viele unterschiedliche **Kombinationen** sind möglich?

Lösung (Algebra)

Beim ersten Fach besteht die Wahl zwischen 4 unterschiedlichen Komponenten. Beim zweiten Fach nimmt die Auswahl um eine Komponente ab, es gibt nur noch 3 Wahlmöglichkeiten.

Daher gibt es insgesamt $4 \cdot 3 = 12$ unterschiedliche **Variationen**. Die beiden Faktoren entsprechen den ersten beiden Faktoren von $4! = 4 \cdot 3 \cdot 2 \cdot 1$. Um die 2 und die 1 zu eliminieren, schreibt man $\frac{4 \cdot 3 \cdot 2 \cdot 1}{2 \cdot 1} = \frac{4!}{(4-2)!} = 12$. Dabei entspricht die 4 der Anzahl der Komponenten n und die 2 der Anzahl der Fächer k. Somit ergibt sich für die Anzahl der **Variationen** die allgemeine Formel, die bereits in Situation 8 hergeleitet wurde, nämlich $\frac{n!}{(n-k)!}$. In diesem Fall ist

jedoch die Anzahl der **Kombinationen** gesucht, da die Reihenfolge der Komponenten keine Rolle spielen soll. Doppelt auftretende **Variationen**, die durch die unterschiedliche Wahl der Fächer entstehen könnten, dürfen daher nicht gezählt werden.
Für die erste hineinzulegende Komponente gibt es zwei Fächer (Möglichkeiten), für die zweite nur noch eine Möglichkeit (Fach). Also gibt es $2! = 2 \cdot 1 = 2$ oder allgemein $k!$ **Variationen**.

Aufgrund dessen gibt es in diesem Fall lediglich $\frac{4!}{2! \cdot (4-2)!} = 6$ **Kombinationen**.

Allgemein lautet die Formel $\frac{n!}{k! \cdot (n-k)!}$. Für diese Formel gibt es eine verkürzte Schreibweise, die als **Binomialkoeffizent** $\binom{n}{k}$ (lies: n über k) bezeichnet wird.

$$\frac{n!}{k! \cdot (n-k)!} = \binom{n}{k}$$

Binomialkoeffizient

Der Binomialkoeffizient als Anzahl der Möglichkeiten beim wiederholten Ziehen **ohne Zurücklegen und ohne Beachtung der Reihenfolge** lässt sich mit dem Taschenrechner bestimmen.

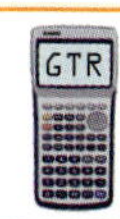

Anhang 15

Im Hauptbildschirm wird zuerst der Wert für n eingetippt. Anschließend wird mit MATH [PRB] 3:nCr ENTER der entsprechende Befehl ausgewählt.	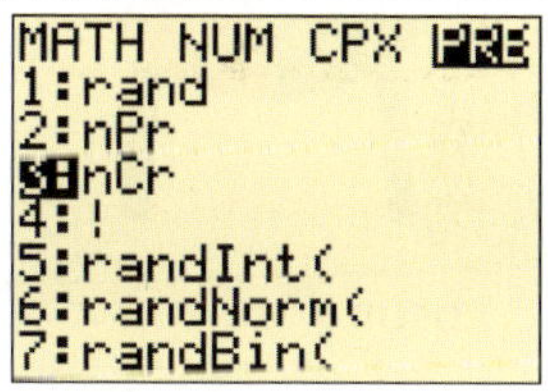
Zuletzt muss der Wert für k eingegeben werden. ENTER liefert das gewünschte Ergebnis. Hinter dem Befehl nCr verbirgt sich die Formel $\binom{n}{k} = \frac{n!}{k!(n-k)!}$, wobei k hier als r bezeichnet wird.	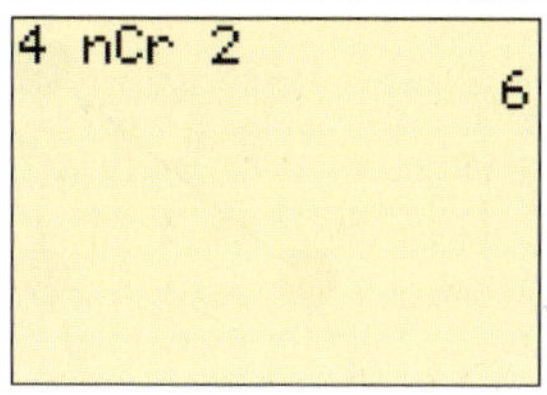

Beispiel

Mit dieser Formel lässt sich die Anzahl der Möglichkeiten beim Lotto „6 aus 49“ berechnen. Bei der ersten Ziehung gibt es 49 Möglichkeiten. Bei jedem weiteren Zug verringert sich die Anzahl der Möglichkeiten um 1. Daher gilt für die Anzahl zunächst: $49 \cdot 48 \cdot 47 \cdot 46 \cdot 45 \cdot 44$, dies lässt sich als $\frac{49!}{(49-6)!}$ verkürzt darstellen. Da jedoch egal ist, in welcher Reihenfolge die Zahlen gezogen werden, gewinnt ein Spieler mit dem Tipp 4; 12; 23; 36; 42; 46 auch, wenn nacheinander die Zahlen 23; 4; 42; 46; 36; 12 gezogen werden. Also dürfen die Variationen nicht gezählt werden, von denen gibt es $6 \cdot 5 \cdot 4 \cdot 3 \cdot 2 \cdot 1 = 6!$ Variationen.

Daraus folgt die Anzahl mit $\frac{49!}{6! \cdot (49-6)!} = \binom{49}{6} = 13\,983\,816$ Kombinationen.

- **Ohne Zurücklegen und ohne Beachtung der Reihenfolge**
  Werden aus ***n*** **unterschiedlichen** Elementen ***k*** Elemente **ohne Zurücklegen** und **ohne Beachtung der Reihenfolge** gezogen, so gibt es $\frac{n!}{k! \cdot (n-k)!} = \binom{n}{k}$ unterschiedliche **Kombinationen.**

Modell mit Zurücklegen und ohne Beachtung der Reihenfolge

Situation 11

Bei einem Gewinnspiel darf der Spieler zweimal an einem Glücksrad drehen. Nach jedem Spieler werden die beiden Farben notiert.

Wie viele **Kombinationen** gibt es für den Ausgang des Spiels?

Lösung

Baumdiagramm

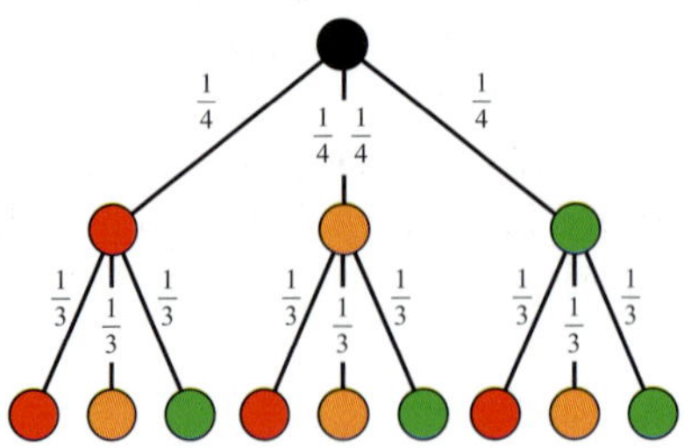

Auflistung als Ergebnismenge

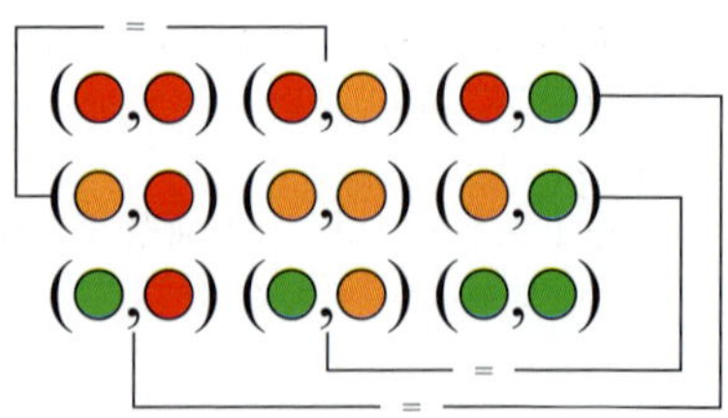

Es gibt 6 unterschiedliche **Kombinationen**, da (🔴, 🟠)(🟠, 🔴) und (🔴, 🟢)(🟢, 🔴) und (🟠, 🟢)(🟢, 🟠) jeweils lediglich **Variationen** der **Kombinationen** sind.

Situation 12

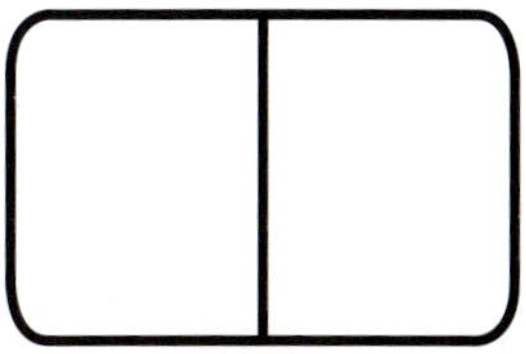

In einem Industriebetrieb werden Paprikastreifen in Plastikschälchen verpackt. Die Plastikschälchen haben 2 gleichgroße Fächer, in die zwei der drei Sorten verpackt werden sollen. Da die Streifen permanent produziert werden, kann der Arbeiter von drei nummerierten Laufbändern von jeder Sorte eine unbegrenzte Menge nehmen. Die Reihenfolge ist egal, da durch drehen der Schachtel um 180° die Reihenfolge vertauscht werden kann.

Wie viele unterschiedliche **Kombinationen** sind möglich?

Lösung

Die Anzahl der Kombinationen lässt sich mit der Formel $\binom{n+k-1}{k} = \frac{(n+k-1)!}{k! \cdot (n-1)!}$ berechnen.[1] Dabei entspricht $n = 3$ der Anzahl der Sorten Paprikastreifen und $k = 2$ der Anzahl der Fächer. Also gibt es $\frac{(3+2-1)!}{2! \cdot (3-1)!} = \frac{4!}{2! \cdot 2!} = \frac{4 \cdot 3 \cdot 2 \cdot 1}{2 \cdot 1 \cdot 2 \cdot 1} = 6$ Kombinationen. Die Herleitung der Formel ist deutlich komplizierter als in den drei übrigen Fällen und beruht auf einer Bijektion[2].

Zunächst muss ein System entwickelt werden, bei dem alle Zahlenpaare, die nur in umgekehrter Reihenfolge vorkommen eliminiert werden, weil in diesem Fall (1; 2), also ●●, die gleiche **Kombination** wie (2; 1), also ●●, darstellt. Es wird festgelegt, dass die Ziffern in den Zahlenpaaren nach ihrem Wert aufsteigend sortiert werden sollen. In diesem Fall ergeben sich dann die 6 Kombinationsmöglichkeiten der **Spalte I** (siehe Folgeseite). Anschließend wird für jede der sechs Kombinationsmöglichkeiten die Anzahl der 1, 2 oder 3 ermittelt und in die drei Unterspalten **a**, **b** und **c** der **Spalte II** eingetragen. Für jede 1, 2 oder 3 wird nun ein ●, für jeden Wechsel zu einer anderen Zahl ein | verwendet. Die eingerahmte Zelle ist dann beispielsweise wie folgt entstanden:

Der erste ● steht für eine 1. Anschließend erfolgt durch | ein Wechsel zur 2. Da die 2 in diesem Fall nicht vorhanden ist, erfolgt durch | ein weiterer Wechsel zur 3. Da es eine 3 gibt, lautet die Reihe ●||●.

[1] Beweis: $\binom{n+k-1}{k} = \frac{(n+k-1)!}{k! \cdot ((n+k-1)-k)!} = \frac{(n+k-1)!}{k! \cdot (n+k-1-k)!} = \frac{(n+k-1)!}{k! \cdot (n-1)!}$

[2] eindeutig umkehrbare Abbildung

I	II			III
mögliche Kombinationen				farblose Symbole
	a	**b**	**c**	
🟠🟠 → (1; 1)	2	0	0	●●||
🟠🔴 ≙ 🔴🟠 → (1; 2)	1	1	0	●|●|
🟠🟢 ≙ 🟢🟠 → (1; 3)	1	0	1	●||●
🔴🔴 → (2; 2)	0	2	0	|●●|
🔴🟢 ≙ 🟢🔴 → (2; 3)	0	1	1	|●|●
🟢🟢 → (3; 3)	0	0	2	||●●

Nun gilt es zu untersuchen, auf wie viele Arten die farblosen Symbole angeordnet werden können ohne dabei die Reihenfolge zu beachten. Dies entspricht dem Modell **ohne Zurücklegen und ohne Beachtung der Reihenfolge** (vgl. S. 95).

Somit gilt für die Anzahl der Kombinationen die Formel $\binom{n_{neu}}{k}$. Dabei ist n_{neu} die Anzahl aller ● und |, in diesem Fall also 4. Soll diese 4 nur mithilfe der ursprünglichen Werte von $n = 3$ und $k = 2$ ausgedrückt werden, ergibt sich $3 + 2 - 1 = 4$ oder allgemein: $n_{neu} = n + k - 1$

Setzt man den Term $n_{neu} = n + k - 1$ in den Binomialkoeffizienten $\binom{n_{neu}}{k}$ ein,

ergibt sich: $\binom{n+k-1}{k} = \frac{(n+k-1)!}{k! \cdot (n-1)!}$

Mit Zurücklegen und ohne Beachtung der Reihenfolge
Werden aus ***n*** **unterschiedlichen** Elementen ***k*** Elemente **mit Zurücklegen** und **ohne Beachtung der Reihenfolge** gezogen, so gibt es $\binom{n+k-1}{k} = \frac{(n+k-1)!}{k! \cdot (n-1)!}$ unterschiedliche **Kombinationen**.

Zusammenfassung

Anzahl der Möglichkeiten aus n Elementen bei k-facher Ziehung		
	mit Zurücklegen (**mit** Wiederholung)	**ohne** Zurücklegen (**ohne** Wiederholung)
mit Beachtung der Reihenfolge $(a; b) \neq (b; a)$ **Variation**	n^k (vgl. Seite 93)	$\frac{n!}{(n-k)!}$ (vgl. Seite 95)
ohne Beachtung der Reihenfolge $(a; b) = (b; a)$ **Kombination**	$\binom{n+k-1}{k} = \frac{(n+k-1)!}{k! \cdot (n-1)!}$ (vgl. Seite 100)	$\frac{n!}{k! \cdot (n-k)!} = \binom{n}{k}$ (vgl. Seite 97)

Übungsaufgaben

1 Ein Sachbearbeiter hat das Passwort für seinen Computer vergessen. Er weiß lediglich noch, dass das Passwort vier Zeichen lang ist. Er entschließt sich daher, alle Möglichkeiten auszuprobieren. Wie viele Möglichkeiten gibt es, wenn

a) das Passwort nur aus Ziffern besteht?

b) das Passwort nur aus Großbuchstaben (keine Umlaute) besteht?

c) das Passwort aus Großbuchstaben (keine Umlaute) und Ziffern besteht?

2 In einem großen Industriebetrieb haben 250 Mitarbeiter bei der Geschäftsführung Vorschläge zur Optimierung der Arbeitsabläufe eingereicht. Die fünf besten Vorschläge sollen mit fünf unterschiedlichen Prämien belohnt werden. Wie viele Möglichkeiten gibt es?

3

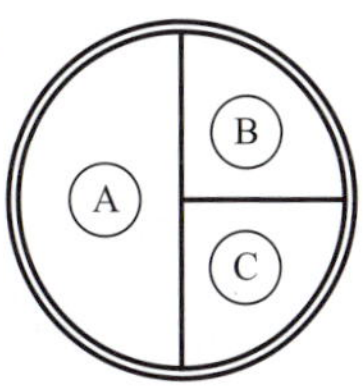

Ein Schnellrestaurant wirbt mit dem Slogan: „Wählen Sie aus über 4 000 Variationen Ihr Lieblingsmenü!“ Berechnen Sie, wie viele unterschiedliche Komponenten das Restaurant mindestens bereitstellen muss, wenn die Menüs auf dem abgebildeten Teller serviert werden.

4 Ein Computerhersteller verbaut in seinen Laptops der Serie P-Ni B3L drei Speichermodule von fünf unterschiedlichen Herstellern. Auf der Verpackung soll auf Etiketten angegeben werden welche Module verbaut wurden. Die Druckerei berechnet eine Druckpauschale von 1 000,00 EUR. Das Erstellen jeder Druckvorlage kostet 50,00 EUR. Berechnen Sie, wie viel Geld für die Herstellung der Etiketten einkalkuliert werden muss.

5 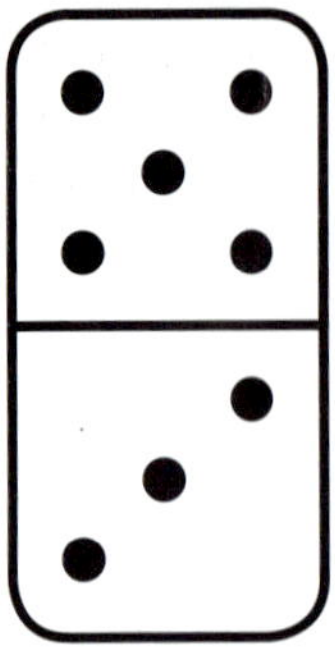

Ein Spielehersteller hat das Spiel „Memino“ entwickelt, das eine Mischung aus Memory und Domino ist. Die Spielkarten weisen zwei Symbolfelder auf. Aufgedeckte Spielkarten werden entfernt, sobald beide Symbole übereinstimmen. Es gibt keine Karten, bei denen beide Symbolfelder identisch sind. Die Druckerei berechnet für den Druck pauschal 500,00 EUR und eine Gebühr von 30,00 EUR je Druckvorlage. Wie hoch sind die Kosten für die Herstellung des Prototypen, wenn es neun unterschiedliche Symbole gibt?

6 Auf einem Tisch liegen sechs Bananenhände mit unterschiedlichen Farbstufen. Bei einem Konsumententest sollen die Probanden anhand der optischen Erscheinung vier der sechs Bananenhände auswählen. Anschließend sollen sie jeweils eine Banane von den vier ausgesuchten Händen probieren und im dritten Schritt die dazugehörigen Hände dem persönlichen Geschmack nach, nebeneinander auf einem anderen Tisch platzieren. Wie viele Möglichkeiten gibt es?

7 In einer Fabrik werden der laufenden Produktion 4 verschiedenfarbige Ostereier entnommen und in einen Karton verpackt. Berechnen Sie die Anzahl der Möglichkeiten, wenn ein Karton 6 Eier enthält.

8 Bei einem Versandhandel kann sich der Kunde ein Müsli aus 6 unterschiedlichen Komponenten mischen lassen. Der Kunde kann aus insgesamt 10 Zutaten wählen. Um die Lieferzeit zu verkürzen, überlegt die Geschäftsleitung, von jeder Müslivariante bereits im Vorfeld eine Europalette zu produzieren. Für die Lagerung einer Europalette fallen Kosten in Höhe von 25,00 EUR an. Wie hoch sind die Lagerkosten?

9 Auf dem Markt bietet ein Obsthändler seinen Kunden die Möglichkeit, eine gemischte Obsttüte für 10,00 EUR zu erwerben. Der Kunde darf sechs Früchte seiner Wahl in die Tüte stecken. Im Angebot hat der Obsthändler Äpfel, Birnen, Orangen, Ananas, Bananen, Mangos, Kiwis und Papayas. Wie viele Kombinationsmöglichkeiten hat ein Kunde?

10 Ein Restaurant bietet ein Drei-Gänge-Menü an. Dabei können die Gäste aus fünf Vorspeisen, drei Hauptgerichten und vier Nachspeisen wählen. Der Gastwirt wirbt mit dem Slogan: „Wählen Sie gemeinsam mit Ihrem Partner aus über 1 000 Kombinationsmöglichkeiten aus!“ Überprüfen Sie rechnerisch, ob die Aussage des Gastwirtes stimmt.

11 In einer Kunstgalerie soll die Bilderserie „Tanne am See“ eines minimalistisch und surrealistisch geprägten Künstlers ausgestellt werden. Jedes Bild besitzt eine andere dreifarbige Variation, bei der der Künstler aus 8 Farben gewählt hat. Der Versicherungswert je Bild beträgt 5 000,00 EUR. Wie hoch ist der Versicherungswert der Bilderserie?

12 Auf der Hauptversammlung einer Aktiengesellschaft soll ein neuer Aufsichtsrat gewählt werden. Zur Wahl stehen 20 Personen, von denen der Anteil der Männer 50 % über dem der Frauen liegt. Der zukünftige Aufsichtsrat wird 10 Mitglieder haben. Wie viele Möglichkeiten gibt es für die Zusammensetzung, wenn

a) die Wahl unabhängig vom Geschlecht stattfinden soll?

b) die Hälfte Frauen in den Aufsichtsrat gewählt werden sollen?

c) das Geschlechterverhältnis im Aufsichtsrat ausgeglichen sein soll?

13 Ein Obsthändler bestückt Obstkörbe für ein Feinkostgeschäft mit einer Orange, einem Apfel, einer Ananas, einer Mango, einer Papaya, einer Kiwi, einer Honigmelone und einer Birne. Im Rahmen der Wareneingangskontrolle kontrolliert der belieferte Feinkosthändler 25 % der Früchte in einem Korb. Wie viele Körbe müsste der Feinkosthändler angeliefert bekommen, wenn er gerne jede Kombination kontrollieren würde.

14 Ein Brief soll mit 2,20 EUR frankiert werden. Es stehen eine 1,00 EUR, eine 0,70 EUR und eine 0,50 EUR Briefmarke zur Verfügung. Auf wie viele Arten können die Briefmarken nebeneinander aufgeklebt werden?

15 In einer Pralinenfabrik werden zufällig 9 Pralinen aus 6 Sorten entnommen und in eine 3×3 Felder große Schachtel verpackt. Im Rahmen einer Werbeaktion, soll jede Variation eine entsprechende Verpackung erhalten. Der Grafiker berechnet für jeden Verpackungsentwurf 100,00 EUR. Bewerten Sie den Vorschlag unter betriebswirtschaftlichen Gesichtspunkten.

16

Menü bestehend aus		
1 Burger	+	**2 Beilagen**
Ihrer Wahl		
Hamburger		Pommes frites
Cheeseburger		Cola
Riesenburger		Zitronenlimonade
Gemüseburger		Orangenlimonade
Fischburger		Wasser

In einem Fast-Food-Restaurant soll an einer Wand ein Touch-Bildschirm installiert werden, an dem sich der Gast ein Menü aus drei Komponenten zusammenstellen kann. Der Kunde kann dabei einen aus fünf unterschiedlichen Burgern und zwei beliebige Beilagen auswählen. Für jede Kombination soll ein 3×3 cm großes Icon auf dem Bildschirm eingeblendet werden. Wie groß [cm^2] muss der Bildschirm sein?

17 Die Stiftung Warentest überprüft mit Teststreifen den Eisen-, Natrium-, Magnesium- und Calciumgehalt isotonischer Sportgetränke unterschiedlicher Hersteller. Dabei wird zwischen sehr niedrig, niedrig, mittel, hoch und sehr hoch unterschieden. Wie viele Variationsmöglichkeiten gibt es?

18 Bei einem Selbstbedienungsblumenhändler kann der Kunde einen Blumenstrauß mit fünf Blumen seiner Wahl zusammenstellen. Jede Blume kostet 1,50 EUR. Herr Pachulke möchte seiner Frau jeden Samstag eine andere Blumenkombination mitbringen. Der Blumenhändler bietet acht verschiedene Blumen an. Herr Pachulke hat dafür 500,00 EUR eingeplant. Berechnen Sie, ob das Geld ausreichen wird, und geben Sie an, wie lange es dauern wird, bis Frau Pachulke alle Kombinationsmöglichkeiten erhalten hat.

19 Eine Aktiengesellschaft muss einen neuen Vorstandsvorsitzenden und zwei Stellvertreter wählen. Zur Wahl stehen 14 Personen, von denen 8 weiblich und 6 männlich sind. Wie viele Möglichkeiten ergeben sich, wenn

a) alle Personen weiblich sein sollen?

b) alle Personen männlich sein sollen?

c) die Vorsitzende von zwei männlichen Stellvertretern unterstützt werden soll?

d) die Wahl unabhängig vom Geschlecht stattfindet?

20 Ein Ketchuphersteller möchte einen neuen Gewürzketchup auf den Markt bringen. Um das Produkt zu einem konkurrenzfähigen Preis anbieten zu können, sollen nur 5 der 30 zur Verfügung stehenden Gewürze verwendet werden. Im Rahmen der Verkostung beraten 4 Lebensmittelsensoriker 3 Minuten über den Geschmack jeder Kombination. Wie viel Zeit muss der Hersteller für die gesamte Verkostung einkalkulieren, wenn die Mitarbeiter an 5 Tagen in der Woche jeweils 8 Stunden arbeiten?

2.3.4 Bernoulli-Experiment

In der Realität gibt es für zahlreiche Experimente nur zwei Ergebnisse. So fällt bei einer Münze entweder „Kopf“ oder „Zahl“, ein Los ist ein „Treffer“ oder eine „Niete“, ein Bauteil ist „defekt“ oder „einwandfrei“. Versuche dieser Art werden als **Bernoulli-Experimente**[1] bezeichnet.

Wird ein solches Experiment gedanklich oder in der Realität mehrfach durchgeführt, so wird dies als **Bernoulli-Kette** bezeichnet. Werden beispielsweise aus der laufenden Produktion eines Produzenten für Energiesparlampen 3 Leuchtmittel entnommen und nacheinander auf ihre Funktionsfähigkeit überprüft, ist dies eine Bernoulli Kette der Länge 3.

Wird ein **Zufallsexperiment *n*-mal durchgeführt** und gibt es jedes Mal nur **zwei unterschiedliche Ausgänge**, bei denen sich die **Wahrscheinlichkeiten nicht verändern** (Bernoulli-Experiment), handelt es sich um eine **Bernoullli-Kette der Länge *n***.

Mit einem Baumdiagramm lässt sich die Wahrscheinlichkeit für eine bestimmte Anzahl „Treffer“ bei einer Bernoulli-Kette der Länge n sehr leicht bestimmen.

[1] Jacob I. Bernoulli, Schweizer Mathematiker und Physiker, 1655–1705

Situation 13

In einem Industriebetrieb wird eine neue Art Energiesparlampen produziert. Wegen des nicht ausgereiften Fertigungsprozesses sind 40 % der produzierten Leuchtmittel defekt (D). Im Rahmen der Qualitätssicherung werden der laufenden Produktion 4 Leuchtmittel entnommen und auf ihre Funktionstüchtigkeit überprüft.

Wie groß ist die Wahrscheinlichkeit, dass genau 3 der kontrollierten Lampen einwandfrei (E) sind?

Lösung

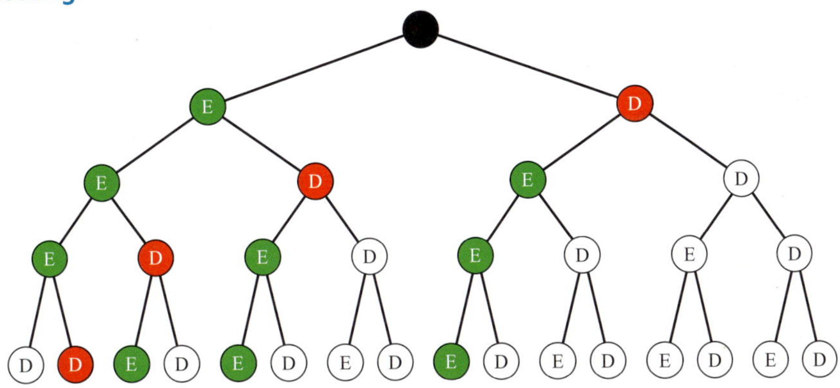

Das Baumdiagramm zeigt 16 unterschiedliche Möglichkeiten für den Ausgang des Experiments, von denen jedoch nur 4 die Bedingung erfüllen, dass 3 der vier kontrollierten Leuchtmittel einwandfrei sind. Die Wahrscheinlichkeit für jeden der vier Pfade lässt sich mithilfe der **1. Pfadregel** berechnen.

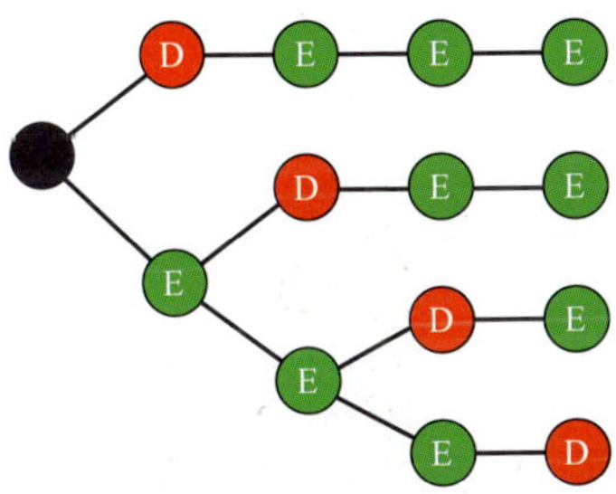

$P(\text{DEEE}) = 0{,}4 \cdot 0{,}6 \cdot 0{,}6 \cdot 0{,}6 = 0{,}0864$

$P(\text{EDEE}) = 0{,}6 \cdot 0{,}4 \cdot 0{,}6 \cdot 0{,}6 = 0{,}0864$

$P(\text{EEDE}) = 0{,}6 \cdot 0{,}6 \cdot 0{,}4 \cdot 0{,}6 = 0{,}0864$

$P(\text{EEED}) = 0{,}6 \cdot 0{,}6 \cdot 0{,}6 \cdot 0{,}4 = 0{,}0864$

Offensichtlich ist die Wahrscheinlichkeit für jeden Pfad gleich groß. Dies liegt daran, dass in jedem Fall dreimal die Wahrscheinlichkeit für ein einwandfreies und einmal die Wahrscheinlichkeit für ein defektes Leuchtmittel miteinander multipliziert werden. Daher lässt sich die Wahrscheinlichkeit für jeden Pfad auch durch $0{,}6^3 \cdot 0{,}4^1 = 0{,}0864$ berechnen. Die Gesamtwahrscheinlichkeit ergibt sich nun mithilfe der **2. Pfadregel**:

$P(3 \text{ einwandfreie}) = P(X = 3) = P(\text{DEEE}) + P(\text{EDEE}) + P(\text{EEDE}) + P(\text{EEED})$

$P(X = 3) = 0{,}0864 + 0{,}0864 + 0{,}0864 + 0{,}0864 = 4 \cdot 0{,}0864 = 0{,}3456$

Dabei stellt die 4 die Anzahl der Äste dar. X ist die sogenannte Zufallsgröße[1)].

[1)] vgl. Kapitel 2.4

Da ein Leuchtmittel nicht mehrfach kontrolliert werden soll und die Reihenfolge egal ist, in der defekte und/oder einwandfreie Leuchtmittel auftreten, handelt es sich bei der Kontrolle um eine **Stichprobe ohne Zurücklegen und ohne Beachtung der Reihenfolge**[2]. Daher lässt sich die Anzahl der Pfade mit dem Binomialkoeffizienten $\binom{n}{k}$ berechnen:

$$\binom{n}{k} = \binom{4}{3} = \frac{4!}{3! \cdot (4-3)!} = \frac{24}{6 \cdot 1} = 4$$

Die gesuchte Wahrscheinlichkeit lässt sich direkt mithilfe der Formel $P(X = 3) = \binom{4}{3} \cdot 0{,}6^3 \cdot 0{,}4^1 = 0{,}3456$ berechnen. Allgemein gilt der folgende Zusammenhang.

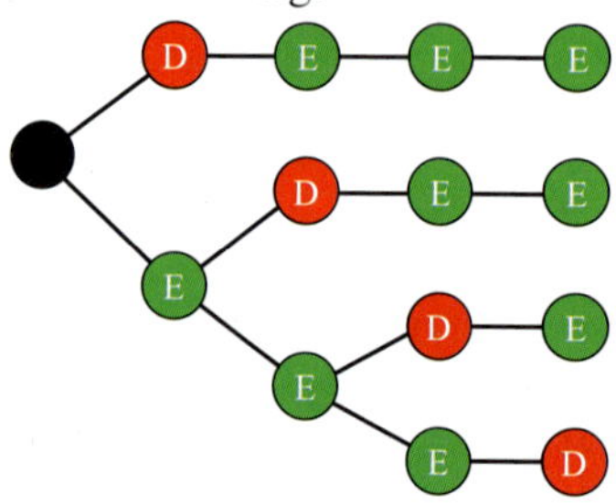

Die Anzahl der „Treffer", in diesem Fall die Anzahl einwandfreier Leuchtmittel, wird in der Regel mit k abgekürzt. Deshalb gibt es in jedem der vier Pfade mit der Länge $n = 4$ $k = 3$ „Treffer" (E) und $n - k = 1$ „Nieten" (D). Die Wahrscheinlichkeit für einen „Treffer" beträgt $\mathbf{p = 0{,}6}$, für eine „Niete" $\mathbf{1 - p = 0{,}4}$. Daher gilt allgemein:

$$P(X = k) = \binom{n}{k} \cdot p^k \cdot (1 - p)^{n-k}$$

$P(X = k) = \binom{n}{k} \cdot p^k \cdot (1 - p)^{n-k}$
Formel von Bernoulli

Wahrscheinlichkeiten, denen ein Bernoulli-Experiment zu Grunde liegt, lassen sich mit dem Taschenrechner berechnen.

Im Hauptbildschirm wählen Sie [2nd] [DISTR] A: binompdf(.	
Anschließend die Parameter n, p und k durch [,] getrennt eingeben und die Eingabe durch [)] beenden. [ENTER] liefert das gewünschte Ergebnis.	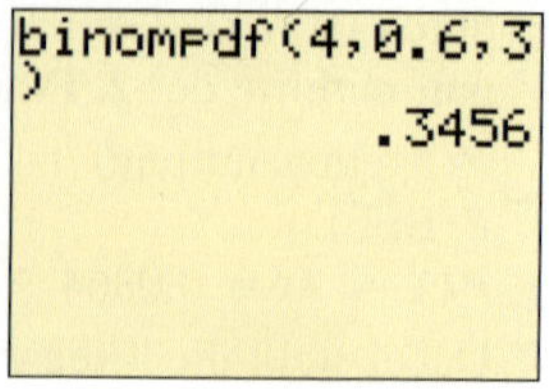

2) vgl. S. 97

Situation 14

Durch den verbesserten Fertigungsprozess beträgt die Fehlerquote der Leuchtmittel bei dem in Situation 13 vorgestellten Unternehmen lediglich noch 5 %. Daher wird die Serienproduktion gestartet und die Leuchtmittel für den Großhandel in Kartons zu jeweils 20 Stück verpackt. Eine Tagesproduktion wird nur dann für den Verkauf freigegeben, wenn bei der Kontrolle eines Kartons mindestens 90 % darin enthaltenen Leuchtmittel einwandfrei sind.

Wie groß ist die Wahrscheinlichkeit, dass eine Tagesproduktion in den Handel gelangt, wenn ein beliebiger Karton kontrolliert wird?

Lösung

Zunächst muss anhand der gegebenen Werte berechnet werden, wie viele einwandfreie Leuchtmittel ein Karton mindestens enthalten muss, damit eine Freigabe erfolgt. Da ein Karton 20 Leuchtmittel enthält und davon mindestens 90 % einwandfrei sein müssen, müssen mindestens 18 der enthaltenen Leuchtmittel einwandfrei sein. Die Ware wird somit bei 18 **oder** 19 **oder** 20 einwandfreien Leuchtmitteln zum Verkauf freigegeben.

Die Wahrscheinlichkeit für einen „Treffer" beträgt in diesem Fall $p = 0{,}95$, da nur noch 5 % aller Leuchtmittel einen Defekt aufweisen.
Mithilfe der in Situation 13 hergeleiteten Formel von Bernoulli ergeben sich $P(18) = \binom{20}{18} \cdot 0{,}95^{18} \cdot 0{,}05^{2} \approx 0{,}1887$ und $P(19) = \binom{20}{19} \cdot 0{,}95^{19} \cdot 0{,}05^{1} \approx 0{,}3774$ und $P(18) = \binom{20}{20} \cdot 0{,}95^{20} \cdot 0{,}05^{0} \approx 0{,}3585$. Da jede der drei Varianten zur Freigabe führt, beträgt die Gesamtwahrscheinlichkeit nach der 2. Pfadregel:
$P(\text{Freigabe}) = 0{,}1887 + 0{,}3774 + 0{,}3585 = 0{,}9246 = 92{,}46\,\%$

Zusammenfassung

Ein Zufallsexperiment mit nur zwei Ausgangsmöglichkeiten, welches theoretisch beliebig oft wiederholt werden kann, und bei dem sich die Wahrscheinlichkeiten bei jedem erneuten Versuch nicht ändern, wird als **Bernoulli-Experiment** bezeichnet.

Wird ein Bernoulli-Experiment n-mal wiederholt, bezeichnet man dies als **Bernoulli-Kette** der Länge n.

Die Wahrscheinlichkeit, dass ein bestimmtes Ereignis in einer Bernoulli-Kette der Länge n genau k mal eintritt, lässt sich mithilfe der Formel von Bernoulli berechnen:

$$P(X = k) = \binom{n}{k} \cdot p^{k} \cdot (1 - p)^{n - k}$$

Übungsaufgaben

1 Erfahrungsgemäß hat ein Drittel aller Studenten, die öffentliche Nahverkehrsmittel benutzen, eine Monatskarte. An der Lüneburger Leuphana Universität wird eine Umfrage unter 30 Studenten durchgeführt. Wie groß ist die Wahrscheinlichkeit, dass ein Drittel der Befragten eine Monatskarte besitzt?

2 In der Obst- und Gemüseabteilung eines Discounters wird Obst und Gemüse der Handelsklassen (HK) I und II angeboten. Die HK I ist durchschnittlich zu 95 % einwandfrei, die HK II durchschnittlich zu 85 %.

a) Eine Kundin kauft 5 Äpfel der HK I. Wie groß ist die Wahrscheinlichkeit, dass die Ware einwandfrei ist?

b) Ein Zoobesucher kauft zum Verfüttern 30 Salatgurken der HK II. Wie groß ist die Chance, dass 80 % einwandfrei sind?

c) Der Betreiber eines griechischen Restaurants kauft 6 Weißkohlköpfe der HK I und 4 Weißkohlköpfe der HK II. Wie groß ist die Wahrscheinlichkeit, dass genau 8 der Weißkohlköpfe einwandfrei sind?

3 Eine Aktiengesellschaft möchte in ein Projekt bezüglich erneuerbarer Energien in China investieren. Deshalb sollen 6 Mitglieder des Vorstandes nach Asien reisen. Die Vorstände fahren einzeln mit Pkws zum Frankfurter Flughafen. Erfahrungsgemäß ist auf dem Frankfurter Kreuz in 35 % aller Fälle Stau, so dass der Flughafen nicht rechtzeitig erreicht werden kann. Wie groß ist die Wahrscheinlichkeit, dass der AG zusätzliche Kosten in Höhe von mehr als 3 000,00 EUR entstehen, wenn die Umbuchungsgebühr je Flugticket 825,00 EUR beträgt?

4 Der Pressesprecher eines Automobilkonzerns hat in einem Interview bekanntgegeben, dass 82 % aller Neuwagen finanziert werden. Davon werden drei Viertel über die zum Konzern gehörende Bank, die restlichen über andere Banken finanziert. Wie groß ist die Wahrscheinlichkeit, dass

a) von 20 Autos des Konzerns alle finanziert wurden?

b) von 50 Autos des Konzerns mindestens 96 % durch die eigene Bank finanziert wurden?

c) von 10 Autos des Konzerns höchstens ein Fünftel über eine konzernfremde Bank finanziert wurde?

5 In einem Restaurant werden an einem Abend 30 Gäste einer Geburtstagsfeier zu einem Drei-Gänge-Menü erwartet. Während der Menüfolge können die Gäste wählen, ob das Hauptgericht Fisch oder Fleisch sein soll. Erfahrungsgemäß ist der Anteil der Fleischesser doppelt so hoch wie jener der Fischliebhaber. Wie groß ist die Wahrscheinlichkeit, dass

a) beide Hauptgerichte gleich häufig bestellt werden?

b) die Anzahl der bestellten Fleischgerichte exakt mit den Erfahrungen des Wirtes übereinstimmt?

c) dass jeder Gast sein gewünschtes Essen erhält, wenn der Wirt 18 Hauptgerichte mit Fleisch und die restlichen mit Fisch vorbereitet hat?

2.3.5 Offene Handlungssituationen zur grundlegenden Wahrscheinlichkeitsrechnung

Die folgenden Situationen sollen Sie mit den Ihnen zur Verfügung stehenden Rechnern bearbeiten. Besonders wichtig ist die Interpretation Ihrer Ergebnisse.

Situation 15

Sie nehmen an einer Quizshow teil, bei der Sie als Finalist um den Hauptpreis spielen, der hinter einem von drei Toren versteckt ist. Nachdem Sie sich für ein Tor entschieden haben öffnet der Moderator eins der verbliebenen Tore ohne den Hauptpreis und bietet Ihnen an Ihre Wahl noch einmal zu überdenken. Wie sollten Sie sich entscheiden?

Situation 16

Ein Verein mit 23 Mitgliedern möchte einen neuen Vorsitzenden und Stellvertreter wählen. Zur Wahl stehen zwei Männer ~~und eine Frau.~~ Kurz vor der Wahl beschwert sich ein weibliches Mitglied darüber, dass die Chance, dass genau eine Frau in den Vorstand gewählt wird nur halb so groß ist, wie die Chance, dass genau ein Mann in den Vorstand gewählt wird. Ein männliches Mitglied widerspricht ihr und behauptet, die Chance wäre gleich groß. Schlichten Sie den Streit zwischen den beiden Personen.

Situation 17

Ein Hersteller von individuell ausgebauten Limousinen lässt die Fahrzeuge vor der Auslieferung an seine Kunden normalerweise durch einen seiner vier Qualitätskontrolleure begutachten. Die vier Personen finden einen Fehler mit 98 %-iger, 97 %-iger, 96 %-iger bzw. 95 %-iger Sicherheit. Ein Scheich aus Dubai wäre bereit 50 Fahrzeuge abzunehmen, wenn ihm garantiert werden könnte, dass ein Auto mit einer Wahrscheinlichkeit von 99,9 % fehlerfrei ist. Der Hersteller würde den Auftrag gerne annehmen. Wie kann der Hersteller mit seinen Kontrolleuren dem Scheich die gewünschte Qualität liefern?

Situation 18

Für die Internationale Automobilausstellung in Frankfurt (IAA) plant der Hersteller eines Kleinstwagens jedes Karosserieteil des Ausstellungsfahrzeuges in einer anderen Farbe zu lackieren. Die Karosserie besteht aus vier Türen, einer Motorhaube, einem Kofferraumdeckel und dem Rahmen. Insgesamt bietet der Hersteller 15 verschiedene Farbtöne an. Um sich für eins der Designs entscheiden zu können, beauftragt die Geschäftsführung die Designabteilung von jeder Farbvariante einen Hochglanzausdruck zu erstellen. Beurteilen Sie die Idee unter ökologischen und betriebswirtschaftlichen Gesichtspunkten.

Situation 19

Auszug aus einem Zeitungsartikel: „75 000 Telefonanschlüsse gibt es momentan bei dem aufstrebenden Telekommunikationsunternehmen. Nun plant das Unternehmen im Zuge der Digitalisierung der Anschlüsse, jedem Teilnehmer eine gleichlange Nummer zuzuteilen. Dabei soll bereits die jährliche Zunahme von 8 % in den nächsten zehn Jahren und die Tatsache, dass die Nummer nicht mit Null beginnen darf, berücksichtigt werden. Bleibt abzuwarten, ob die Kunden die dafür notwendigen 12-stelligen Nummern akzeptieren werden." Nehmen Sie kritisch zu dem Auszug aus dem Zeitungsartikel Stellung.

Situation 20

Ein Tourist besucht den CN Tower in Toronto, Kanada. Er würde gerne die in 447 m gelegene Aussichtsplattform besuchen. Leider hat er große Angst mit dem Fahrstuhl zu fahren, da die Chance, mit dem Fahrstuhl abzustürzen, bei 1 : 25 000 liegt. Alternativ könnte er auch die aus 2 570 Stufen bestehende Treppe benutzen. Die Gefahr, an einer Stufe zu stolpern und sich zu verletzen, ist jedoch 100-mal höher, als mit dem Fahrstuhl abzustürzen. Wie sollte sich der Tourist entscheiden?

2.4 Allgemeine Wahrscheinlichkeitsverteilungen

2.4.1 Zufallsgröße

Bei einem Zufallsexperiment ist dessen Ausgang häufig nur von nachrangiger Bedeutung. Dies ist immer dann der Fall, wenn jedem Ergebnis des Zufallsexperiments eine reelle Zahl zugeordnet wird und streng betrachtet nur diese für den Betrachter von Interesse ist.

Beispiel

Ein Unternehmen produziert kleine LC-Displays mit einer Auflösung von 200 × 100 Pixel. Um den hohen Qualitätsansprüchen der Kunden gerecht zu werden, gelangen die Geräte mit einem Verkaufspreis in Höhe von 30,00 EUR/Stk. nur in den Fachhandel, wenn maximal drei von 20 000 Pixeln Fehler aufweisen. Bei mehr als drei aber maximal zehn Pixelfehlern gelangen die Displays als B-Ware unter anderem Namen zum Preis von 15,00 EUR/Stk. zu Sonderpostenhändlern. Bei mehr als 10 Pixelfehlern werden die Geräte vernichtet. Der Erlös der mangelhaften Geräte beträgt 0,00 EUR/Stk.

Wird nun der laufenden Produktion ein Display entnommen und auf Pixelfehler überprüft, ist nur interessant, zu welchem Preis sich das Bauteil verkaufen lässt. Dabei spielt es keine Rolle, ob das Display sechs sieben oder neun Pixelfehler hat, dann ist es nur als B-Ware zu einem Preis von 15,00 EUR verkäuflich.

In diesem Fall wird jedem Ergebnis der theoretischen Ergebnismenge $S = \{0; 1; 2; \ldots; 20\,000\}$ genau eine reelle Zahl einer Wertemenge W zugeordnet. In diesem Fall einem Element aus $W = \{0; 15; 30\}$.

Diese Art der Zuordnung wird als **Zufallsgröße** oder **Zufallsvariable** bezeichnet. In der Regel wird für die Zufallsgröße ein X verwendet und dieses eindeutig definiert. In diesem Fall beschreibt die Zufallsgröße X den „Verkaufserlös eines Displays". $X = 15$ bedeutet somit, dass sich das kontrollierte Display für 15,00 EUR verkaufen lässt. Man sagt auch: Die Zufallsgröße nimmt den Wert 15 (Euro) an.

In diesem Fall gibt es die folgenden Zuordnungen

$$\begin{array}{lll} 0 \mapsto 30 & 4 \mapsto 15 & 11 \mapsto 0 \\ 1 \mapsto 30 & 5 \mapsto 15 & 12 \mapsto 0 \\ 2 \mapsto 30 & \dots & \dots \\ 3 \mapsto 30 & 10 \mapsto 15 & 20\,000 \mapsto 0 \end{array}$$

Eine Zuordnung in der Art, dass jedem Ergebnis e_i der Ergebnismenge $S = \{e_1; e_2; e_3; \dots; e_n\}$ genau eine reelle Zahl der Wertemenge $W = \{x_1; x_2; \dots\}$ zugeordnet wird ($e_i \mapsto x_i$), also $X(e_i) = x_i$, heißt **Zufallsgröße**. Ist die Wertemenge endlich oder unendlich, aber dennoch abzählbar, wird die Zuordnung als **diskrete** Zufallsgröße bezeichnet. Ist sie nicht abzählbar, heißt sie **stetige** Zufallsgröße.

2.4.2 Wahrscheinlichkeitsverteilung der Zufallsgröße

Häufig ist nicht nur von Interesse, welchen Wert die Zufallsgröße bei einem bestimmten Ergebnis annimmt, sondern wie groß die Wahrscheinlichkeit dafür ist. Solche Fragestellungen lassen sich mit der **Wahrscheinlichkeitsverteilung der Zufallsgröße** klären. Die Wahrscheinlichkeiten für das Eintreten der einzelnen Ergebnisse werden dabei häufig aus empirisch ermittelten Häufigkeiten[1] hergeleitet. Sämtliche Aufgaben in den folgenden Kapiteln sind so zu interpretieren.

Situation 1

Ein Unternehmen produziert kleine LC-Displays mit einer Auflösung von 200×100 Pixel. Um den hohen Qualitätsansprüchen der Kunden gerecht zu werden, gelangen die Geräte mit einem Verkaufspreis in Höhe von 30,00 EUR/Stk. nur in den Fachhandel, wenn sie maximal drei Pixelfehler aufweisen. Bei mehr als drei aber maximal zehn Pixelfehlern gelangen die Displays als B-Ware unter anderem Namen zum Preis von 15,00 EUR/Stk. zu Sonderpostenhändlern. Bei mehr als 10 Pixelfehlern werden die Geräte vernichtet. Der Erlös der mangelhaften Geräte beträgt 0,00 EUR/Stk.

Bei der täglichen Qualitätskontrolle werden zehn Displays auf die Anzahl der Pixelfehler überprüft. Die nachfolgende Tabelle weist die Ergebnisse aus:

Anzahl der Pixelfehler	2	0	1	3	5	2	6	0	0	12

Bestimmen Sie die Wahrscheinlichkeitsverteilung der Zufallsgröße X, wenn X den „Verkaufserlös eines Displays" beschreibt.

1) vgl. S. 80

Lösung (Algebra)

Von den zehn untersuchten Displays erfüllen **sieben** die Qualitätsanforderungen des Unternehmens komplett und werden zu einem Verkaufspreis von 30,00 EUR ausgeliefert. **Zwei** Displays mit fünf oder sechs Pixelfehlern werden als B-Ware eingestuft und erzielen somit einen Verkaufserlös in Höhe von jeweils 15,00 EUR. Nur **ein** Display wird vernichtet.

n_i	**7**	**2**	**1**
X: Verkaufserlös je Display [EUR]	30	15	0
$P(X = x_i) = \frac{n_i}{n}$	$\frac{7}{10} = 0{,}7$	$\frac{2}{10} = 0{,}2$	$\frac{1}{10} = 0{,}1$

Jedes Wertepaar $\left(X;\, P(X = x_i)\right)$ kann als Punkt interpretiert und in ein Koordinatensystem eingetragen werden. Die Menge aller Wertepaare wird als **Wahrscheinlichkeitsverteilung der Zufallsgröße *X*** bezeichnet.

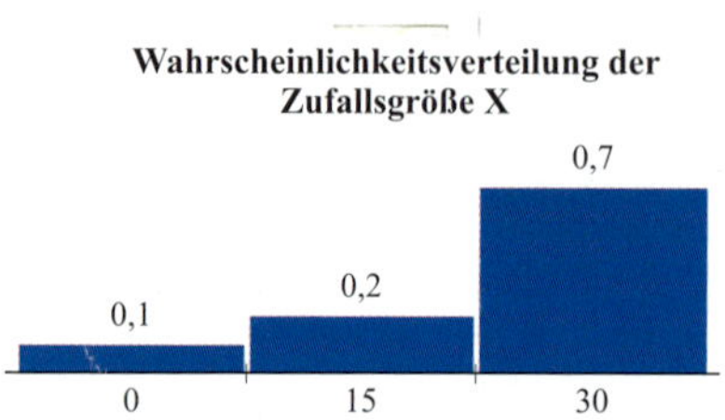

Die Grafik zeigt, dass es am wahrscheinlichsten ist, dass ein Display den vollen Verkaufserlös in Höhe von 30,00 EUR erwirtschaftet.

Eine Vernichtung des Gerätes ist anhand der Stichprobe nur in 10 % aller Fälle zu erwarten.

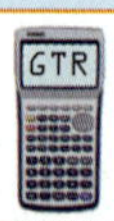

Anhang 9

Lösung (GTR)

Der GTR kann mithilfe von Listen Wahrscheinlichkeitsverteilungen berechnen. Dies ist insbesondere bei größeren Stichprobenumfängen sinnvoll.

Die vorhandenen Werte werden in zwei Listen eingegeben, hier L1 und L2. (L1 → Verkaufserlös je Display, L2 → n_i)
[STAT] [ENTER]
Anschließend die gewünschten Werte eingeben, jeder Wert muss mit [ENTER] bestätigt werden.

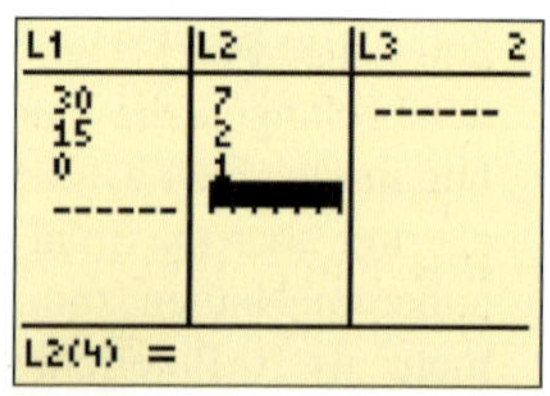

Um die Wahrscheinlichkeit jedes Wertes der Zufallsgröße zu bestimmen, gilt: $P(X = x_i) = \frac{n_i}{n}$

Jedes der Elemente in L2 muss daher durch den gesamten Stichprobenumfang dividiert werden. Der Stichprobenumfang n ist die Summe aller Elemente in L2. Dies kann durch [2nd] [List] MATH 5: sum([2nd] [L2]) berechnet werden.

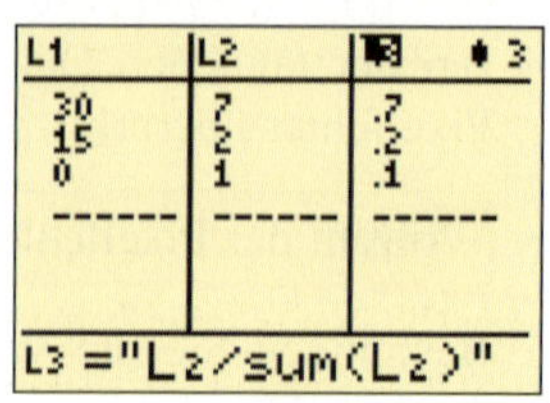

Anschließend kann die Liste drei „umbenannt“ werden. Es ist wie bei einem Tabellenkalkulationsprogramm möglich, als Listenname eine Formel einzugeben, in diesem Fall **"L2/sum(L2)"**. Die Anführungszeichen bewirken, dass beim Verändern der Werte die Wahrscheinlichkeiten automatisch neu berechnet werden (dynamisch).

Nun werden durch ENTER sofort alle Werte berechnet.

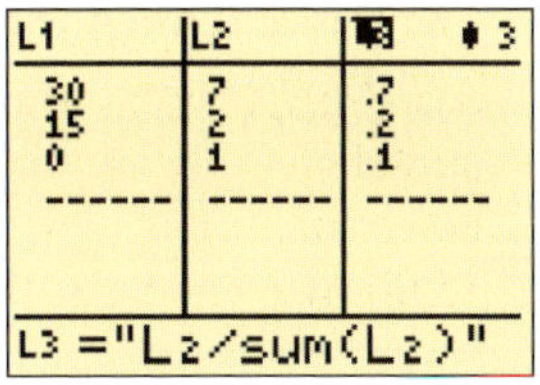

Bei Bedarf kann die Verteilung auch durch ein Histogramm dargestellt werden. Nehmen Sie dazu die Einstellungen gemäß der Abbildung vor.

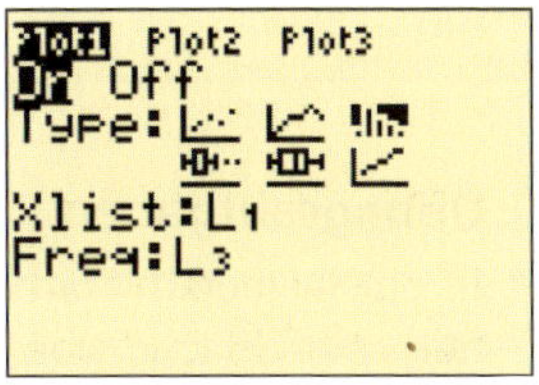

GRAPH liefert das Histogramm.

Hinweis:
Eventuell muss durch WINDOW oder ZOOM die Fenstereinstellung angepasst werden.

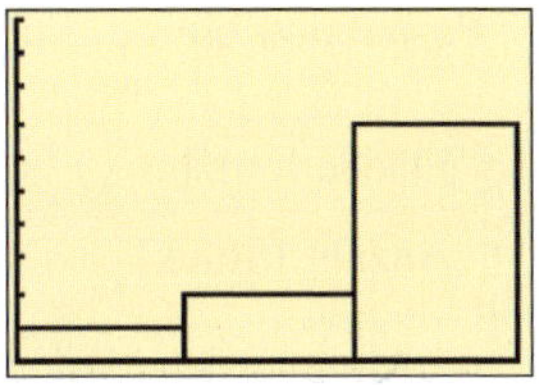

Situation 2

In einem Zementwerk wird Zement in Säcke mit einem Sollgewicht von 25 kg abgefüllt. Die Herstellkosten eines Sackes betragen 1,20 EUR. Der Toleranzbereich bei der Befüllung beträgt 2‰. Jeder Sack wird vor dem Stapeln auf Europaletten automatisch gewogen. Liegt das Gewicht m nicht im Toleranzbereich wird der Sack aussortiert und es entstehen zusätzliche Kosten in Höhe von 0,25 EUR. Die Zufallsgröße X beschreibt die „Herstellkosten eines Sackes“.

Bestimmen Sie die Wahrscheinlichkeitsverteilung der Zufallsgröße X anhand der Daten einer Tagesproduktion.

	$24{,}925 \le m < 24{,}95$	$24{,}92 \le m < 24{,}975$	$24{,}975 \le m < 25{,}025$	$25{,}025 \le m < 25{,}05$
n_i	229	2 324	18 495	1 852

Lösung

Eine Toleranz von 2‰ entspricht einer Abweichung von 50 g, sodass Säcke zwischen 24,95 kg und 25,05 kg den Anforderungen entsprechen. Die Herstellkosten eines Sacks der den Anforderungen entspricht, betragen 1,20 EUR. Für alle anderen Säcke betragen die Herstellkosten 1,45 EUR. Insgesamt wurden an diesem Tag 22 900 Säcke abgefüllt, von denen 229 aussortiert wurden. So ergibt sich die Verteilung:

X: Herstellkosten je Sack [EUR]	1,20	1,45
$P(X = x_i)$	$\frac{22\,671}{22\,900} = 0{,}9$	$\frac{229}{22\,900} = 0{,}1$

Zusammenfassung

Die Summe aller Wertepaare der Zufallsgröße X der Form
X: $x_i \rightarrow P(X = x_i)$; $x_i \in \mathbb{R} \wedge P(X = x_i) \in [0;\, 1]$ heißt **Wahrscheinlichkeitsverteilung der Zufallsgröße** X.

Übungsaufgaben

1 In einem metallverarbeitenden Betrieb sollen aus großen Stahlblechen Quadrate mit einer Fläche von 625 cm^2 ausgestanzt werden. Die Maschine arbeitet aufgrund eines Einstellfehlers nicht exakt. Als Stichprobe wurden der laufenden Produktion einige Bleche entnommen und kontrolliert.

Fläche [cm^2]	610,09	620,01	625	630,01	676
Anzahl [Stück]	2	6	30	9	1

Bestimmen Sie die Wahrscheinlichkeitsverteilung für die Kantenlänge als Zufallsgröße X.

2 

Preisliste	
Bienenstich	2,50 EUR/Stück
Frankfurter Kranz	2,90 EUR/Stück
Sachertorte	3,50 EUR/Stück
Schwarzwälder-Kirsch	EUR/Stück

In einem Café werden verschiedene Torten angeboten. An einem zufällig ausgewählten Verkaufstag bestellen 16 Personen „Bienenstich“, 25 Personen „Sachertorte“, 12 Personen „Frankfurter Kranz“ und 34 Gäste die Spezialität des Hauses: „Schwarzwälder-Kirschtorte“. Bestimmen Sie die Wahrscheinlichkeitsverteilung für die Verkaufspreise, wenn die Tageseinahmen aus dem Tortenverkauf 291,50 EUR betragen.

Ein Getränkeproduzent vertreibt seine Erfrischungsgetränke in PET-Einwegflaschen, die alle aus dem gleichen Rohling für 3 Cent produziert werden. Das Getränk wird in Flaschen der Größen 330 ml, 500 ml, sowie 1 Liter, 1,25 Liter und 2 Liter abgefüllt und die Herstellung kostet 0,30 EUR/l.

Vor einem Supermarkt werden 150 zufällig ausgewählte Kunden zu ihrem Einkaufsverhalten befragt. 68 entschieden sich für die mittlere Größe, 12 für die kleinste und 20 für die größte Flasche. Die restlichen Befragten verteilten sich gleichmäßig auf die übrigen Größen.
Bestimmen Sie die Wahrscheinlichkeitsverteilung der Zufallsgröße *X*: Herstellkosten je befüllter PET-Einwegflasche.

4

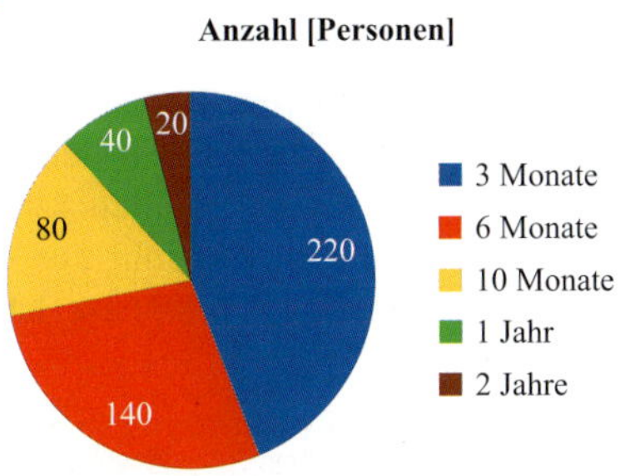

Ein Arbeitsloser kostet den deutschen Staat durchschnittlich 1 500,00 Euro pro Monat. Bei einer Umfrage in Niedersachsen wurden 500 ehemalige Arbeitslose befragt, wie lange sie jeweils arbeitslos waren. Das Kreisdiagramm zeigt das Ergebnis der Umfrage.

Geben sie die Wahrscheinlichkeitsverteilung für die voraussichtlichen Kosten eines Arbeitslosen an.

5 Im Rahmen einer Qualitätskontrolle untersucht der Lagerleiter eines Obstgroßhändlers eine Lieferung Erdbeeren aus Marokko. Jede angelieferte Schale hat ein Sollgewicht von 250 g. Insgesamt wird 1 t Erdbeeren angeliefert. Die Qualität ist für den Händler von entscheidender Bedeutung. Für eine Schale der Handelsklasse I (HK I) erhält der Händler 0,85 EUR, für HK II 0,60 EUR und für HK III lediglich 0,25 EUR. 2 % aller Stiegen à 16 Schalen aus Marokko werden kontrolliert. Davon entsprechen 64 Schalen der HK I, 8 Schalen der HK II und 6 Schalen der HK III, der Rest ist unverkäuflich. Bestimmen Sie die Wahrscheinlichkeitsverteilung der Zufallsgröße *X*: Verkaufspreis je Schale aus dem Verkauf marokkanischer Erdbeeren.

2.4.3 Erwartungswert der Zufallsgröße

Häufig interessieren bei einem Zufallsexperiment weniger die Einzelwahrscheinlichkeiten der Ergebnisse vielmehr welche langfristige Auswirkung das gesamte Zufallsexperiment haben wird. So ist es beispielsweise bei einem Glücksspiel für den Spieler von großem Interesse, ob er langfristig gewinnen oder verlieren wird. Die Einzelwahrscheinlichkeiten für Gewinnklassen sind von geringer Bedeutung. Auch wirtschaftlich ist diese Frage von großer Bedeutung. So ist es für einen Unternehmer vor allem relevant, ob der Verkauf seiner Produkte langfristig zu einem Gewinn führt oder nicht.

Mithilfe des Erwartungswertes $E(X)$ der Zufallsgröße X lassen sich solche Fragestellungen beantworten. Die Berechnung ähnelt der des gewichteten arithmetischen Mittels[1]. Der Unterschied liegt vor allem in der zeitlichen Dimension. Während das gewichtete arithmetische Mittel vergangenheitsorientiert ist, handelt es sich bei dem Erwartungswert sozusagen um das zukünftig und langfristig zu erwartende, gewichtete arithmetische Mittel.

$$E(X) = x_1 \cdot P(X = x_1) + x_2 \cdot P(X = x_2) + x_3 \cdot P(X = x_3) + \ldots + x_n \cdot P(X = x_n) = \sum_{i=1}^{n} x_i \cdot P(X = x_i)$$

Erwartungswert der Zufallsgröße *X*

Situation 3

An einem Bahnhofskiosk sollen zukünftig neben Zeitschriften und Getränken auch vier warme Snacks angeboten werden. Die Bahnreisenden sollen dann zwischen Frikadellen, Pommes frites und Curry- oder Bockwurst wählen können. Der Kioskbetreiber möchte wissen, wie hoch die Einnahmen pro Jahr aus dem Snackverkauf ausfallen werden. Während einer einmonatigen Testphase hat er diese Mengen verkauft:

	Frikadelle	Pommes frites	Currywurst	Bockwurst
Preis/Stück [EUR]	1,50	1,80	2,70	2,40
Menge [Stück]	120	200	180	100

Berechnen Sie den Erwartungswert $E(X)$ und interpretieren Sie Ihr Ergebnis.

Lösung (Algebra)

Zunächst muss die Wahrscheinlichkeitsverteilung der Zufallsgröße X: „Verkaufspreis eines Snacks" bestimmt werden.

	Frikadelle	Pommes frites	Currywurst	Bockwurst
x_i	1,5	1,8	2,7	2,4
n_i	120	200	180	100
$P(X = x_i)$	$\frac{120}{600} = 0{,}2$	$\frac{200}{600} = 0{,}\overline{3}$	$\frac{180}{600} = 0{,}3$	$\frac{100}{600} = 0{,}1\overline{6}$

Anschließend kann der Erwartungswert berechnet werden:

$$E(X) = 1{,}5 \cdot 0{,}2 + 1{,}8 \cdot 0{,}\overline{3} + 2{,}7 \cdot 0{,}3 + 2{,}4 \cdot 0{,}1\overline{6} = 2{,}11$$

Der Erwartungswert $E(X)$ entspricht den zu erwartenden Einnahmen aus einem Snackverkauf. In diesem Fall betragen die durchschnittlichen Einnahmen, die aus dem Verkauf eines der vier Snacks entstehen 2,11 EUR. Man sagt: Der Erwartungswert der Stichprobe ist 2,11.

[1] vgl. S. 28

Setzt man voraus, dass die Wahrscheinlichkeitsverteilung der Testphase auch zukünftig gilt, so lassen sich die vermutlichen jährlichen Einnahmen sehr einfach berechnen.

Während der einmonatigen Testphase wurden insgesamt 600 Snacks zu einem Durchschnittspreis von 2,11 EUR verkauft. Daher betragen die zu erwartenden Einnahmen pro Jahr 600 · 2,11 · 12 = 15 192,00 [EUR].

Lösung (GTR)

GTR Anhang 7

Die vorhandenen Werte werden in zwei Listen eingegeben, hier L1 und L2. (L1 → Preis, L2 → $P(X = x_i)$)

[STAT] [ENTER]

Anschließend die gewünschten Werte eingeben, jeder Wert muss mit [ENTER] bestätigt werden.

Anschließend kann der Erwartungswert berechnet werden. Weil die Berechnung der des gewichteten arithmetischen Mittels ähnelt, wird der gesuchte Wert als $\bar{x}$ ausgegeben.

[STAT] [CALC] 1:1-Var Stats mit [ENTER] auswählen und die entsprechenden Listen durch [2nd] [L1] [,] [2nd] [L2] auswählen. [ENTER] liefert nun verschiedene Kennwerte der Listen.

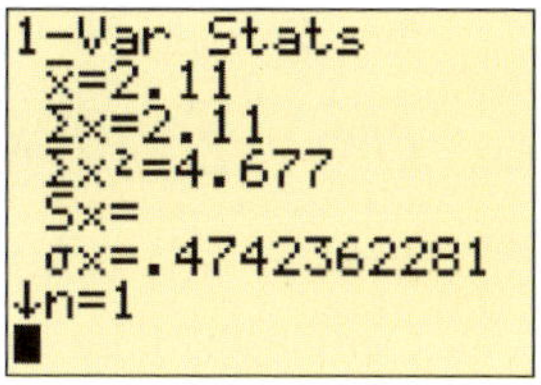

Situation 4

Auf dem Münchener Viktualienmarkt bietet ein Obsthändler an sechs Tagen in der Woche Flugpapaya aus Brasilien zu einem Verkaufspreis von 6,00 EUR pro Stück an. Für jeden Geschäftstag kauft der Händler zehn Früchte frisch auf dem Münchener Großmarkt für 3,50 EUR pro Stück ein. Die Nachfrage nach Papayas schwankt zufällig und ist an machen Tagen größer als das Angebot, an anderen Tagen ist die Verkaufsmenge sehr gering.

letzte Woche	Mo	Di	Mi	Do	Fr	Sa
Verkaufsmenge [Stk.]	5	9	5	6	8	10

a) Berechnen Sie anhand der Ihnen zur Verfügung stehenden Daten den zu erwartenden Gewinn des Obsthändlers aus dem Papayaverkauf an einem beliebigen Tag des Jahres.

b) Berechnen Sie $P(X > 0)$ und interpretieren Sie Ihr Ergebnis anwendungsbezogen.

Lösung

a) Im ersten Schritt wird die Zufallsvariable X als „Gewinn aus dem Papayaverkauf" definiert und anschließend der Gewinn pro Tag berechnet.

Für den Freitag ergibt sich beispielsweise folgende Rechnung

Gewinn = Erlöse − Kosten, also
$8 \cdot 6{,}00$ EUR $- 10 \cdot 3{,}50$ EUR $= 13{,}00$ EUR.

	Mo	Di	Mi	Do	Fr	Sa
X: Gewinn [EUR]	−5	19	−5	1	13	25

Im zweiten Schritt wird die Wahrscheinlichkeitsverteilung aufgestellt.

x_i	−5	19	1	13	25	Σ
n_i	2	1	1	1	1	6
$P(X = x_i)$	$\frac{2}{6} = 0{,}\overline{3}$	$\frac{1}{6} = 0{,}1\overline{6}$	$\frac{1}{6} = 0{,}1\overline{6}$	$\frac{1}{6} = 0{,}1\overline{6}$	$\frac{1}{6} = 0{,}1\overline{6}$	1

Nun lässt sich der Erwartungswert mithilfe der bereits aus Situation 3 bekannten Formel für den Erwartungswert $E(X)$ der Zufallsgröße X durch $E(X) = \sum_{i=1}^{n} x_i \cdot P(X = x_i)$ bestimmen:

$$E(X) = -5 \cdot 0{,}\overline{3} + 19 \cdot 0{,}1\overline{6} + 1 \cdot 0{,}1\overline{6} + 13 \cdot 0{,}1\overline{6} + 25 \cdot 0{,}1\overline{6} = 8$$

Der Obsthändler kann nach dem Verkauf der letzten Woche an einem Tag mit einem Gewinn in Höhe von 8,00 EUR aus dem Papayaverkauf rechnen.

b) Die Wertemenge W umfasst in diesem Beispiel fünf Elemente:
$W = \{-5; 1; 13; 19; 25\}$. Der Wert des negativen Elementes bedeutet einen Verlust dieser Höhe. Die Werte der positiven Elemente stehen für einen Gewinn jener Höhe. Gesucht ist in diesem Fall $P(X > 0)$, also die Wahrscheinlichkeit, dass die Zufallsgröße einen Wert annimmt, der größer als null ist. Da die Zufallsgröße als Gewinn aus dem Papayaverkauf definiert ist, wird die Wahrscheinlichkeit gesucht, mit der der Obsthändler aus dem Verkauf von Papayas Gewinn erzielt. Dies ist nach Aufgabenteil a) in vier Fällen jeweils mit der Wahrscheinlichkeit $P = 0{,}1\overline{6}$ der Fall. Die Wahrscheinlichkeit P, dass der Händler Gewinn (G) erzielt beträgt somit $P(\mathrm{G}) = 4 \cdot 0{,}1\overline{6} = 0{,}\overline{6} = 66{,}\overline{6}\,\%$.

Zusammenfassung

Kann die Zufallsgröße X die Werte $x_1; x_2; \ldots; x_n$ annehmen und lässt sich zu jedem Wert x_i eine Wahrscheinlichkeit $P(X = x_i)$ zuordnen, so lässt sich der Erwartungswert $E(X)$ mithilfe der Formel $E(X) = \sum_{i=1}^{n} x_i \cdot P(X = x_i)$ berechnen. Häufig wird statt $E(X)$ auch μ[1] oder μ_x verwendet.

[1] 12. Buchstabe des griechischen Alphabets, gelesen: mü

Übungsaufgaben

1 In einem Betrieb wurden zufällig 20 der Mitarbeiter, entsprechen 16 %, gefragt, wie viele Überstunden sie in der vergangenen Woche geleistet haben.

Überstunden	0	1	2	3	4
$P(X = x_i)$	0,3	0,2	0,25	0,15	0,1

Wie viele Überstunden sind in dem Betrieb innerhalb einer Woche insgesamt zu erwarten?

2 In einer Möbelmanufaktur werden hochwertige Echtholzstühle in reiner Handarbeit gefertigt. Am Ende des Produktionsprozesses wird jeder Stuhl mit mehreren Schichten Klarlack versehen. Ein Kunde bestellt für ein Luxusrestaurant 120 dieser Stühle. Um mögliche Lackschäden weitestgehend zu vermeiden, findet die Lackierung erst kurz vor der Auslieferung statt. Direkt nach dem Beginn der Lackierarbeiten erkundigt sich der Kunde telefonisch nach dem frühestmöglichen Abholtermin. Der Leiter der Endkontrolle hat bei den ersten fünf Stühlen schriftlich festgehalten, wie lange der Lackiervorgang gedauert hat.

Stuhl	1	2	3	4	5
Zeit [min]	20	22	17	23	18

Welche Auskunft geben Sie dem Anrufer nach Rücksprache mit dem Leiter der Endkontrolle, wenn der Lackierer täglich acht Stunden arbeitet?

3 Nach dem Abitur hat eine Schülerin die Möglichkeit bei zwei vergleichbaren Betrieben ein Praktikum zu absolvieren. Die Bruttogehälter der Praktikanten sind tabellarisch dargestellt.

	Betrieb A				Betrieb B			
X: Bruttogehalt [EUR]	1 200	1 450	1 320	1 840	1 300	1 480	1 650	1 380
$P(X = x_i)$ bzw. n_i	0,2	0,4	0,25	0,15	1	3	5	4

a) Bei welchem der beiden Betriebe sollte die Schülerin das Praktikum beginnen, wenn die finanziellen Interessen im Vordergrund stehen?

b) Bei welchem der beiden Betriebe ist die Wahrscheinlichkeit größer, mehr als 1 400,00 EUR monatlich zu verdienen, und wie hoch ist diese Wahrscheinlichkeit?

4 Als Leiter der Abteilung Schadensregulierung Nord III einer Versicherung liegen ihnen zwei Statistiken vor.

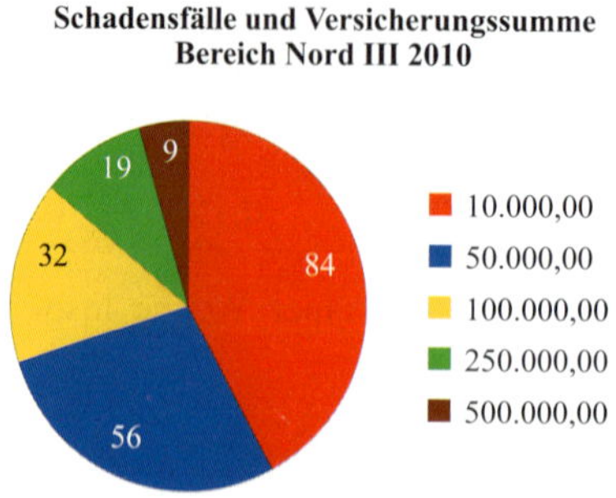

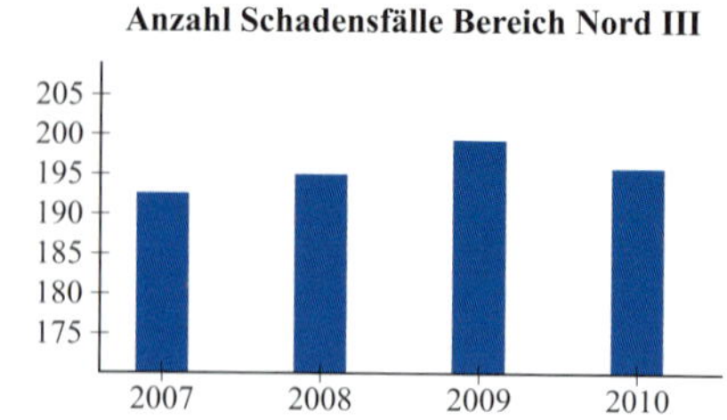

Ihr Vorgesetzter bittet Sie, anhand der beiden Statistiken abzuschätzen, wie viel Geld für das Jahr 2011 zur Schadensregulierung eingeplant werden sollte.

5

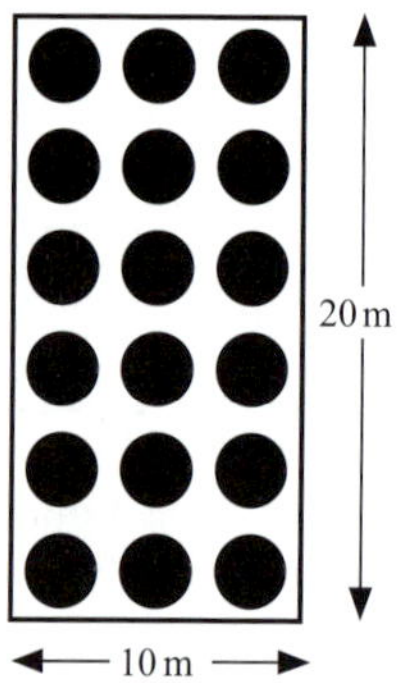

Auf einer zwei Hektar großen Obstplantage wachsen in gleichmäßigen Abständen Apfelbäume die durchschnittlich 75 kg Früchte tragen. Leider sind die Bäume mit Schädlingen befallen. Um den Ernteausfall besser abschätzen zu können, wurde eine Parzelle (s. Abb.) kontrolliert. Die Stärke des Schädlingsbefalls wird auf einer Skala von 0 bis 10 festgehalten. Ist der Wert größer als 5, ist es betriebswirtschaftlich nicht mehr sinnvoll, die einwandfreien Früchte auszusortieren, und die Ernte des Baumes fällt komplett aus. Der Wert 3 auf der Skala bedeutet, dass 30 % aller Früchte des entsprechenden Baumes unverkäuflich sind. Für die übrigen Werte gilt dies entsprechend.
Berechnen Sie aus der Befallskontrolle der Parzelle, für wie viel Kilo Äpfel der Plantage eine betriebswirtschaftlich sinnvolle Verwertung erwartet werden kann.

Befallstärke	0	1	2	3	4	5	6	7	8	9	10
Anzahl	1	1	3	1	2	1	2	2	2	2	1

2.4.4 Standardabweichung und Streuungsintervall der Zufallsgröße

Beispiel

Auf einer Baustelle soll von einem Brett ein 20 cm langes Stück abgesägt werden. Wird dies mit einer Kreissäge mit Längenanschlag durchgeführt so wird jedes der Stücke exakt 20 cm lang sein. Auch im Durchschnitt haben diese Stücke dann eine Länge von 20 cm. Bei jedem weiteren Stück wird dann ebenfalls eine Länge von 20 cm erwartet. Daher ist der Erwartungswert in diesem Fall $E(X) = 20$ cm. Wird die gleiche Aufgabe einem erfahrenen Zimmermann mit einem Fuchsschwanz gestellt, so wird es seltener oder eventuell gar nicht vorkommen, dass ein Teilstück exakt 20 cm lang ist. Vielmehr werden die Werte um die vorgegebenen 20 cm streuen. Wenn aber sehr viele Holzstücke untersucht werden, so ist es durchaus möglich, dass der Erwartungswert exakt 20 cm ist, da sich positive und negative Abweichungen gegenseitig aufheben. Der Erwartungswert allein ist daher häufig wenig aussagekräftig.

In den meisten Fällen ist der Erwartungswert $E(X)$ der Zufallsgröße X kein Element der Wertemenge $W = \{x_i; x_2; \ldots; x_n\}$. Vielmehr streuen die einzelnen Werte mehr oder weniger stark um den Erwartungswert. Wie stark die durchschnittliche Abweichung ist, lässt sich mithilfe der Standardabweichung $\sigma(X)$ beschreiben.

Zur Berechnung der Standardabweichung wird zunächst die Varianz[1] benötigt:

$$V(X) = \sum_{i=1}^{n} \left(x_i - E(X)\right)^2 \cdot P(X = x_i)$$

Varianz der Zufallsgröße *X*

In Anlehnung an die beschreibende Statistik ist auch in diesem Fall die Standardabweichung $\sigma(X)$ der positive Wert der Wurzel der Varianz $V(X)$:

$$\sigma(X) = \sqrt{V(X)}$$

Standardabweichung[2] der Zufallsgröße *X*

Situation 5

Wegen stark gesunkener Nachfrage muss ein Zulieferer der Automobilindustrie eine seiner beiden Spritzgussmaschinen verkaufen. Im Betrieb soll die Maschine bleiben, die erwartungsgemäß zuverlässiger produzieren wird. Die betriebsinternen Aufzeichnungen der vergangenen vier Monate werden ausgewertet:

Ausschuss Maschine A
Kapazität (1 000 Stk./Monat)

Monat	März	April	Mai	Juni
Stück	20	0	10	30

Ausschuss Maschine B
Kapazität (1 000 Stk./Monat)

Monat	März	April	Mai	Juni
Stück	15	17	12	16

Begründen Sie rechnerisch, welche der beiden Maschinen das Unternehmen verkaufen sollte. X = Anzahl der Teile pro Monat

[1] Häufig wird für $V(X)$ auch $\sigma^2(X)$ verwendet.
[2] Zur Begründung der Formel vgl. S. 40 f.

Lösung (Algebra)

Zunächst wird für beide Maschinen der Erwartungswert der Zufallsgröße X „Anzahl der Ausschussteile pro Monat“ berechnet.

$$E(X_A) = 20 \cdot \frac{1}{4} + 0 \cdot \frac{1}{4} + 10 \cdot \frac{1}{4} + 30 \cdot \frac{1}{4} = 15$$

$$E(X_B) = 15 \cdot \frac{1}{4} + 17 \cdot \frac{1}{4} + 12 \cdot \frac{1}{4} + 16 \cdot \frac{1}{4} = 15$$

Würde man nur den Erwartungswert betrachten, käme man zu dem Ergebnis, dass beide Maschinen gleich zuverlässig arbeiten. Betrachtet man jedoch die einzelnen Monate, so wird deutlich, dass die Ergebnisse bei der Maschine A deutlich stärker um den Erwartungswert streuen, als dies bei Maschine B der Fall ist. Daher wird zusätzlich die Standardabweichung $\sigma(X)$ berechnet.

$$V(X_A) = (20 - 15)^2 \cdot \frac{1}{4} + (0 - 15)^2 \cdot \frac{1}{4} + (10 - 15)^2 \cdot \frac{1}{4} + (30 - 15)^2 \cdot \frac{1}{4} = 125$$

$$V(X_B) = (15 - 15)^2 \cdot \frac{1}{4} + (17 - 15)^2 \cdot \frac{1}{4} + (12 - 15)^2 \cdot \frac{1}{4} + (16 - 15)^2 \cdot \frac{1}{4} = 3{,}5$$

$$\sigma(X_A) = \sqrt{V(X_A)} = \sqrt{125} \approx 11{,}18 \qquad \sigma(X_B) = \sqrt{V(X_B)} = \sqrt{3{,}5} \approx 1{,}87$$

Das Unternehmen sollte Maschine B behalten. Zwar ist auf den ersten Blick zu erwarten, dass beide Maschinen durchschnittlich gleich viel Ausschuss produzieren, bei Maschine B ist die Abweichung jedoch wesentlich geringer. Durchschnittlich beträgt die Abweichung vom Erwartungswert nur etwa 2 Bauteile.

Anhang 7

Lösung (GTR)

Die vorhandenen Werte werden in eine Liste eingegeben, hier L1 (Werte der Maschine A).

[STAT] [ENTER]

Dann werden die gewünschten Werte eingegeben, jeder Wert muss mit [ENTER] bestätigt werden.

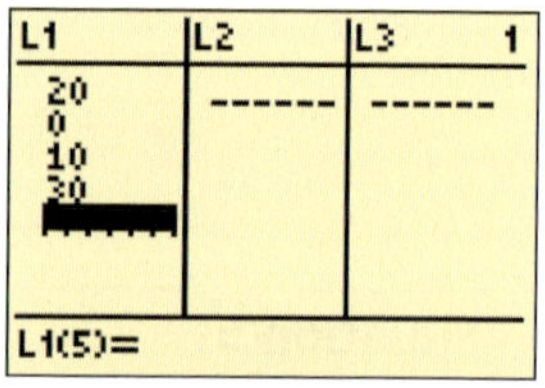

Anschließend kann die Standardabweichung direkt, ohne Kenntnis der Varianz berechnet werden.

[STAT] [CALC] 1: 1-Var Stats mit [ENTER] auswählen und die entsprechende Liste durch [2nd] [L1] [,] auswählen. [ENTER] liefert nun verschiedene Kennwerte der Liste.

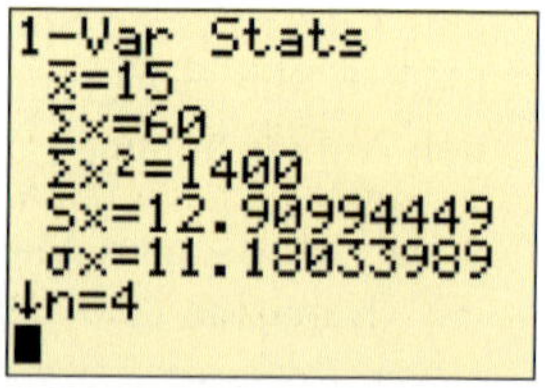

Für Maschine B müssen die beiden Schritte erneut durchgeführt werden.

Für das Streuungsintervall gilt die nachfolgende Formel:

$[E(X) - \sigma(X); E(X) + \sigma(X)]$
Streuungsintervall der Zufallsgröße X

Situation 6

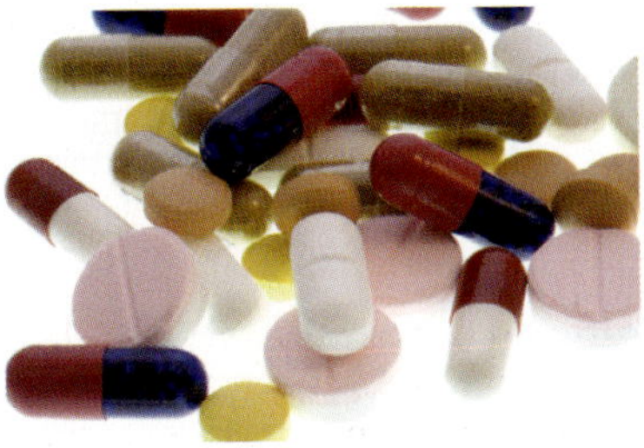

Ein Pharmakonzern testete zahlreiche neue Medikamente an Freiwilligen. Jeder Patient erhielt in der Vergangenheit für die Teilnahme 2 000,00 EUR. Die Geschäftsführung möchte nun stattdessen nur noch 500,00 EUR pro Teilnehmer bezahlen, zuzüglich weiteren 600,00 EUR je Nebenwirkung. Die Ergebnisse der letzten Studien lassen sich der nachfolgenden Tabelle entnehmen.

Anzahl der Nebenwirkungen	0	1	2	3	4
$P(X = x_i)$	0,3	0,4	0,2	0,07	0,03

a) Berechnen Sie die Standardabweichung $\sigma(X)$ und interpretieren Sie Ihr Ergebnis anwendungsbezogen.

b) Geben Sie das Streuungsintervall an und begründen Sie rechnerisch, ob der Vorschlag der Geschäftsführung aus betriebswirtschaftlicher Sicht sinnvoll ist.

Lösung (Algebra)

a) Zur Berechnung der Standardabweichung wird zunächst der Erwartungswert benötigt. Die Zufallsgröße X ist hier die „Anzahl der Nebenwirkungen".
$E(X) = 0 \cdot 0{,}3 + 1 \cdot 0{,}4 + 2 \cdot 0{,}2 + 3 \cdot 0{,}07 + 4 \cdot 0{,}03 = 1{,}13$

Anschließend werden die Varianz und die Standardabweichung berechnet:

$$V(X) = \sum_{i=1}^{5} \left(x_i - E(X)\right)^2 \cdot P(X = x_i) = \underline{\underline{1{,}0331}}$$

$$\sigma(X) = \sqrt{V(X)} = \sqrt{1{,}0331} \approx 1{,}02$$

Die Standardabweichung $\sigma \approx 1{,}02$ sagt aus, dass die Anzahl der Nebenwirkungen bei den Testpersonen durchschnittlich um etwa 1 Nebenwirkung nach oben oder unten abweicht.

b) Normalerweise haben die Probanden zwischen $1{,}0331 - 1{,}02 = 0{,}131$ (also keine) und $1{,}0331 + 1{,}02 = 2{,}0531$ (also 2) Nebenwirkungen zu befürchten. Die Anzahl der Nebenwirkungen liegt somit normalerweise ungefähr im Intervall [0; 2]. Selbst wenn zukünftig alle Patienten durchschnittlich 2 Nebenwirkungen haben sollten, liegen die Kosten mit 1 700,00 EUR bei dem neuen Honorarmodell unter den bisherigen 2 000,00 EUR.

Anhang 7

Lösung (GTR)

Die vorhandenen Werte werden in zwei Listen eingegeben, hier L1 und L2. (L1 → Anzahl, L2 → $P(X = x_i)$)

[STAT] [ENTER]

Dann werden die gewünschten Werte eingegeben, jeder Wert muss mit [ENTER] bestätigt werden.
Anschließend kann die Standardabweichung direkt, ohne Kenntnis der Varianz berechnet werden.

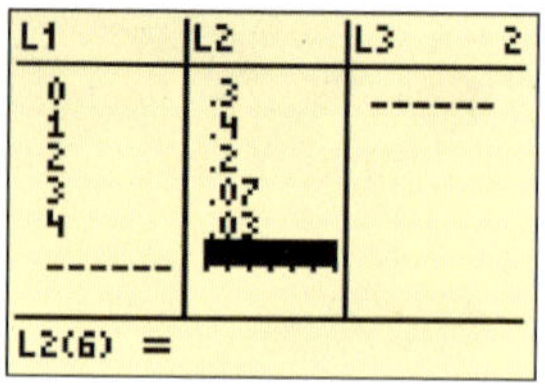

[STAT] [CALC] 1: 1-Var Stats mit [ENTER] auswählen und die entsprechenden Listen durch [2nd] [L1] [,] [2nd] [L2] auswählen. [ENTER] liefert nun verschiedene Kennwerte der Listen.

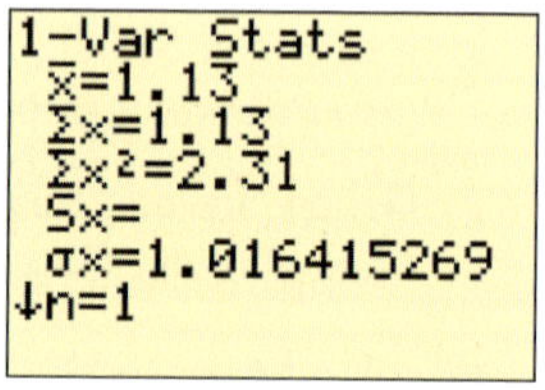

Zusammenfassung

Kann die Zufallsgröße X die Werte $x_1; x_2; \ldots; x_n$ annehmen und hat den Erwartungswert $E(X)$, dann lässt sich die Standardabweichung $\sigma(X)$ mithilfe der Formel $\sigma(X) = \sqrt{V(X)}$ berechnen. $V(X)$ bezeichnet die Varianz der Zufallsgröße X und lässt sich durch die Formel

$V(X) = \sum_{i=1}^{n} \left(x_i - E(X)\right)^2 \cdot P(X = x_i)$ bzw. berechnen.

Werte, die innerhalb des Streuungsintervalls $[E(X) - \sigma(X); E(X) + \sigma(X)]$ liegen, werden häufig als „normal“, „gewöhnlich“ oder „repräsentativ“ bezeichnet.

Übungsaufgaben

1 Der Geschäftsführer eines italienischen Eiscafés möchte den erwarteten Bedarf an Speiseeis an einem normalen Sommertag mit 250 Gästen berechnen. Dazu hat er in den vergangenen Wochen eine Liste geführt.

Anzahl Kugeln je Gast	1	2	3	4	5
$P(X = x_i)$	0,12	0,17	0,5	0,13	0,08

Mit welcher Verkaufsmenge kann der Geschäftsführer rechnen?

2 In einer Garnfabrik wird Baumwolle zu Garn versponnen und auf Rollen mit einer Solllänge von 325 m aufgespult. Im Rahmen der Qualitätssicherung werden 50 Rollen überprüft. Davon hatten zwei Drittel exakt die geforderte Länge. Ein Viertel war entweder um 2 % zu lang oder zu kurz, wobei der Anteil der Rollen mit zu wenig Garn doppelt so hoch war wie der mit zu viel Garn. Die restlichen Rollen waren alle 5 % zu kurz.
Bestimmen Sie das Intervall der „gewöhnlichen Garnlänge“.

3

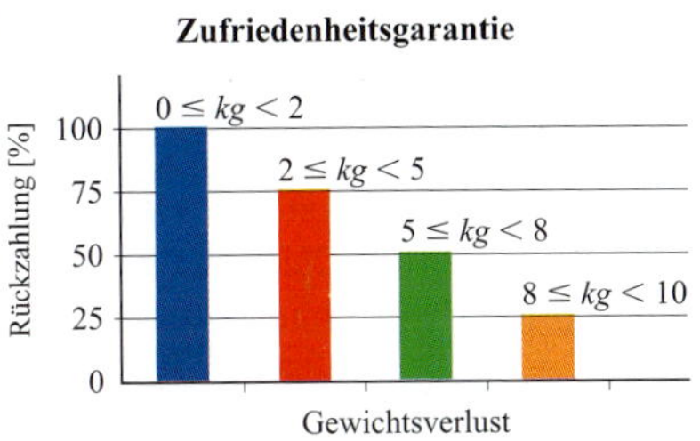

In seiner Werbung verspricht der Hersteller einer Diätpille, dass die Kunden auch ohne ausreichende Bewegung und gesunde Ernährung auf jeden Fall 10 kg Gewicht verlieren werden. Ist dies nachweislich nicht der Fall, so erhält der Kunde einen Teil seines Geldes gemäß nebenstehender Grafik zurück.

Das wirkungslose Produkt kostet in der Herstellung 6,50 EUR pro Packung und wird für 30,00 EUR pro Packung verkauft. In welchem Bereich ist der Gewinn des Unternehmens zu erwarten, wenn jährlich 100 000 Packungen abgesetzt werden können und eine Testreihe die folgende Wahrscheinlichkeitsverteilung ergeben hat?

Gewichtsverlust	$0 \leq kg < 2$	$2 \leq kg < 5$	$5 \leq kg < 8$	$8 \leq kg < 10$	$kg \geq 10$
$P(X = x_i)$	0,3	0,25	0,2	0,15	0,1

4 Die Temperatur T [°C] des Essens in einem Restaurant ist abhängig von der Zeit t [min], die von der Fertigstellung in der Küche bis zum Servieren beim Gast vergeht, und lässt sich im Intervall [0; 5] durch die Funktionsgleichung $T(t) = (t - 5)^2 + 60$ beschreiben. Die Höhe der Trinkgeldes M [%] ist wiederum abhängig von der Temperatur, die das Essen beim Servieren hat und lässt sich im Intervall [50; 85] durch die Funktionsgleichung $M(T) = 0{,}005\,T^2 - 12{,}5$ beschreiben. Die Kellner bringen das Essen in der Regel gemäß nachfolgender Tabelle an den Tisch.

t [min]	1	2	3	4	5
$P(X = x_i)$	0,1	0,2	0,4	0,2	0,1

Bestimmen Sie, in welchem prozentualen Rahmen sich das Trinkgeld des Kellner normalerweise bewegen wird.

5

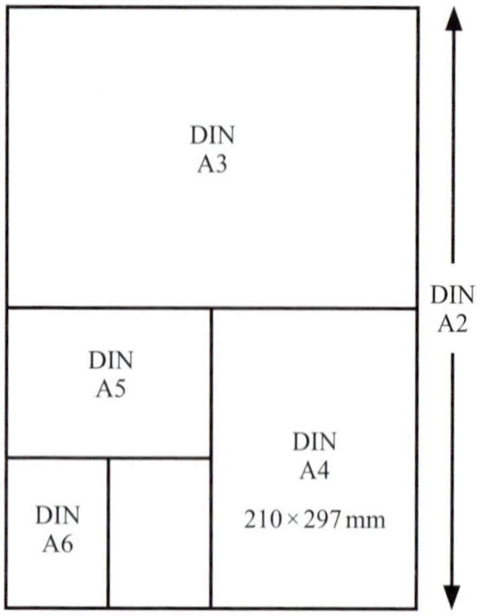

In einer Papierfabrik wird Papier in den Größen DIN A4 und DIN A5 der Stärke 80 g/m^2 in Pakete à 500 Stück verpackt. Das Unternehmen verwendet dafür zwei unterschiedliche Maschinen.

a) Welche der beiden Maschinen arbeitet durchschnittlich genauer?

b) Wie viele Blätter Papier befinden sich anhand Ihrer Berechnungen durchschnittlich in einem Paket der Größe DIN A4?

c) Welche Anzahl von Blättern in einem Paket der Größe DIN A4 würden Sie als normal bezeichnen?

	Maschine DIN A4				Maschine DIN A5			
X: Gewicht [g]	2 485	2 500	2 520	2 545	1 180	1 195	1 250	1 380
$P(X = x_i)$ bzw. n_i	0,2	0,4	0,25	0,15	20	41	400	45

2.4.5 Offene Handlungssituationen zur allgemeinen Wahrscheinlichkeitsverteilungen

Die folgenden Situationen sollen Sie mit den Ihnen zur Verfügung stehenden Rechnern bearbeiten. Besonders wichtig ist die Interpretation Ihrer Ergebnisse.

Situation 7

Ein Elektronikhersteller stellt neuartige LED-Fernseher her, die zu einem Verkaufspreis von 499,00 EUR in den Handel kommen. Die Panels sollen von einem externen Hersteller angeliefert werden. Zur Wahl stehen zwei unterschiedlich teure Anbieter mit abweichenden Qualitätsstandards. Beim Anbieter A kostet ein Panel 150,00 EUR, beim Anbieter B werden nur 120,00 EUR verlangt.

Die Qualität der Panels lässt sich den nachfolgenden Wahrscheinlichkeitsverteilungen entnehmen.

Anbieter A

Anteil defekter LEDs [%]	$0 \leq X < 0{,}2$	$0{,}2 \leq X < 0{,}5$	$0{,}5 \leq X < 0{,}75$	$0{,}75 \leq X < 1$	$X > 1$
$P(X = x_i)$	80 %	10 %	5 %	4 %	1 %

Anbieter B

Anteil defekter LEDs [%]	$0 \leq X < 0{,}2$	$0{,}2 \leq X < 0{,}5$	$0{,}5 \leq X < 0{,}75$	$0{,}75 \leq X < 1$	$X > 1$
$P(X = x_i)$	50 %	30 %	10 %	8 %	2 %

Der Elektronikhersteller kann die Panels verwenden, wenn der Anteil der defekten LEDs weniger als 0,75 % beträgt. Pro Jahr werden 15 000 verwertbare Panels in der Produktion benötigt.

Bereiten Sie sich darauf vor, auf der kommenden Geschäftsführersitzung eine geeignete Lieferantenempfehlung auszusprechen.

Situation 8

Ein Hamburger Gemüsehändler beschickt an jeweils zwei Wochentagen drei unterschiedliche Wochenmärkte in Altona, Bergedorf und Eimsbüttel. Aus Zeitgründen kann er zukünftig seine Waren nur noch auf zwei Märkten anbieten. Auf allen Märkten bietet der Händler die gleichen Gemüsesorten an, die Nachfrage ist jedoch unterschiedliche groß. Aus seiner langjährigen Erfahrung weiß er, dass sich das Nachfrageverhalten seiner Kunden durch drei Wahrscheinlichkeitsverteilungen beschreiben lässt.

Altona

Gemüse	Möhren	Kartoffeln	Bohnen	Zwiebeln	Paprika	Tomaten
$P(X = x_i)$	10 %	15 %	12 %	20 %	13 %	30 %

Bergedorf

Gemüse	Möhren	Kartoffeln	Bohnen	Zwiebeln	Paprika	Tomaten
$P(X = x_i)$	15 %	10 %	17 %	25 %	19 %	14 %

Eimsbüttel

Gemüse	Möhren	Kartoffeln	Bohnen	Zwiebeln	Paprika	Tomaten
$P(X = x_i)$	13 %	17 %	10 %	18 %	22 %	20 %

Auf jedem der drei Wochenmärkte verkauft der Händler durchschnittlich 200 kg Gemüse. Die Preise sind auf allen Märkten gleich:

Gemüse	Möhren	Kartoffeln	Bohnen	Zwiebeln	Paprika	Tomaten
Preis [EUR/kg]	1,50	1,00	2,00	0,80	3,00	3,50

Aufgrund der örtlichen Gegebenheiten sind die Marktstände auf allen drei Wochenmärkten unterschiedlich groß. Die Größe der Stände und die Standgebühren sind abgebildet.

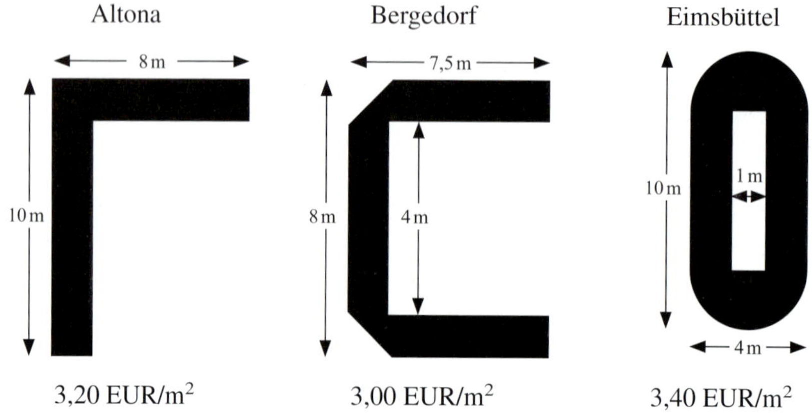

(angefangene Quadratmeter müssen voll bezahlt werden)

Für welche beiden Wochenmärkte sollte sich der Gemüsehändler entscheiden?

Situation 9

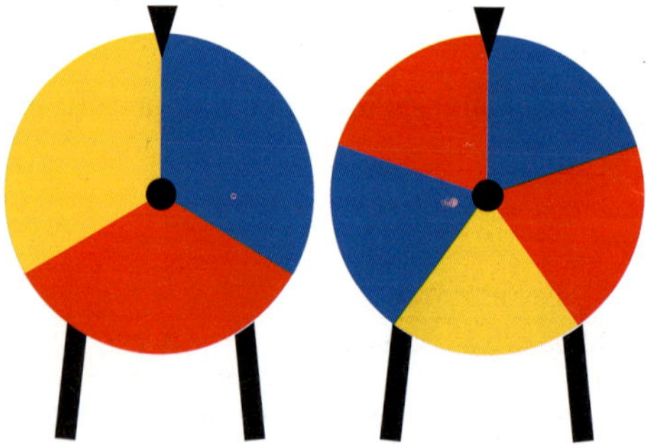

altes Glücksrad neues Glücksrad

Ein Schausteller möchte für seinen Glückspielbetrieb ein neues Glücksrad kaufen, da er der Meinung ist, dass die Kunden bei dem alten zu viel gewinnen. Der Kunde darf für 3,00 EUR zweimal hintereinander an dem Glücksrad drehen. Stoppt das Glücksrad zweimal auf der gleichen Farbe, gewinnt er einen Preis im Wert von 8,00 EUR.

Die Frau des Schaustellers ist dagegen, weil Sie der Meinung ist, dass das neue Glücksrad noch schlechter für den Schaustellerbetrieb wäre. Schlichten Sie den Streit zwischen dem Ehepaar.

Situation 10

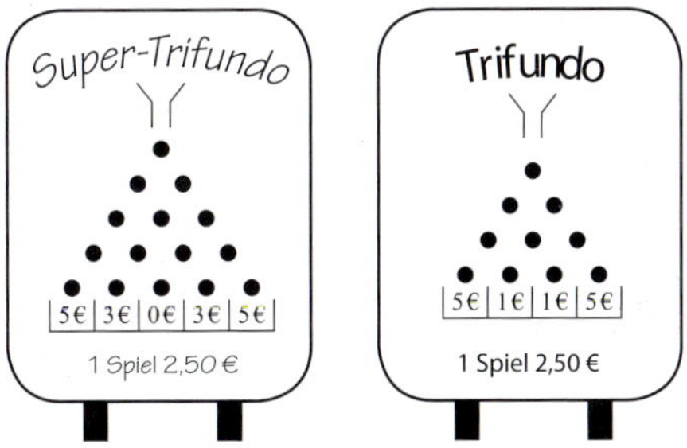

Ein Hersteller von Glücksspielgeräten bietet zwei ähnliche Automaten an. Der Spieler erhält bei einem Einsatz von 2,50 EUR eine Kugel, die er oben in den Trichter fallen lässt. Je nachdem, in welches der Fächer die Kugel fällt, erhält der Spieler den darunter angezeigten Gewinn. Während das kleine Gerät 1 500,00 EUR kostet, verlangt der Hersteller bisher für das große Gerät nur 850,00 EUR.

Überzeugen Sie einen misstrauischen Kunden davon, trotz des höheren Preises den kleineren Automaten zu kaufen.

2.5 Binomialverteilung

2.5.1 Einzelne und kumulierte Wahrscheinlichkeiten

Die **Binomialverteilung**[1] ist eine **diskrete**[2] Wahrscheinlichkeitsverteilung, bei der das zugrundeliegende Zufallsexperiment ein **Bernoulli-Experiment**[3] ist. Die Zufallsgröße X ist dann **binomialverteilt** und kann nur ganzzahlige Werte annehmen. Die Wahrscheinlichkeiten, dass X einen bestimmten Wert k annimmt, lässt sich mit der **Formel von Bernoulli berechnen:**

$$P(X = k) = B_{n;p}(k) = \binom{n}{k} \cdot p^k \cdot (1 - p)^{n-k}$$

Formel von Bernoulli (Einzelwahrscheinlichkeiten)

Situation 1

In einem Schnellrestaurant wird Bratwurst verkauft. 75 % aller Gäste essen ihre Bratwurst mit Senf ●, die restlichen mit Ketchup ●.

a) Wie groß ist die Wahrscheinlichkeit, dass von drei zufällig befragten Gästen, alle drei ihre Bratwurst mit Senf essen werden?

b) Wie groß ist die Wahrscheinlichkeit, dass von drei zufällig befragten Gästen, genau zwei Gäste ihre Bratwurst mit Senf essen werden?

c) Wie groß ist die Wahrscheinlichkeit, dass von 20 zufällig befragten Gästen genau 15 Gäste ihre Bratwurst mit Senf essen werden?

---

[1] Die einzelnen Wahrscheinlichkeiten lassen sich mithilfe des Binomialkoeffizienten berechnen.
[2] vgl. S. 113
[3] vgl. S. 106

Lösung (Algebra)

a) Dieser Aufgabenteil lässt sich mit einem Baumdiagramm einfach lösen.

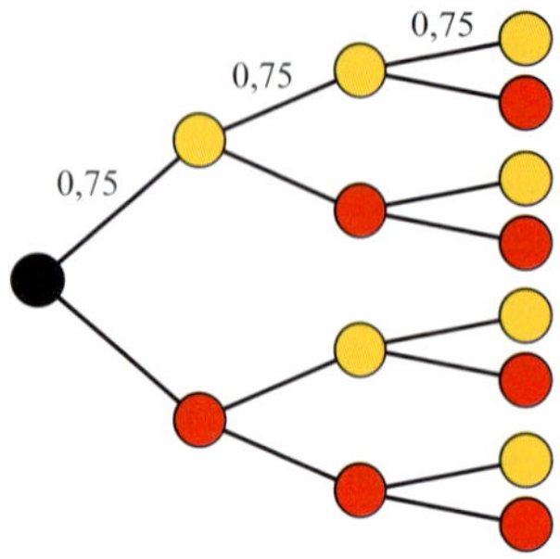

$0{,}75 \cdot 0{,}75 \cdot 0{,}75 = 0{,}75^3 = 0{,}421875$

Gemäß der **ersten Pfadregel** beträgt die Wahrscheinlichkeit, dass alle drei Gäste ihre Bratwurst mit Senf essen werden, 42,1875 %.

b) Auch dieser Aufgabenteil lässt sich mit dem Baumdiagramm lösen. Es gibt drei Möglichkeiten, dass zwei der drei Gäste die Bratwurst mit Senf essen werden. Entweder der Erste und der Zweite, oder der Erste und der Dritte, oder der Zweite und der Dritte. Zunächst wird für jede der drei Möglichkeiten die Wahrscheinlichkeit mithilfe des Baumdiagramms und der ersten Pfadregel berechnet.

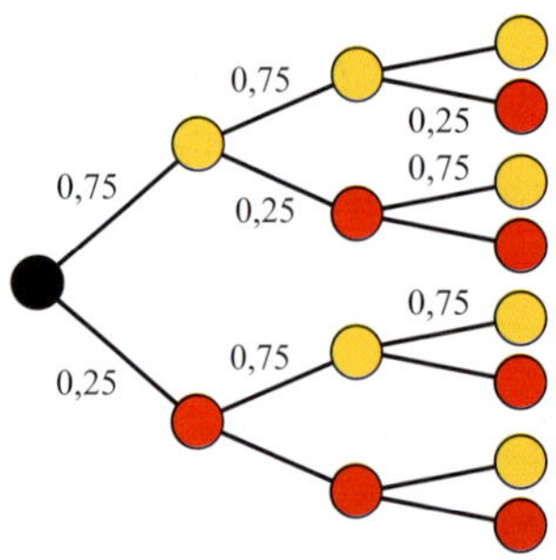

$0{,}75 \cdot 0{,}75 \cdot 0{,}25 = 0{,}75^2 \cdot 0{,}25 = 0{,}140625$

$0{,}75 \cdot 0{,}25 \cdot 0{,}75 = 0{,}75^2 \cdot 0{,}25 = 0{,}140625$

$0{,}25 \cdot 0{,}75 \cdot 0{,}75 = 0{,}75^2 \cdot 0{,}25 = 0{,}140625$

Gemäß der **zweiten Pfadregel** beträgt die Möglichkeit, dass zwei der drei Gäste ihre Bratwurst mit Senf essen werden, 42,1875 % (14,0625 % · 3).

c) Theoretisch ließe sich auch dieser Aufgabenteil mithilfe eines Baumdiagramms lösen. Allerdings wäre dies sehr aufwändig und unübersichtlich, da es bei 20 Gästen und zwei Auswahlmöglichkeiten (Senf oder Ketchup) bereits $2^{20} = 1\,048\,576$ mögliche Ausgänge gibt.
Zukünftig sollen ähnliche Fragestellungen ohne ein Baumdiagramm gelöst werden. Zum besseren Verständnis wird zunächst Aufgabenteil b) erneut betrachtet. Hier wurde $P(\text{zweimal Senf}) = 3 \cdot 0{,}75^2 \cdot 0{,}25 = 0{,}421875$ berechnet. Statt $P(\text{zweimal Senf})$ ist es auch möglich die Anzahl der „Treffer" (Personen, die die Bratwurst mit Senf essen) als $P(X = 2)$ zu schreiben. Die Anzahl der Treffer wird in der Regel als k bezeichnet.

Da drei Gäste befragt wurden, ist der Stichprobenumfang $n = 3$. Innerhalb dieser Stichprobe sollten genau zwei „Treffer" auftreten.

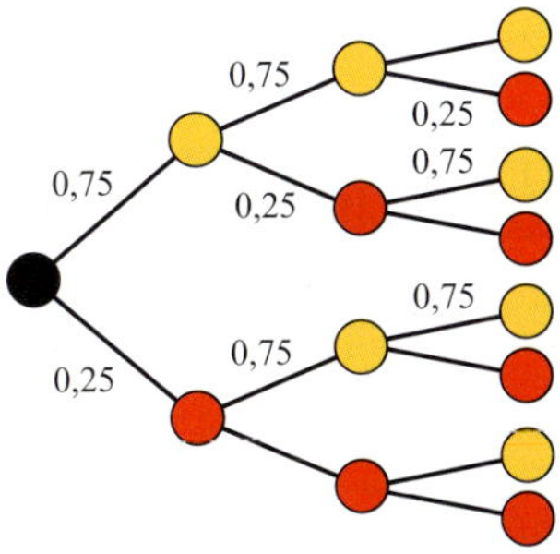

Jeder der drei relevanten Äste hat die Länge $n = 3$. Auf allen drei Ästen treten jeweils $k = 2$ „Treffer“ mit einer Wahrscheinlichkeit von jeweils $p = 0{,}75$ auf. Somit gibt es auf jedem Ast n-k „Nieten“ mit einer Wahrscheinlichkeit von jeweils $0{,}25 = 1 - p$.

Die Anzahl der Möglichkeiten aus einer Stichprobe mit dem Umfang n genau k Treffer ohne Berücksichtigung der Reihenfolge zu erhalten lässt sich mit dem **Binomialkoeffizienten**[1] $\binom{n}{k} = \frac{n!}{(n-k)! \cdot k!}$ berechnen.

Formal ausgedrückt ergibt sich somit

$$P(X = k) = B_{n;p}(k) = \binom{n}{k} \cdot p^k \cdot (1-p)^{n-k}.$$

Zur Probe: $P(X = 2) = B_{3;0,75}(2) = \binom{3}{2} \cdot 0{,}75^2 \cdot (1 - 0{,}75)^{3-2}$

$$= \frac{3!}{(3-2)! \cdot 2!} \cdot 0{,}75^2 \cdot 0{,}25 = 0{,}421875$$

Mithilfe der Formel von Bernoulli lässt sich Aufgabenteil c) relativ leicht lösen. Gesucht sind $k = 15$ Treffer aus einer Stichprobe mit dem Umfang $n = 20$, wobei die Wahrscheinlichkeit p für einen Treffer 0,75 beträgt.

$$P(X = 15) = B_{20;0,75}(20) = \binom{20}{15} \cdot 0{,}75^{15} \cdot 0{,}25^5 =$$

$$\frac{20!}{(20-15)! \cdot 15!} \cdot 0{,}75^{15} \cdot 0{,}25^5 \approx 0{,}2023$$

Die Wahrscheinlichkeit, dass von 20 zufällig ausgewählten Gästen genau 15 ihre Bratwurst mit Senf essen, beträgt somit etwa 20 %.

Lösung (GTR)

Der GTR kann Wahrscheinlichkeiten für Ereignisse, für die die Formel $B_{n;p}(k)$ gilt, direkt berechnen.

GTR
Anhang 16

[2nd] **[DISTR] A:binompdf** mit [ENTER] auswählen und die Werte für n, p und k durch [,] getrennt eingeben. Die Eingabe durch [)] beenden. [ENTER] liefert die Wahrscheinlichkeit.	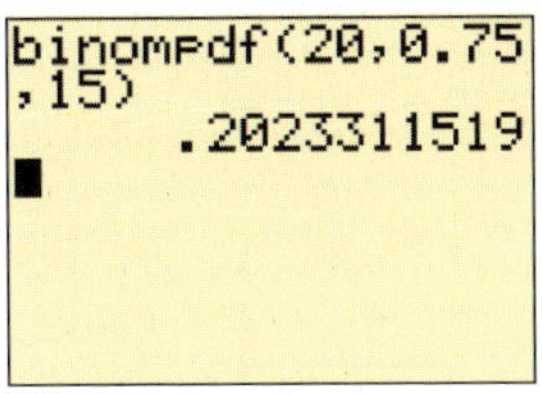

Wahrscheinlichkeitsverteilungen binomialverteilter Zufallsgrößen werden häufig als Histogramme dargestellt. Dies kann mit dem GTR auch für große Stichprobenumfänge sehr einfach realisiert werden.

---

[1] Herleitung auf S. 97 ff.

Anhang 4

Beispiel zu Situation 1

Als erstes müssen alle Werte für *k* mit STAT 1:Edit in die Liste L1 eingegeben werden. Das Ausfüllen der Listen kann automatisch vorgenommen werden und ist bei größeren Stichprobenumfängen sehr sinnvoll.

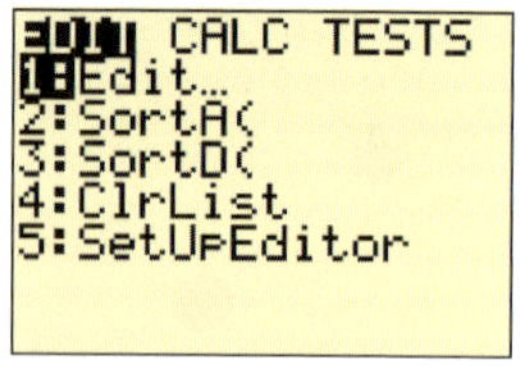

Markieren Sie dafür den Listenkopf von L1 und rufen Sie durch 2nd [STAT] OPS 5:seq(den Befehl auf. Nun müssen Sie durch , getrennt die Folge, die Variable, den Startwert, den Endwert und die Schrittweite eingeben.) beendet die Eingabe, ENTER füllt die Liste aus. In diesem Fall seq(X+1,X,-1,19,1).

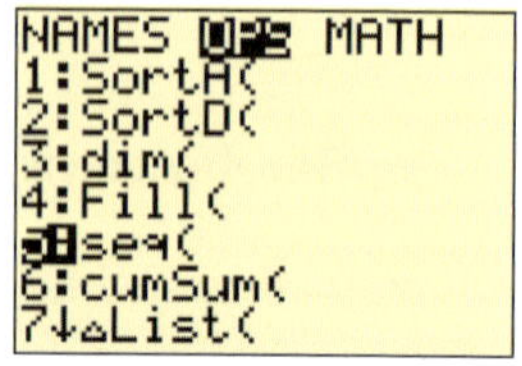

Markieren Sie den Listenkopf von L2 und lassen Sie für jeden Wert durch 2nd [DISTR] A:binopdf(20,0.75,L1) ENTER berechnen.

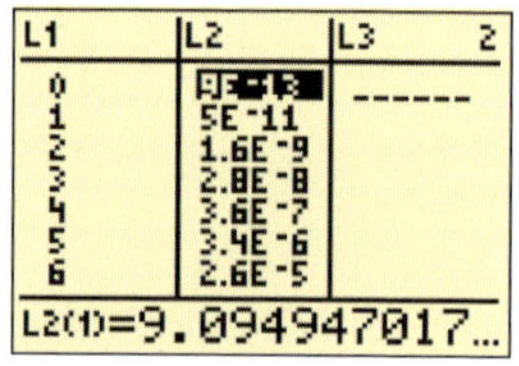

Anschließend wählen Sie mit 2nd [STAT PLOT] 1:Plot1 den Statistikplotter aus und nehmen die Einstellungen nach den drei Abbildungen vor.

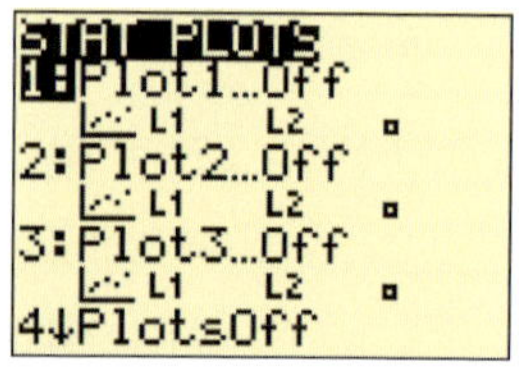

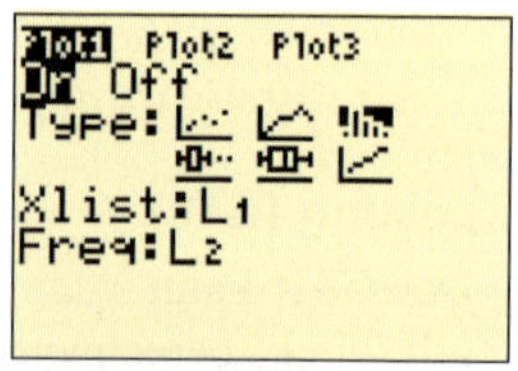

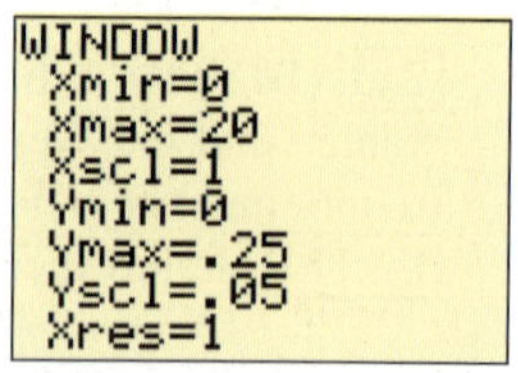

GRAPH liefert dann das gewünschte Histogramm.

Hinweis:
Sie müssen vorher alle Eingaben im Y-Editor löschen!

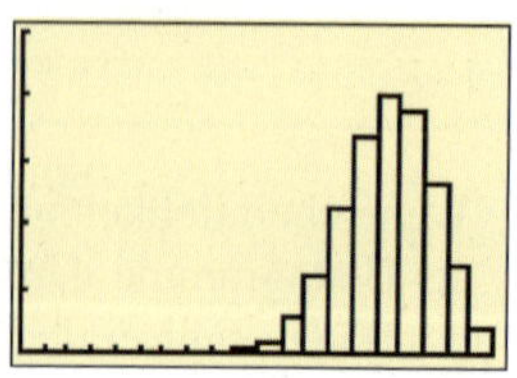

Histogramme von Wahrscheinlichkeitsverteilungen binomialverteilter Zufallsgrößen ändern in Abhängigkeit der Wahrscheinlichkeit p ihre Form. Für $p = 0{,}5$ sind sie symmetrisch zum **Erwartungswert**. Ist $p < 0{,}5$ sind sie „linkssteil“, für $p > 0{,}5$ sind sie „rechtssteil“.

Binomialverteilung $n = 20$

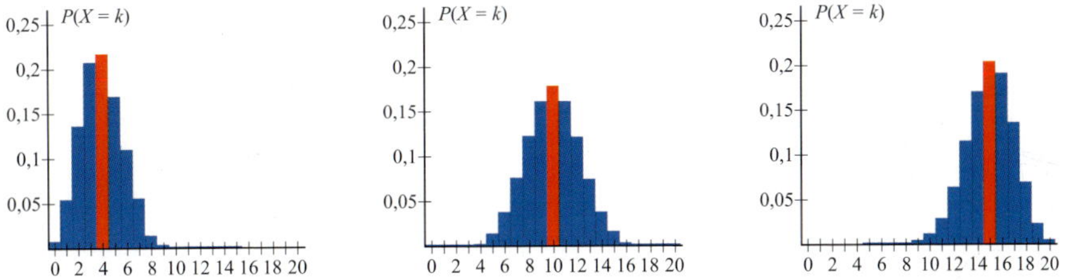

linkssteil $p_{\text{links}} = 0{,}25$ symmetrisch $p = 0{,}5$ rechtssteil $p_{\text{rechts}} = 0{,}75$

Die linkssteile und die rechtssteile Verteilung sind spiegelverkehrt zueinander für $p_{\text{links}} + p_{\text{rechts}} = 1$.
Deshalb gilt: $B_{20;0{,}25}(2) = 0{,}0669 = B_{20;0{,}75}(18)$ oder allgemein:
$B_{n;p}(k) = B_{n;1-p}(n-k)$.
Häufig ist die Wahrscheinlichkeit gesucht, dass bei einer Stichprobe mehr als k Treffer $P(X > k)$, weniger als k Treffer $P(X < k)$, mindestens k Treffer $P(X \geq k)$ oder höchstens k Treffer $P(X \leq k)$ auftreten. Die bisherige Formel erlaubt es jedoch nur, Wahrscheinlichkeiten für genau k, also $P(X = k)$ Treffer zu berechnen.
Allgemein gilt für kumulierte[1] Wahrscheinlichkeiten:

$$P(X \leq k) = F_{n;p}(k) = \sum_{k=0}^{k} \binom{n}{k} \cdot p^k \cdot (1-p)^{n-k}$$

Formel von Bernoulli
(kumulierte[1] Wahrscheinlichkeiten)

Situation 2

In dem Schnellrestaurant werden neben Bratwurst auch Pommes frites verkauft. 40 % aller Gäste bestellen die Pommes frites mit Mayonnaise, die restlichen 60 % mit Ketchup. Wie groß ist die Wahrscheinlichkeit, dass höchstens drei von zehn Kunden die Pommes frites mit Mayonnaise bestellen.

Lösung (Algebra)

Gesucht ist in diesem Fall die Wahrscheinlichkeit für $P(X \leq 3)$. Gesucht ist also die Wahrscheinlichkeit, dass entweder niemand, genau ein, genau zwei oder genau drei Kunden ihre Pommes frites mit Mayonnaise bestellen. So müssen vier Einzelwahrscheinlichkeiten berechnet und anschließend addiert werden.

$$P(X \leq 3) = \sum_{k=0}^{3} P(X = k) = P(X = 0) + P(X = 1) + P(X = 2) + P(X = 3)$$
$$= F_{10;0{,}4}(3) \approx 0{,}006 + 0{,}0403 + 0{,}1209 + 0{,}215 = 0{,}3822 = 38{,}22\,\%$$

Die Wahrscheinlichkeit, dass höchstens drei Kunden die Pommes frites mit Mayonnaise bestellen, beträgt etwa 38,22 %. Die Einzelwahrscheinlichkeiten wurden auf jeweils vier Stellen nach dem Komma gerundet.

[1] anhäufen oder aufaddieren

Anhang 17

Lösung (GTR)

Wahrscheinlichkeiten für Ereignisse, die sich mithilfe der Formel $F_{n;p}(k)$ beschreiben lassen, können mit dem GTR berechnet werden.

[2nd] [DISTR] B:binomcdf(mit [ENTER] auswählen und die Werte für n, p und k durch [,] getrennt eingeben. Die Eingabe durch [)] beenden. [ENTER] liefert die Wahrscheinlichkeit.	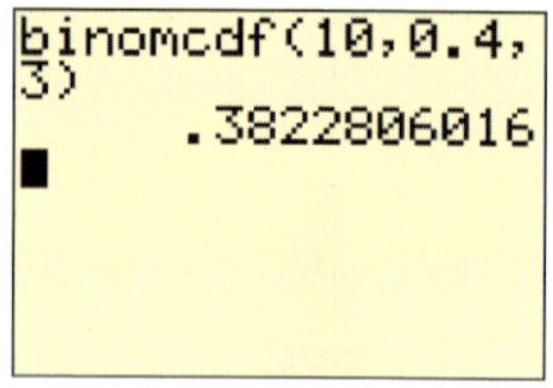

Die Abweichung zur algebraischen Lösung ergibt sich aus dem Runden der Einzelwahrscheinlichkeiten.

Neben $P(X \leq k)$ gibt es noch drei weitere Grundfälle $\left(P(X < k),\ P(X > k),\ P(X \geq k)\right)$, und vier sich daraus ergebende Variationen. Diese insgesamt sieben Möglichkeiten lassen sich jedoch auf die Formel von Bernoulli für kumulierte Wahrscheinlichkeiten $P(X \leq k) = F_{n;p}(k) = \sum_{k=0}^{k} \binom{n}{k} \cdot p^k \cdot (1-p)^{n-k}$ zurückführen.[2]

Zusammenfassung

Lassen sich für die Zufallsgröße X die einzelnen Wahrscheinlichkeiten mit der Formel $P(X = k) = B_{n;p}(k) = \binom{n}{k} \cdot p^k \cdot (1-p)^{n-k}$ berechnen und gilt $k \leq n$ sowie $k \in \{0; 1; 2; \ldots; n\}$, so ist die Zufallsgröße X **binomialverteilt**.

Kumulierte Wahrscheinlichkeiten lassen sich dann mithilfe der Formel

$$P(X \leq k) = F_{n;p}(k) = \sum_{k=0}^{k} \binom{n}{k} \cdot p^k \cdot (1-p)^{n-k}$$ berechnen.

Da die Zufallsgröße X von den Parametern n, p und k abhängig ist, wird statt $P(X = k)$ häufig $B_{n;p}(k)$ und für $P(X \leq 3)$ meist $F_{n;p}(k)$ verwendet. Wobei B für die **„einfache" Binomialverteilung** und F für die **kumulierte Binomialverteilung** steht.

Ablesen aus den Tabellen zur Binomialverteilung

Die Binomialverteilung wurde in der Literatur erstmalig 1911 von dem schottischen Statistiker George Udny Yule erwähnt, bekannt ist sie jedoch schon seit dem 17. Jahrhundert. Zu Beginn des 20. Jahrhunderts und natürlich auch drei Jahrhunderte vorher zu Zeiten Bernoullis, waren die rechnerischen Möglichkeiten deutlich beschränkter als heute.

[2] vgl. S. 140

Da weder Computer oder Taschenrechner bereits erfunden waren, mussten sämtliche Wahrscheinlichkeiten händisch berechnet werden. Da dies bei großen Stichproben häufig sehr lange dauerte und die Binomialverteilung in der Mathematik eine wichtige Rolle spielt, wurden für bestimmte Stichprobenumfänge Tabellen angefertigt, aus denen die gesuchten Wahrscheinlichkeiten abgelesen werden konnten.

Auch heute werden diese Tabellen noch häufig verwandt, da nicht alle Taschenrechner die benötigten Funktionen zur Berechnung einzelner oder kumulierter Wahrscheinlichkeiten beherrschen.

Im Folgenden wird daher für $P(X = k)$ beispielhaft erläutert, wie sich bestimmte Wahrscheinlichkeiten aus solchen Tabellen ablesen lassen. Der Ablesevorgang für Wahrscheinlichkeiten der Form $P(X \leq k)$ lässt sich auf die entsprechenden Tabellen übertragen. Im Anhang befinden sich zahlreiche Tabellen für $B_{n;p}(k)$ und $F_{n;p}(k)$.

Ablesen einfacher Wahrscheinlichkeiten

Zur Berechnung einfacher Wahrscheinlichkeiten werden die Parameter n, p und k benötigt. Gesucht ist die Wahrscheinlichkeit, dass bei der Entnahme von zehn Gummibärchen aus laufender Produktion genau fünf rot sind, wenn die Wahrscheinlichkeit für rot 25 % beträgt $\left(B_{10;0,25}(5)\right)$.

Gemäß der Formel von Bernoulli ergibt sich:

$$P(X = 5) = \binom{10}{5} \cdot 0{,}25^{5} \cdot (1 - 0{,}75)^{10-5} \approx 0{,}0584$$

$$P(X = k) = B_{n;p}(k) = \binom{n}{k} \cdot p^{k} \cdot (1 - p)^{n-k}$$

				p				
n	***k***	**0,01**	**0,05**	**0,1**	**0,25**	**0,5**		
10	**0**	0,9044	5987	3487	0563	0010	**10**	10
	1	0914	3151	3874	1877	0098	**9**	
	2	0042	0746	1937	2816	0439	**8**	
	3	0001	0105	0574	2503	1172	**7**	
	4		0010	0112	1460	2051	**6**	
	5		0001	0015	0584	2461	**5**	
	6			0001	0162	2051	**4**	
	7				0031	1172	**3**	
	8				0004	0439	**2**	
	9					0098	**1**	
	10					0010	**0**	
		0,99	**0,95**	**0,9**	**0,75**	**0,5**	***k***	***n***
				p				

Hinweis:
Nicht aufgeführte Werte sind auf vier Stellen nach dem Komma gerundet null.

Ist die Wahrscheinlichkeit für einen Treffer größer als 0,5, müssen die Werte mit den dunkelgelb hinterlegten Werten bestimmt werden: $B_{10;0,9}(8) \approx$ **0,1937**

Übungsaufgaben

Hinweis: Lesen Sie bei Bedarf vorher das Kapitel 2.5.2.

1 Mit einer Wahrscheinlichkeit von 1 % ist eine Sicherung in einem Elektrogerät defekt. Wie groß ist die Wahrscheinlichkeit, dass unter 200 kontrollierten Geräten

a) genau zwei eine defekte Sicherung haben?

b) zwei oder drei eine defekte Sicherung haben?

c) mindestens zwei aber höchstens fünf eine defekte Sicherung haben?

2 Für die Vorstandwahl einer Aktiengesellschaft stehen sechs Frauen und vier Männer zur Wahl. Es sollen sechs Personen in den Vorstand gewählt werden. Wie groß ist die Wahrscheinlichkeit, dass

a) alle Vorstandsmitglieder weiblich sind?

b) das Geschlechterverhältnis ausgeglichen ist?

c) mehr Frauen als Männer in den Vorstand gewählt werden?

3 In einem Restaurant werden drei unterschiedliche Desserts angeboten. 40 % aller Gäste wählen Eis, ein Viertel Pudding, die übrigen Gäste entscheiden sich für Kuchen. Wie groß ist die Wahrscheinlichkeit, dass unter 50 Gästen

a) genau 15 Kuchen bestellen werden?

b) genau 25 Pudding oder Kuchen bestellen werden?

c) genau 30 keinen Pudding bestellen werden?

4 In einem Industrieunternehmen werden maschinell Weingläser produziert. In 15 % aller produzierten Gläser befinden sich Lufteinschlüsse, so dass sie unverkäuflich sind und wieder eingeschmolzen werden. Wie groß ist die Wahrscheinlichkeit, dass unter 250 kontrollierten Gläsern

a) mehr als 80 % einwandfrei sind?

b) höchstens 40 wieder eingeschmolzen werden müssen?

c) mindestens 200 aber maximal 90 % einwandfrei sind?

5 In einem Industriebtrieb werden Gummibärchen à 6,25 g in rot, grün, gelb und weiß zu gleichen Teilen produziert, gemischt und anschließend in Tüten à 250 g verpackt. Wie groß ist die Wahrscheinlichkeit, dass in einer zufällig ausgewählten Tüte

a) genau 25 % aller Bärchen rot sind.

b) der Anteil roter Bärchen größer ist, als er gemäß der Produktion sein sollte?

c) der Anteil roter Bärchen mehr als 50 % beträgt?

6

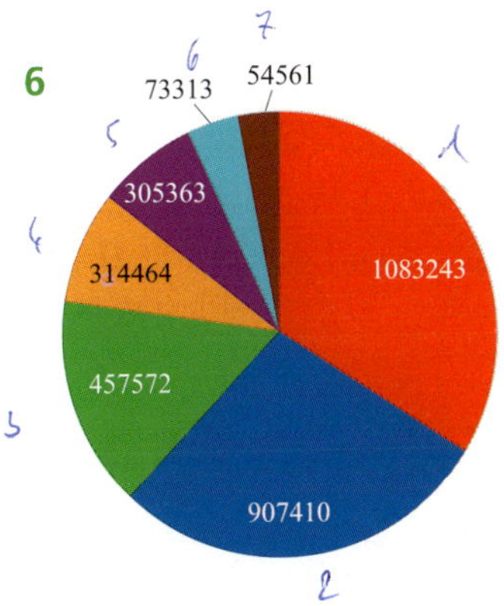

Ein Automobilkonzern produziert zum 100-jährigen Jubiläum einen Kleinwagen als Sondermodell. Wie groß ist anhand der Werte aus dem Vorjahr (Kreisdiagramm) die Chance, dass von 100 Kunden

a) genau drei Viertel eine der drei häufigsten Farben bestellen?

b) mehr als jeder fünfte Kunde ein rotes Auto bestellt?

c) kein Kunde ein gelbes oder grünes Auto bestellt?

7 Bei einem großen Industrieunternehmen haben sich mehr als 1 000 Personen auf zehn freie Ausbildungsplätze beworben. Die Bewerber sollen daher im Rahmen eines Ankreuztests überprüft werden. Zur Wahl stehen 20 Fragen mit jeweils zwei oder 14 Fragen mit jeweils drei Antwortmöglichkeiten. Für welchen der Tests sollte sich der Bewerber entscheiden, wenn er nur rät und zum Bestehen mehr als die Hälfte der Fragen richtig beantwortet werden muss?

8 Im aktuellen Jahr beförderte ein Nahverkehrsbetrieb bisher 3 437 500 Fahrgäste. Durch regelmäßige Kontrollen wurden 27 500 Schwarzfahrer auf frischer Tat ertappt. Insgesamt stiegen die Einnahmen aus den Bußgeldern im Vergleich zum Vorjahreszeitraum um 10 %. Damals betrugen sie eine Million Euro. Wie groß ist die Wahrscheinlichkeit, dass die Einnahmen aus Bußgeldern in einem voll besetzten Bus mit 50 Sitzplätzen

a) genau 120,00 EUR betragen?

b) mehr als 180,00 EUR betragen?

c) weniger als 240,00 EUR betragen?

9 In einem Musikfachgeschäft wird das neue Album eines Künstlers als Standard-CD oder limitierte Version mit zusätzlicher DVD verkauft. Lediglich 20 % aller Kunden entscheiden sich für die limitierte Version, die mit 19,50 EUR genau 30 % teurer ist als die Standard-CD. Wie groß ist die Wahrscheinlichkeit, dass die Einnahmen bei 100 verkauften Einheiten

a) genau 1 590,00 EUR betragen, wenn viermal so viel Standard-CDs wie limitierte Versionen verkauft werden?

b) größer als 1 500,00 EUR sein werden?

10 Ein Pharmakonzern hat ein neues Medikament gegen Kopfschmerzen entwickelt. Vor der Markteinführung wurde das Medikament an 1 400 Probanden getestet. Die überwiegende Zahl der Versuchspersonen gab an, dass die Kopfschmerzen nach der Einnahme des Medikaments vollständig verschwunden waren. Allerdings klagten auch zahlreiche Probanden über Nebenwirkungen.

	kN	Ü	N	J	S
kN	1 288	0	0	0	0
Ü	0	14	5	1	0
N	0	5	35	9	13
J	0	1	9	28	0
S	0	0	13	0	7
Legende:	kN: keine Nebenwirkungen, Ü: Übelkeit, N: Nasenbluten, J: Juckreiz, S: Schwindelgefühl				

Wie groß ist die Wahrscheinlichkeit, dass unter 100 Käufern

a) maximal zehn unter Übelkeit leiden werden?

b) bei mindestens 20 aber weniger als 30 mehr als eine Nebenwirkung auftreten wird?

c) mehr als 90 % keinerlei Nebenwirkungen verspüren werden?

11 In einem Unternehmen werden schwarze Socken mithilfe einer neuartigen Strickmaschine hergestellt. Diese ist zwar deutlich schneller, jedoch hat eine von zwanzig Socken einen Webfehler. Ein Kaufhaus hat 50 Kartons zu jeweils 30 Paar bestellt. Berechnen Sie die Wahrscheinlichkeit dafür, dass

a) in einem Karton weniger als drei Socken mit Webfehlern enthalten sind.

b) ein Karton weniger als drei Paare mit Webfehlern enthält.

c) die Lieferung mehr als drei Kartons mit Webfehlern enthält.

2.5.2 Verhältniszeichen

Für die Berechnung von Wahrscheinlichkeiten binomialverteilter Zufallsgrößen gibt es nur zwei Formeln. Zum einen für **genau *k* Treffer** und zum anderen für **höchstens *k* Treffer**. Die übrigen Fälle (weniger als *k* Treffer, mehr als *k* Treffer, mindestens *k* Treffer und sämtliche Kombinationsmöglichkeiten) müssen daher auf eine der beiden Formeln zurückgeführt werden.

$$P(X = k) = B_{n;p}(k) = \binom{n}{k} \cdot p^k \cdot (1 - p)^{n-k}$$

Einzelwahrscheinlichkeiten binomialverteilter Zufallsgrößen

$$P(X \leq k) = F_{n;p}(k) = \sum_{k=0}^{k} \binom{n}{k} \cdot p^k \cdot (1 - p)^{n-k}$$

kumulierte Wahrscheinlichkeiten binomialverteilter Zufallsgrößen

Bei den Beispielen a) bis e) gelten für die Parameter n, p und k:

$n = 10$ $\qquad p = 0{,}6$ $\qquad k \in \mathbb{N}$

a) „genau 3"

Zahlenbeispiel: $P(X = 3)$

allgemeine Formel: $P(X = k)$

k	0	1	2	3	4	5	6	7	8	9	10
$P(X = k)$	0,0001	0,0016	0,0106	0,0425	0,1115	0,2007	0,2508	0,215	0,1209	0,0403	0,006
			$\Sigma =$	**0,0425**							

b) „höchstens 3"

Zahlenbeispiel: $P(X \leq 3)$

allgemeine Formel: $P(X \leq k)$

k	0	1	2	3	4	5	6	7	8	9	10
$P(X = k)$	0,0001	0,0016	0,0106	0,0425	0,1115	0,2007	0,2508	0,215	0,1209	0,0403	0,006
$\Sigma =$	**0,0548**										

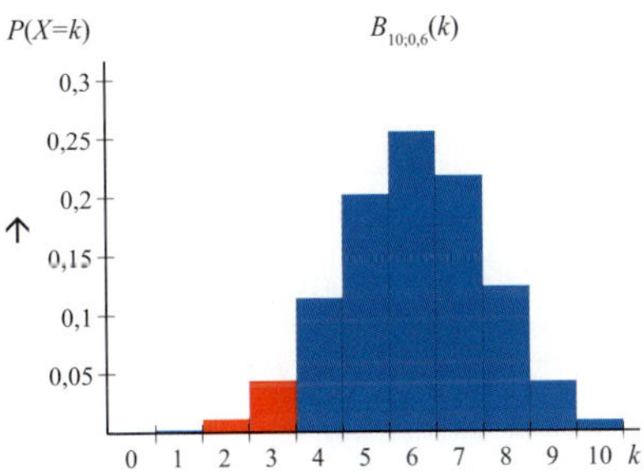

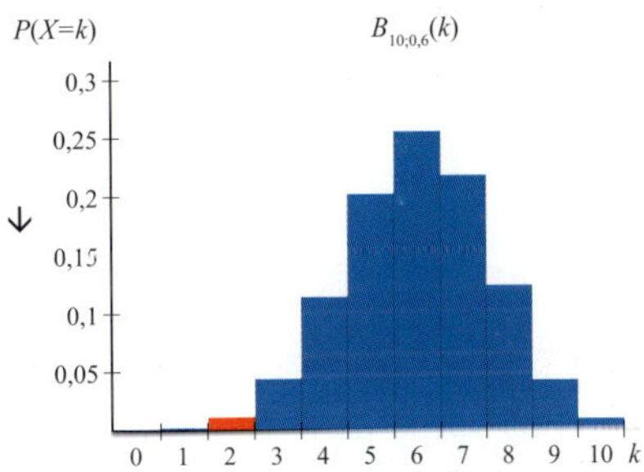

c) „weniger als 3"

Zahlenbeispiel: $P(X < 3) = P(X \leq 2)$

allgemeine Formel: $P(X < k) = P(X \leq k - 1)$

k	0	1	2	3	4	5	6	7	8	9	10
$P(X = k)$	0,0001	0,0016	0,0106	0,0425	0,1115	0,2007	0,2508	0,215	0,1209	0,0403	0,006
$\Sigma =$	**0,0123**										

d) „mindestens 3"

Zahlenbeispiel:
$P(X \geq 3) = 1 - P(X \leq 2)$

allgemeine Formel:
$P(X \geq k) = 1 - P(X \leq k - 1)$

k	0	1	2	3	4	5	6	7	8	9	10
$P(X = k)$	0,0001	0,0016	0,0106	0,0425	0,1115	0,2007	0,2508	0,215	0,1209	0,0403	0,006
$\Sigma =$				0,9877							

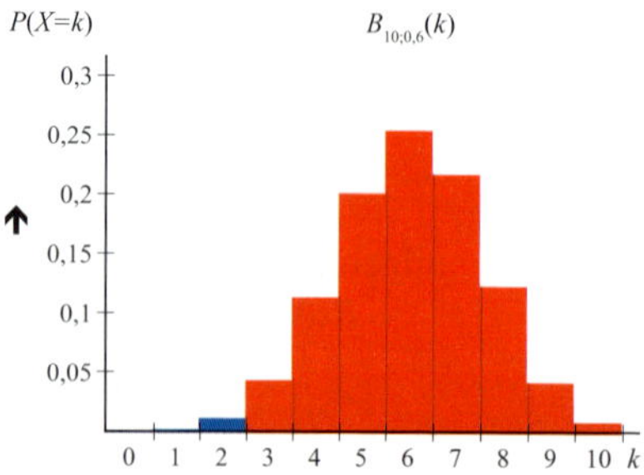

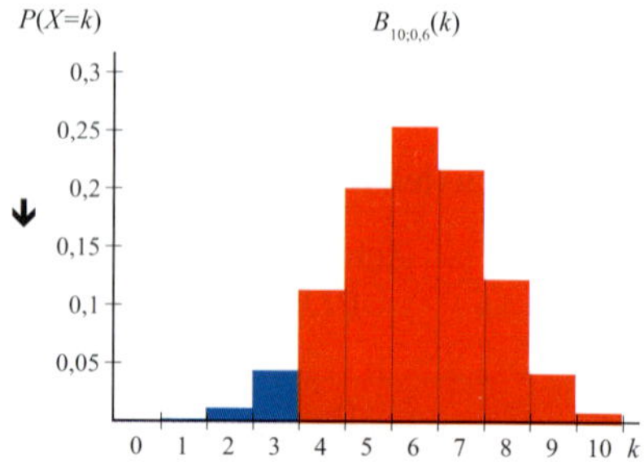

e) „mehr als 3"

Zahlenbeispiel:
$P(X > 3) = 1 - P(X \leq 3)$

allgemeine Formel:
$P(X > k) = 1 - P(X \leq k)$

k	0	1	2	3	4	5	6	7	8	9	10
$P(X = k)$	0,0001	0,0016	0,0106	0,0425	0,1115	0,2007	0,2508	0,215	0,1209	0,0403	0,006
$\Sigma =$					0,9452						

Kombination der Verhältniszeichen

Bei den Beispielen f) bis i) gelten für die Parameter n, p, + k, a und b:

$n = 10$ $\qquad p = 0,6$ $\qquad k, a \in \mathbb{N} \wedge b \in \mathbb{N}^*$

f) „mehr als drei und höchstens 6"

Zahlenbeispiel:
$P(3 < X \leq 6) =$
$P(X \leq 6) - P(X \leq 3)$

allgemeine Formel:
$P(a < X \leq b) =$
$P(X \leq b) - P(X \leq a)$

k	0	1	2	3	4	5	6	7	8	9	10
$P(X = k)$	0,0001	0,0016	0,0106	0,0425	0,1115	0,2007	0,2508	0,215	0,1209	0,0403	0,006
$\Sigma =$					0,563						

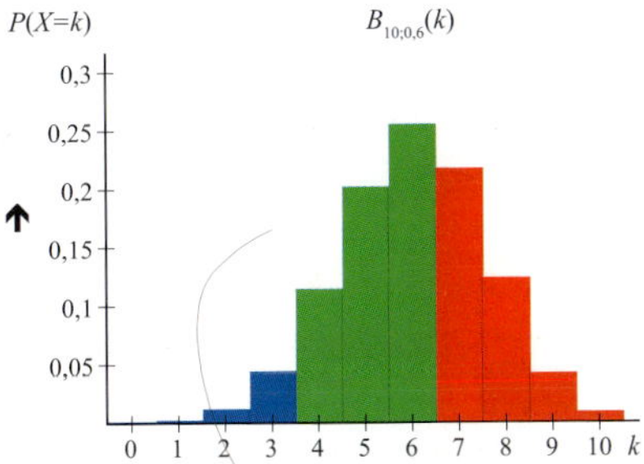

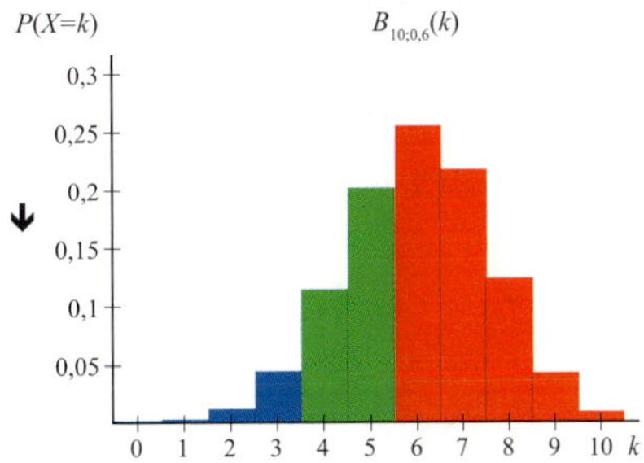

g) „mehr als 3 und weniger als 6"

Zahlenbeispiel:
$P(3 < X < 6) =$
$P(X \leq 5) - P(X \leq 3)$

allgemeine Formel:
$P(a < X < b) =$
$P(X \leq b - 1) - P(X \leq a)$

k	0	1	2	3	4	5	6	7	8	9	10
$P(X = k)$	0,0001	0,0016	0,0106	0,0425	0,1115	0,2007	0,2508	0,215	0,1209	0,0403	0,006

$\Sigma =$ **0,3122**

h) „mindestens 3 und höchstens 6"

Zahlenbeispiel:
$P(3 < X \leq 6) =$
$P(X \leq 6) - P(X \leq 2)$

allgemeine Formel:
$P(a \leq X \leq b) =$
$P(X \leq b) - P(X \leq a - 1)$

k	0	1	2	3	4	5	6	7	8	9	10
$P(X = k)$	0,0001	0,0016	0,0106	0,0425	0,1115	0,2007	0,2508	0,215	0,1209	0,0403	0,006

$\Sigma =$ **0,6055**

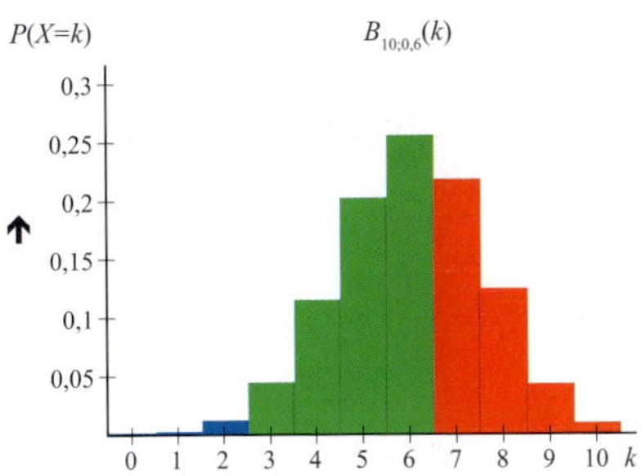

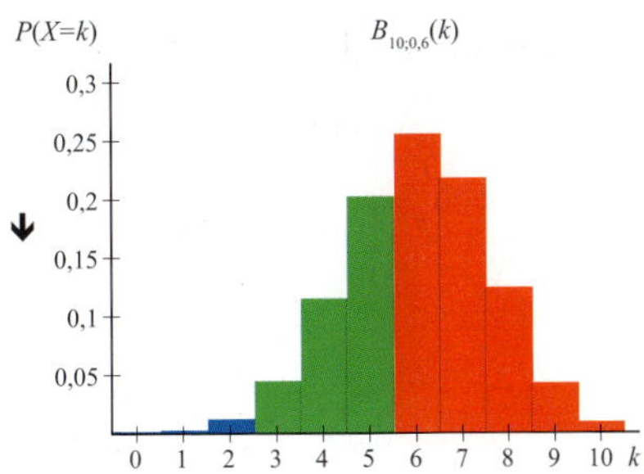

i) „mindestens 3 du weniger als 6"

Zahlenbeispiel:
$P(3 \leq X < 6) =$
$P(X \leq 5) - P(X \leq 2)$

allgemeine Formel:
$P(a \leq X < b) =$
$P(X \leq b - 1) - P(X \leq a - 1)$

k	0	1	2	3	4	5	6	7	8	9	10
$P(X = k)$	0,0001	0,0016	0,0106	0,0425	0,1115	0,2007	0,2508	0,215	0,1209	0,0403	0,006
			$\Sigma =$		**0,3547**						

Symbolik für das Intervall	Bezeichnung für das Intervall	X liegt im Intervall wenn	umgangssprachliche Beschreibung
$[0; k]$	(ab)geschlossen	$X \leq k$	höchstens k
$[0; k)$	(rechtsseitig) halboffen	$X < k$	weniger als k
$[k; n]$	(ab)geschlossen	$X \geq k$	mindestens k
$(k; n]$	(linksseitig) halboffen	$X > k$	mehr als k
$(a; b]$	(linksseitig) halboffen	$a < X \leq b$	mehr als a und höchstens b
$(a; b)$	offen	$a < X < b$	mehr als a und weniger als b
$[a; b]$	(ab)geschlossen	$a \leq x \leq b$	mindestens a und höchstens b
$[a; b)$	(rechtsseitig) halboffen	$A \leq X < b$	mindestens a und weniger als b

Übungsaufgaben

1 Berechnen Sie für $n = 30$ und $p = 0{,}4$.

a) $P(X = 15)$
b) $P(X > 12)$
c) $P(X \leq 24)$
d) $P(X < 3)$
e) $P(X \geq 10)$
f) $P(X < n)$
g) $P(X = n \cdot p)$
h) $P(X \leq 40p)$
i) $P(X > 100p^2)$

2 Berechnen Sie für $n = 25$ und $p = 0{,}2$.

a) $P(10 < X < 15)$
b) $P(8 \leq X \leq 12)$
c) $P(4 \leq X < 9)$
d) $P(5 < X \leq 10)$
e) $P(17 \geq X > 11)$
f) $P(10p \leq X < n - 10)$
g) $P(n \cdot p > X > 2)$
h) $P\left(10p^2 \cdot \sqrt{n} \leq X \leq 10 \cdot B_{2;0,5}(1)\right)$
i) $P\left(\frac{\sqrt{n}}{10} + \sqrt{\frac{n}{10p} - \frac{n}{100}} < X \leq 30p\right)$

3 Berechnen Sie jeweils die Wahrscheinlichkeit.

a) $n = 10;\ p = 0{,}8;\ k = 7$
b) $n = 20;\ p = 0{,}5;\ k < 9$
c) $n = 75;\ p = \frac{4}{7};\ k \geq 40$
d) $n = 15;\ p = \frac{5}{n};\ k > 2$
e) $n = 49;\ p = \sqrt{n}\,\%;\ k \leq 3$
f) $n = 24;\ p = 0{,}35;\ 10 < k < 14$
g) $n = 100;\ p = 0{,}75;\ 70 \leq k \leq 80$
h) $n = 35;\ p = \frac{n}{10k};\ 6 < k < 8$
i) $n = 27;\ p = \frac{\sqrt[3]{n}}{4},\ 0 < k < 21$

2.5.3 Erwartungswert binomialverteilter Zufallsgrößen

Grundsätzlich lässt sich der Erwartungswert $E(X)$ bei der Binomialverteilung mit der gleichen Formel[1)] berechnen wie bei jeder anderen Wahrscheinlichkeitsverteilung.

Situation 3

Im Rahmen eines Konsumententests werden vier Personen ($n = 4$) befragt, ob sie bei einem neuen umweltfreundlichen Reinigungsmittel Zitronen- oder Apfelduft bevorzugen. Da nur zwei Varianten zur Wahl stehen, beträgt die Wahrscheinlichkeit für beide Varianten jeweils 50 % (**$p = 0{,}5$**). Wie viele Personen, die den Zitronenduft bevorzugen sind zu erwarten?

Lösung

x_i	0	1	2	3	4
$P(X = x_i)$	0,0625	0,25	0,375	0,25	0,0625

Auf den ersten Blick ist zu erkennen, dass die Wahrscheinlichkeit dafür, dass sich genau zwei Personen für den Zitronenduft entscheiden mit 37,5 % am größten ist. Dies deckt sich auch mit dem Gefühl, dass bei einer Wahrscheinlichkeit von 50 % und einer Anzahl von vier Testpersonen sich vermutlich die Hälfte, also genau zwei Personen, für den Zitronenduft entscheiden werden.

1) vgl S. 117

Die Formel für den Erwartungswert $E(X) = \sum_{i=1}^{n} x_i \cdot P(X = x_i)$ liefert das gleiche Ergebnis:

$E(X) = 0 \cdot 0{,}0625 + 1 \cdot 0{,}25 + 2 \cdot 0{,}375 + 0 \cdot 0{,}25 + 0 \cdot 0{,}0625 = 2$

Im Falle der Binomialverteilung lässt sich der Erwartungswert jedoch deutlich einfacher durch $E(X) = \mu = n \cdot p$ bestimmen.

Begründung

Teilt man den oben beschriebenen Konsumententest mit vier Personen in vier Tests mit jeweils nur einer Person auf, so handelt es sich jeweils um eine Bernoulli-Kette der Länge $n = 1$.

Die Chance, dass sich der Konsument für Zitronenduft entscheidet, beträgt 50 %. In diesem Fall gibt es **einen** Treffer. Die Wahrscheinlichkeit dass er sich nicht für Zitronenduft entscheidet beträgt ebenfalls 50 %. In diesem Fall gibt es **keinen** Treffer:

x_i	**1**	**0**
$P(X = x_i)$	**0,5** (p)	0,5 ($1 - p$)

Für den Erwartungswert $E_1(X)$ gilt dann $E_1(X) = 0 \cdot (1 - 0{,}5) + 1 \cdot 0{,}5 = 0{,}5$. Da vier gleichartige Tests durchgeführt werden, gilt für den gesamten Konsumententest mit vier Personen $E_4(X) = 4 \cdot (0 \cdot (1 - 0{,}5) + 1 \cdot 0{,}5) = 4 \cdot 0{,}5 = 2$.

Allgemein gilt also für den Erwartungswert bei der Binomialverteilung $E(X) = n \cdot p$. Da es sich um einen „besonderen“ Erwartungswert mit einer eigenen Formel handelt, wird für den Erwartungswert der Binomialverteilung in der Regel der griechische Buchstabe μ (mü) verwendet.

$$E(X) = \mu = n \cdot p$$

Erwartungswert binomialverteilter Zufallsgrößen

Übungsaufgaben

1 Bei einer Qualitätskontrolle werden 250 Energiesparlampen überprüft. Die Wahrscheinlichkeit, dass eine der Lampen nicht leuchtet, beträgt 5 %. Wie viele defekte Energiesparlampen sind zu erwarten?

2 Auf einem gebührenpflichtigen Parkplatz parken erfahrungsgemäß 15 % aller Autofahrer ohne gültigen Parkschein. Eine Mitarbeiterin des Ordnungsamtes nimmt morgens 12 Überweisungsträger mit, um sie Falschparkern hinter den Scheibenwischer zu stecken. Wie viele Autos wird die Dame vermutlich an diesem Tag kontrollieren?

3 Der Geschäftsführer eines Restaurants hat für eine Hochzeitsgesellschaft insgesamt 168 Hauptgerichte vorbereitet. Der Anteil der Fleischgerichte ist doppelt so hoch wie jener der Fischgerichte. Für wie wahrscheinlich hält es der Geschäftsführer, dass einer der Gäste Fisch bestellt?

4 Ein Einzelhändler benötigt für einen wichtigen Kunden 30 kg Austern bester Qualität. Erfahrungsgemäß sind 3 % der 60 g schweren Austern bereits tot und ungenießbar.

a) Wie viele ungenießbare Austern sind beim Einkauf zu erwarten?

b) Wie viele Austern sollte der Einzelhändler auf dem Großmarkt einkaufen, damit der Kunde erwartungsgemäß 30 kg einwandfreie Austern erhält?

5 Ein Meinungsforschungsinstitut hat 5 000 Niedersachsen telefonisch befragt, ob sie lieber Schokoladen- oder Vanillepudding essen. Dabei bevorzugten 1 460 Personen Schokoladengeschmack, die restlichen Befragten gaben im Verhältnis 6 : 4 an, dass sie entweder Vanillegeschmack bevorzugen oder gar keinen Pudding mögen. Für einen Discounter werden Stiegen mit 20 Bechern gepackt. Wie viele dieser Becher sollten Vanillepudding sein?

6 Auf der Hauptversammlung einer Aktiengesellschaft werden 1 800 Personen erwartet. Dafür werden Schinken-, Käse- und Mettbrötchen vorbereitet. In den vergangenen Jahren waren die vegetarischen Brötchen nur halb so beliebt wie die beiden anderen Varianten. Wobei die Mettbrötchen immer dreimal schneller als die Schinkenbrötchen aufgebraucht waren. Für jede Person soll ein Brötchen vorbereitet werden.
Wie viele Schinken-, Käse- und Mettbrötchen sollten jeweils vorbereitet werden?

2.5.4 Varianz und Standardabweichung binomialverteilter Zufallsgrößen

Wie beim Erwartungswert im vorherigen Kapitel können sowohl die Varianz als auch die Standardabweichung binomialverteilter Zufallsgrößen mit den bereits bekannten Formeln, wie bei anderen Wahrscheinlichkeitsverteilungen, berechnet werden.[1)]

Situation 4

Bei einer Bank nehmen aktuell 40 % aller Kunden **($p = 0{,}4$)** einen Konsumentenkredit in Anspruch, die restlichen 60 % ($1 - p = q$) sind schuldenfrei. Es werden fünf zufällig vom Computer ausgewählte Kunden im System überprüft. Wie viele Kunden mit Konsumentenkredit sind zu erwarten und welche Abweichung würden Sie als „normal“ bezeichnen.

1) vgl S. 123

Lösung

x_i	0	1	2	3	4	5
$P(X = x_i)$	0,07776	0,2592	0,3456	0,2304	0,0768	0,01024

Zunächst wird für die Berechnung der Varianz und der Standardabweichung der Erwartungswert benötigt. Dieser ist $\mu = n \cdot p = 5 \cdot 0{,}4 = 2$, also ist bei zwei von fünf Kunden zu erwarten, dass diese einen Konsumentenkredit in Anspruch nehmen.

Mithilfe der Formel $V(X) = \sum_{i=1}^{n} (x_i - \mu)^2 \cdot P(X = x_i)$ lässt sich nun die Varianz berechnen.

$V(X) = (0 - 2)^2 \cdot 0{,}07776 + (1 - 2)^2 \cdot 0{,}2592 + \ldots + (5 - 2)^2 \cdot 0{,}01024 = 1{,}2$

Für die Standardabweichung gilt $\sigma(X) = \sqrt{V(X)} = \sqrt{1{,}2} \approx 1{,}1$.

Wird der Versuch mehrfach wiederholt, beträgt die Abweichung durchschnittlich 1,1, also etwa 1 Person. Normal sind somit Ergebnisse, die im Intervall [1; 3] liegen.

i

Im Falle der Binomialverteilung lassen sich die Varianz $V(X)$ und die Standardabweichung $\sigma(X)$ jedoch deutlich einfacher mithilfe der Formeln $V(X) = n \cdot p \cdot q$ oder $\sigma(X) = \sqrt{n \cdot p \cdot q}$ bestimmen, wobei $q = 1 - p$ ist.

Begründung

Teilt man die oben beschriebene Untersuchung mit fünf Kunden in fünf Untersuchungen mit jeweils nur einem Kunden auf, so handelt es sich um je eine Bernoulli-Kette der Länge $n = 1$.

Die Chance, dass der Kunde einen Konsumentenkredit in Anspruch nimmt, beträgt 40 % (**$p = 0{,}4$**). In diesem Fall gibt es **einen** Treffer. Die Wahrscheinlichkeit, dass er schuldenfrei ist, beträgt 60 % ($1 - p = 0{,}6$). In diesem Fall gibt es **keinen** Treffer. Es gilt die nachfolgende Wahrscheinlichkeitsverteilung:

x_i	**1**	**0**
$P(X = x_i)$	**0,4 (p)**	0,6 ($1 - p$)

Für diesen besonderen Fall gilt $\mu = n \cdot p = 1 \cdot 0{,}4 = 0{,}4 = p$. In der Formel für die Berechnung der Varianz kann daher der Erwartungswert μ durch die Wahrscheinlichkeit p ersetzt werden. Es gilt:

$$V_1(X) = \sum_{i=1}^{n} (x_i - \mu)^2 \cdot P(X = x_i) = \sum_{i=1}^{n} (x_i - p)^2 \cdot P(X = x_i)$$

Bezogen auf die Wahrscheinlichkeitsverteilung ergibt sich:

$V_1(X) = (\mathbf{0} - \mathbf{0{,}4})^2 \cdot 0{,}6 + (\mathbf{1} - \mathbf{0{,}4})^2 \cdot \mathbf{0{,}4} = 0{,}24$

Da fünf gleichartige Untersuchungen durchgeführt werden, gilt für den Gesamtversuch mit fünf Kunden:

$V_5(X) = 5 \cdot \left((\mathbf{0} - \mathbf{0{,}4})^2 \cdot 0{,}6 + (\mathbf{1} - \mathbf{0{,}4})^2 \cdot \mathbf{0{,}4}\right) = 5 \cdot 0{,}24 = 1{,}2$

Allgemein gilt:

$$\begin{aligned} V(X) &= n \cdot (\mathbf{0} - \boldsymbol{p})^2 \cdot (1 - \boldsymbol{p}) + (\mathbf{1} - \boldsymbol{p})^2 \cdot \boldsymbol{p} && \text{ausmultiplizieren} \\ &= n \cdot (p^2 \cdot (1 - p) + (1 - 2p + p^2) \cdot p) && \text{ausmultiplizieren} \\ &= n \cdot (p^2 - p^3 + p - 2p^2 + p^3) && \text{zusammenfassen} \\ &= n \cdot (p - p^2) && p \text{ ausklammern} \\ &= n \cdot p \cdot (1 - p) && 1 - p \text{ durch } q \text{ ersetzen} \\ V(X) &= n \cdot p \cdot q \end{aligned}$$

$$V(X) = \sigma^2(X) = n \cdot p \cdot q$$

Varianz binomialverteilter Zufallsgrößen

Für die Standardabweichung $\sigma(X)$ gilt weiterhin:

$$\sigma(X) = \sigma = \sqrt{n \cdot p \cdot q}$$

Standardabweichung binomialverteilter Zufallsgrößen

Zusammenfassung

Die Varianz $V(X)$ und die Standardabweichung σ einer binomialverteilten Zufallsgröße X lassen sich mit den Formeln $V(X) = n \cdot p \cdot q$ und $\sigma = \sqrt{n \cdot p \cdot q}$ berechnen.
Werte, die innerhalb des Intervalls $[\mu - \sigma; \mu + \sigma]$ liegen, werden häufig als „normal", „gewöhnlich" oder „repräsentativ" bezeichnet.

Übungsaufgaben

1 Berechnen Sie die jeweils fehlende Größe in der Formel $\sigma = \sqrt{n \cdot p \cdot q}$.

a) $n = 20$	$p = 0{,}5$	b) $\sigma = 5$	$n = 100$	c) $\sigma = 3$	$p = 0{,}25$
d) $\sigma = 7$	$n = 448$	e) $n = 150$	$p = 0{,}75$	f) $\sigma = 6$	$p = 0{,}4$
g) $n = 6\,000$	$p = 0{,}\overline{6}$	h) $\sigma = 8$	$p = 0{,}8$	i) $\sigma = 12$	$n = 900$

2 Bei einem Einstellungstest bei einem großen Industrieunternehmen bestehen in der Regel 85 % aller Teilnehmer den Mathematikteil. Der Politikteil wird nur von halb so vielen Personen bestanden. Berechnen Sie für den Fall, dass 200 Personen an dem Test teilnehmen, die Standardabweichung für den Politikteil und interpretieren Sie Ihr Ergebnis.

3 Bei einer Qualitätskontrolle liegt der Ausschussanteil erfahrungsgemäß bei 12,5 %. Wie viele Bauteile wurden untersucht, wenn die durchschnittliche Abweichung vom Erwartungswert 7 Bauteile beträgt?

4 Ein Unternehmen produziert dunkel- und hellgraue Dübel. Der Produktion werden 150 Dübel entnommen. Die Zahl der dunkelgrauen Dübel weicht durchschnittlich um 6 vom Erwartungswert ab. Wie hoch ist der Anteil der dunkel- und hellgrauen Dübel in der Produktion?

5 Ein Großhändler versendet seine Pakete mit zwei unterschiedlichen Lieferdiensten. Im vergangenen Monat wurden 200 Pakete mit DPL und 350 Pakete mit UHS verschickt. Bei DPL kamen 4 der Pakete zu spät beim Kunden an. Bei UHS waren es 7 Pakete. Welcher der beiden Paketdienste ist zuverlässiger?

6 Im vergangenen Jahr führte die Polizei an einer stark befahrenen Kreuzung fünf Tage lang eine Geschwindigkeitskontrolle durch. Jeden Tag wurden 3 000 Fahrzeuge kontrolliert. Insgesamt wurden 120 Verstöße festgestellt. Durchschnittlich wurde gegen jeden Fahrer ein Bußgeld in Höhe von 40,00 EUR verhängt. An der gleichen Kreuzung soll nun ein festes Gerät zur Geschwindigkeitsüberwachung aufgestellt werden. In welchem Bereich werden sich die jährlichen Einnahmen der Stadtverwaltung im Normalfall befinden?

7 Ein Nussgroßhändler verkauft jedes Jahr 25 Tonnen Haselnüsse, die er entweder aus der Türkei oder Italien importieren kann. Ein Kilogramm türkischer Haselnüsse kostet in der Türkei im Einkauf 1,20 EUR. In Italien sind sie 25 % teurer. Bei den italienischen Nüssen beträgt der Ausschussanteil lediglich 1 %, bei der Ware aus der Türkei ist er doppelt so hoch. Die Nüsse werden für 4,00 EUR/kg in Deutschland verkauft. Berechnen Sie für beide Varianten das Gewinnintervall $[\mu - \sigma; \mu + \sigma]$ und entscheiden Sie, aus welchem Land zukünftig importiert werden sollte.

8 Für einen Wurstgroßhändler wird grobe und feine Leberwurst in Kartons auf Paletten verpackt. Wie viele Kartons erhält der Großhändler, wenn der Anteil der groben Leberwurst 20 % beträgt und für gewöhnlich zwischen 72 und 88 der Kartons grobe Leberwurst enthalten?

9 In der Kantine eines mittelständischen Betriebes werden jeden Mittag ein vegetarisches und ein „normales“ Gericht angeboten. Normalerweise bestellen drei Viertel aller Angestellten die Variante mit Fleisch. Wie viele Personen arbeiten in dem Betrieb, wenn im Normalfall nicht weniger als 315 „normale“ Gerichte bestellt werden?

10 In einem Unternehmen mit 1 600 Mitarbeitern stehen für den Betriebsratsvorsitzenden zwei Kandidaten zur Wahl. Der bisherige Amtsinhaber ist sich seines Sieges sicher und gibt in einem Interview bekannt, dass er im Normalfall mit nicht weniger als 1 264 Stimmen rechnet. Wie viel Prozent der Stimmen erwartet der Kandidat?

2.5.5 Sigma-Regeln (Intervalle um den Erwartungswert)

Situation 5

Ein Getränkehersteller hat zusätzlich zur klassischen Cola eine neue Geschmacksrichtung entwickelt. In einer betriebsinternen Verkostung wurde in 80 % aller Fälle der neue Geschmack besser bewertet als die klassische Cola. Vor der endgültigen Markteinführung soll nun im rheinland-pfälzischen Haßloch ein großer Konsumententest mit 2 500 Personen durchgeführt werden.

Berechnen Sie die Wahrscheinlichkeit, dass X Werte annimmt, die im Intervall $I_1 = [\mu - \sigma; \mu + \sigma]$, $I_2 = [\mu - 2\sigma; \mu + 2\sigma]$ oder $I_3 = [\mu - 3\sigma; \mu + 3\sigma]$ liegen und interpretieren Sie Ihre Ergebnisse anwendungsbezogen.

Lösung

Zunächst müssen der Erwartungswert μ und die Standardabweichung σ berechnet werden. Die Zufallsgröße X: „Anzahl der Personen, die den neuen Geschmack bevorzugen" ist binomialverteilt mit $n = 2\,500$ und $p = 0{,}8$.

$\mu = n \cdot p = 2\,500 \cdot 0{,}8 = 2\,000$ $\qquad \sigma = \sqrt{n \cdot p \cdot q} = \sqrt{2\,500 \cdot 0{,}8 \cdot 0{,}2} = 20$

	Intervall	gesuchte Wahrscheinlichkeit
I_1	$[\mu - \sigma; \mu + \sigma] = [2000 - 20; 2000 + 20] = [1980; 2020]$	$P_1(1980 \leq X \leq 2020)$
I_2	$[\mu - 2\sigma; \mu + 2\sigma] = [2000 - 2 \cdot 20; 2000 + 2 \cdot 20] = [1960; 2040]$	$P_2(1960 \leq X \leq 2040)$
I_3	$[\mu - 3\sigma; \mu + 3\sigma] = [2000 - 3 \cdot 20; 2000 + 3 \cdot 20] = [1940; 2060]$	$P_3(1940 \leq X \leq 2060)$

$$P_1(1980 \leq X \leq 2020) = F_{2\,500;0{,}8}(2020) - F_{2\,500;0{,}8}(1979) \approx 0{,}6947 = 69{,}47\,\%$$

I_1 Mit einer Wahrscheinlichkeit von ca. 69,47 % liegt die Anzahl der Konsumenten, die sich für den neuen Geschmack entscheiden, zwischen 1980 und 2020.

$$P_2(1960 \leq X \leq 2040) = F_{2\,500;0{,}8}(2040) - F_{2\,500;0{,}8}(1959) \approx 0{,}9572 = 95{,}72\,\%$$

I_2 Mit einer Wahrscheinlichkeit von ca. 95,72 % liegt die Anzahl der Konsumenten, die sich für den neuen Geschmack entscheiden, zwischen 1960 und 2040.

$$P_3(1940 \leq X \leq 2060) = F_{2\,500;0{,}8}(2060) - F_{2\,500;0{,}8}(1939) \approx 0{,}9975 = 99{,}75\,\%$$

I_3 Mit einer Wahrscheinlichkeit von ca. 99,75 % liegt die Anzahl der Konsumenten, die sich für den neuen Geschmack entscheiden, zwischen 1940 und 2060.

Höchst selten ergeben sich für den Erwartungswert und die Standardabweichung und somit auch die Intervallgrenzen ganzzahlige Werte. Da die Zufallsgröße X diskret ist und nur ganzzahlige Werte zulässt, müssen die Intervallgrenzen meist gerundet werden.

Situation 6

In einem dörflichen Getränkemarkt sind die Kunden nicht so experimentierfreudig. Die Beliebtheit des neuen Geschmacks beträgt hier lediglich 50 %. Der Geschäftsführer lädt 120 Stammkunden zu einer Verkostung ein. Um seinen Lagerbestand der alten Cola abzubauen, möchte er nicht zu viele, aber auch nicht zu wenig Flaschen der neuen Geschmacksrichtung bereithalten.

Wie viele Flaschen der neuen Cola sollte der Einzelhändler mindestens und wie viele höchstens bereithalten, wenn er zu

a) ca. zwei Drittel ($1\,\sigma$-Intervall),

b) ca. 95 % ($2\,\sigma$-Intervall),

c) ca. 99 % ($3\,\sigma$-Intervall) sicher sein möchte, seine Gäste zufriedenstellen zu können?

d) Wie groß sind die tatsächlichen Wahrscheinlichkeiten für das 1-, 2- und $3\,\sigma$-Intervall?

Lösung

X ist binomialverteilt mit $n = 120$ und $p = 0{,}5$.

$\mu = n \cdot p = 120 \cdot 0{,}5 = 60 \qquad \sigma = \sqrt{n \cdot p \cdot q} = \sqrt{120 \cdot 0{,}5 \cdot 0{,}5} \approx 5{,}48$

	rechnerisches Intervall	gerundetes Intervall
a)	$[\mu - \sigma; \mu + \sigma] = [60 - 5{,}48; 60 + 5{,}48]$ $= [54{,}52; 65{,}48]$ Der Geschäftsführer sollte zwischen 55 und 65 Flaschen der neuen Cola bereithalten.	[55; 65]
b)	$[\mu - 2\sigma; \mu + 2\sigma] = [60 - 2 \cdot 5{,}48; 60 + 2 \cdot 5{,}48]$ $= [49{,}04; 70{,}96]$ Der Geschäftsführer sollte zwischen 50 und 70 Flaschen der neuen Cola bereithalten.	[50; 70]
c)	$[\mu - 3 \cdot \sigma; \mu + 3 \cdot \sigma] = [60 - 3 \cdot 5{,}48; 60 + 3 \cdot 5{,}48]$ $= [43{,}56; 76{,}44]$ Der Geschäftsführer sollte zwischen 44 und 76 Flaschen der neuen Cola bereithalten.	[44; 76]

Sind die Intervallgrenzen nicht ganzzahlig, werden diese **in Richtung des Erwartungswertes gerundet** (Runden zur „sicheren Seite“). Für die gerundeten Intervalle ergeben sich dann nachfolgende Wahrscheinlichkeiten.

d)

Intervall	gesuchte Wahrscheinlichkeit
[55; 65]	$P(55 \le X \le 65) = F_{120;0,5}(65) - F_{120;0,5}(54) \approx 0{,}6847$ $= 68{,}47\,\%$
[50; 70]	$P(50 \le X \le 70) = F_{120;0,5}(70) - F_{120;0,5}(49) \approx 0{,}9452$ $= 94{,}52\,\%$
[44; 76]	$P(44 \le X \le 76) = F_{120;0,5}(76) - F_{120;0,5}(43) \approx 0{,}9976$ $= 99{,}76\,\%$

Vergleicht man die Wahrscheinlichkeiten aus den Situationen 5 und 6 für Werte der Zufallsgröße X, die im 1-, 2- oder 3σ-Intervall liegen, erkennt man, dass der Unterschied relativ gering ist.

	Situation 5:	Situation 6:	Differenz absolut
1σ-Intervall	$P(1980 \leq X \leq 2020) \approx 0{,}6947$	$P(55 \leq X \leq 65) \approx 0{,}6847$	0,01
2σ-Intervall	$P_2(1960 \leq X \leq 2040) \approx 0{,}9572$	$P(50 \leq X \leq 70) \approx 0{,}9452$	0,012
3σ-Intervall	$P_3(1940 \leq X \leq 2060) \approx 0{,}9975$	$P(44 \leq X \leq 76) \approx 0{,}9976$	0,0001

Offensichtlich ist die Wahrscheinlichkeit dafür, dass die Zufallsgröße X Werte annimmt, die in das 1-, 2- oder 3σ-Intervall fallen ca. zwei Drittel, etwa 95 % oder fast 100 %.

Dies ist nicht nur in den beiden dargestellten Situationen der Fall, sondern typisch für alle binomialverteilten Zufallsgrößen, wenn die sogenannte **Laplace-Bedingung** erfüllt wird.

$$\sqrt{n \cdot p \cdot q} = \sigma > 3$$

Laplace-Bedingung

Weitere Beispiele präzisieren die Vermutungen:

$P(\mu - \sigma \leq X \leq \mu + \sigma)$	$p = 0{,}25$	$p = 0{,}\overline{3}$	$p = 0{,}5$
$n = 100$	0,7016	0,7106	0,7287
$n = 500$	0,6735	0,6804	0,6963
$n = 1\,000$	0,6758	0,6856	0,6731

In das Intervall $[\mu - \sigma; \mu + \sigma]$ fallen ca. 68 % aller Werte. „1σ-Regel"

$P(\mu - 2\sigma \leq X \leq \mu + 2\sigma)$	$p = 0{,}25$	$p = 0{,}\overline{3}$	$p = 0{,}5$
$n = 100$	0,9513	0,9561	0,9648
$n = 500$	0,9562	0,9537	0,9559
$n = 1\,000$	0,9555	0,9559	0,9537

In das Intervall $[\mu - 2\sigma; \mu + 2\sigma]$ fallen ca. 95,5 % aller Werte. „2σ-Regel"

$P(\mu - 3\sigma \leq X \leq \mu + 3\sigma)$	$p = 0{,}25$	$p = 0{,}\overline{3}$	$p = 0{,}5$
$n = 100$	0,9962	0,9972	0,9982
$n = 500$	0,9977	0,9972	0,9973
$n = 1\,000$	0,9977	0,9972	0,9973

In das Intervall $[\mu - 3\sigma; \mu + 3\sigma]$ fallen ca. 99,7 % aller Werte. „3σ-Regel"

$P(X \in [\mu - \sigma; \mu + \sigma]) \approx 0{,}68 = 68\,\%$
1 σ-Regel

$P(X \in [\mu - 2\sigma; \mu + 2\sigma]) \approx 0{,}995 = 99{,}5\,\%$
2 σ-Regel

$P(X) \in [\mu - 3\sigma; \mu + 3\sigma]) \approx 0{,}997 = 99{,}7\,\%$
3 σ-Regel

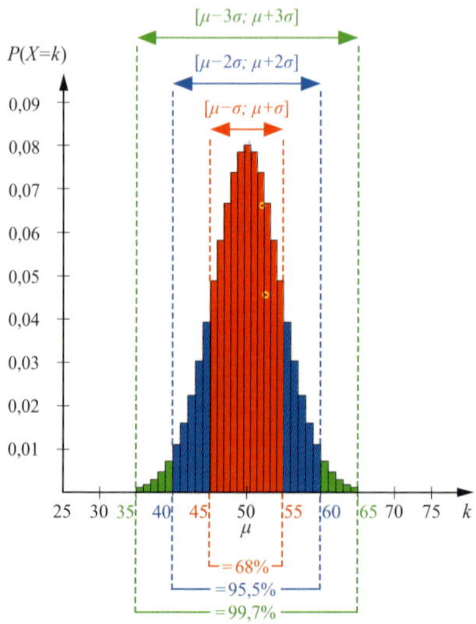

Die Abbildung zeigt, die glockenförmige Wahrscheinlichkeitsverteilung einer binomialverteilten Zufallsgröße mit $n = 100$ und $p = 0{,}5$.

Es ist gut zu erkennen, dass in dem Intervall **$[\mu - 3\sigma; \mu + 3\sigma]$** praktisch alle für die Gesamtwahrscheinlichkeit relevanten Einzelwahrscheinlichkeiten enthalten sind. Die Gesamtwahrscheinlichkeit aller Werte, die außerhalb des Intervalls liegen ist annähernd null.

So beträgt beispielsweise die Wahrscheinlichkeit für $P(X = 10)$ lediglich 1 : 13 655 000 000 000 000. Die Wahrscheinlichkeit für „6 Richtige" im Lotto ist etwa eine Milliarde Mal größer.

Allgemein gilt, je größer c im Intervall $[\mu - c \cdot \sigma; \mu + c \cdot \sigma]$ ist, desto breiter wird das Intervall, desto mehr Werte fallen auch hinein.

Der Zusammenhang zwischen der Sigma-Umgebung und der Wahrscheinlichkeit lässt sich auch grafisch darstellen.

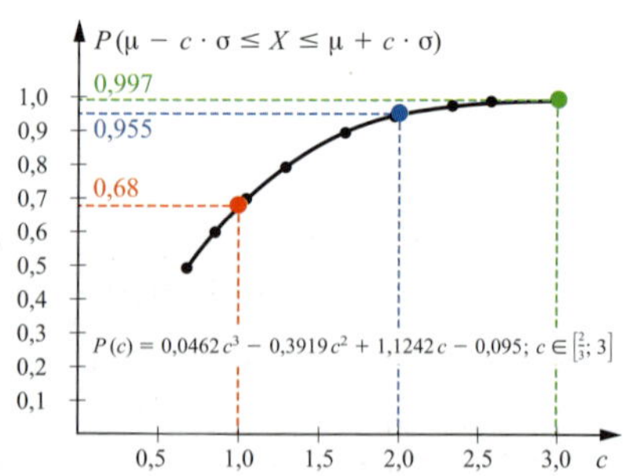

Für $c \in \left[\frac{2}{3}; 3\right]$ lässt sich dieser Zusammenhang sehr gut näherungsweise durch die Funktonsgleichung $P(c) = 0{,}0462\,c^3 - 0{,}3919\,c^2 + 1{,}1242\,c - 0{,}095$ beschreiben.[1)] So ist z. B. $P(2) = 0{,}9554$.

[1)] Da die Funktionsgleichung der Gaußschen Glockenfunktion noch nicht bekannt ist.

2.5.6 Offene Handlungssituationen zur Binomialverteilung

Die folgenden Situationen sollen Sie mit den Ihnen zur Verfügung stehenden Rechnern bearbeiten. Besonders wichtig ist die Interpretation Ihrer Ergebnisse.

Situation 7

Ein Hersteller von Glücksspielgeräten stellt auf der Glücksspielmesse in Düsseldorf sein neuestes Gerät vor.

Der Spieler erhält bei einem Einsatz von 2,50 EUR eine Kugel, die er oben in den Trichter fallen lässt. Je nachdem, in welches der Fächer die Kugel fällt, erhält der Spieler den angezeigten Gewinn. Das Gerät soll im Verkauf 9 999,00 EUR kosten.

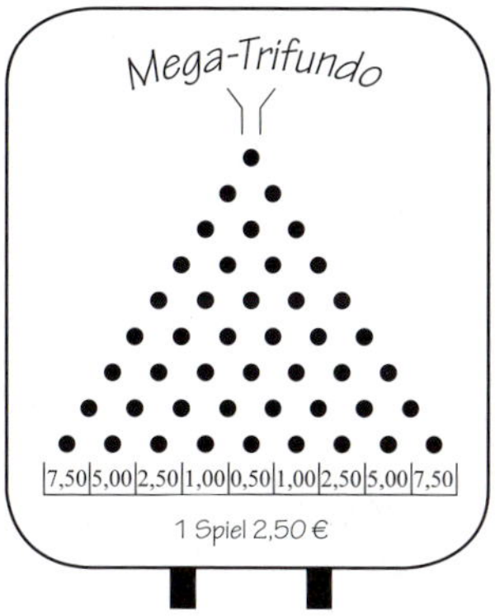

Aufgrund des hohen Preises ist das Interesse an dem Gerät bisher relativ gering. Überzeugen Sie die Fachbesucher, dass es sich um ein sehr lukratives Gerät handelt.

Situation 8

In einem Industriebetrieb werden zur Zeit drei Maschinen eingesetzt, die Kunststoffformteile für einen Automobilkonzern produzieren. Die drei Maschinen arbeiten sehr zuverlässig. Obwohl es sich um sehr filigrane Bauteile handelt, beträgt die Ausschussquote bei den Maschinen höchstens ein Prozent. Die Kapazitäten und der Anteil der fehlerhaften Bauteile zeigt die Tabelle.

	Maschine A	**Maschine B**	**Maschine C**
Kapazität [Stk./Tag]	6 000	5 000	7 000
Fehleranteil	0,5 %	0,4 %	1 %
Kosten je Bauteil [EUR]	0,15	0,16	0,14

Aufgrund der gesunkenen Nachfrage von lediglich 10 000 Stück pro Tag sollen in der Produktion nur noch zwei der drei Maschinen eingesetzt werden. Unterbreiten Sie der Geschäftleitung einen begründeten Vorschlag, welche der drei Maschinen stillgelegt werden sollte und geben Sie anschließend eine Produktionsempfehlung ab, damit der Kunde im Normalfall die täglich erforderliche Menge erhält.

Situation 9

Ein Hersteller für Hotel- und Gastronomieprozellan garantiert seinen Kunden, dass die angelieferte Ware durchschnittlich zu 98 % einwandfrei ist. Für die Eröffnung eines neuen Hotels hat der Direktor 950 Essteller, 600 Suppenteller, 800 Kaffeegedecke bestehend aus Teller Tasse und Untertasse sowie 50 weitere Teile bestellt. Bei der Wareneingangskontrolle wird ein Karton mit 48 Tellern überprüft, von denen vier Mängel aufweisen. Der Direktor fordert den Hersteller daher per Fax auf, schriftlich zu der mangelhaften Qualität und seinen Versprechungen Stellung zu nehmen. Der Hersteller faxt lediglich einen Satz zurück: „Bisher gibt es keinen Grund, an unserer Qualitätsgarantie zu zweifeln."
Überzeugen Sie den Hoteldirektor, dass der Hersteller im Recht ist.

Situation 10

Ein Kunde in einem Reisebüro möchte im August eine 14-tägige Urlaubsreise nach Paraguay buchen. Der Reisende befürchtet, dass es mehr als die Hälfte der Reisezeit regnen könnte. Die Filialleiterin möchte die lukrative Reise gern verkaufen und garantiert dem Kunden nach der Einsicht in die Klimatabelle von Paraguay für den Fall, dass seine Befürchtungen wahr werden, den gesamten Reisepreis zurückzuerstatten.

	Jan	Feb	Mär	Apr	Mai	Jun	Jul	Aug	Sep	Okt	Nov	Dez
∅ Regentage	8	6	6	7	6	6	5	4	7	8	8	7

Am Ende seines Urlaubs kommt der Kunde in das Reisebüro zurück und weist nach, dass er aufgrund des schlechten Wetters die überwiegende Zeit im Hotel verbringen musste. Der Geschäftsführer überlegt nun, die Filialleiterin abzumahnen, da sie seiner Meinung nach damit rechnen musste, dass es oft regnen würde. Überzeugen Sie den Geschäftsführer, die Mahnung nicht auszusprechen.

Situation 11

Ein Berufspendler benutzt für seinen Arbeitsweg an 200 Tagen im Jahr die öffentlichen Verkehrsmittel einer Verkehrsgemeinschaft. Jede Fahrstrecke kostet durchschnittlich 2,00 EUR. Erfahrungsgemäß wird ein Schwarzfahrer in 5 % aller Fälle erwischt und muss in diesem Fall ein erhöhtes Beförderungsentgelt in Höhe von 40,00 EUR bezahlen. Die Gesellschafter der Verkehrsgemeinschaft diskutieren auf einer Betriebsversammlung darüber, ob die Strafe für Schwarzfahrer erhöht werden soll. Unterstützen Sie die Gesellschafter bei der Entscheidungsfindung.

Situation 12

In einer Fahrradmanufaktur wird an 250 Tagen im Jahr jeweils 10 Stunden lang gearbeitet. Jeden Tag werden 1 000 Rahmen hergestellt. Der Hersteller hat bisher auf reine Handarbeit gesetzt, so dass die Rahmen manuell zusammengeschweißt wurden. Jeder Schweißer benötigt pro Rahmen 30 Minuten und verdient 8,60 EUR pro Stunde. Die Anzahl fehlerhafter Schweißnähte ist bei diesem Verfahren aufgrund der Erfahrung der Mitarbeiter vernachlässigbar klein.

Die Unternehmensleitung überlegt nun, statt der manuellen Fertigung einen Roboter einzusetzen, da dieser deutlich schneller arbeitet und pro Jahr lediglich Betriebskosten in Höhe von 10 000 EUR verursacht.

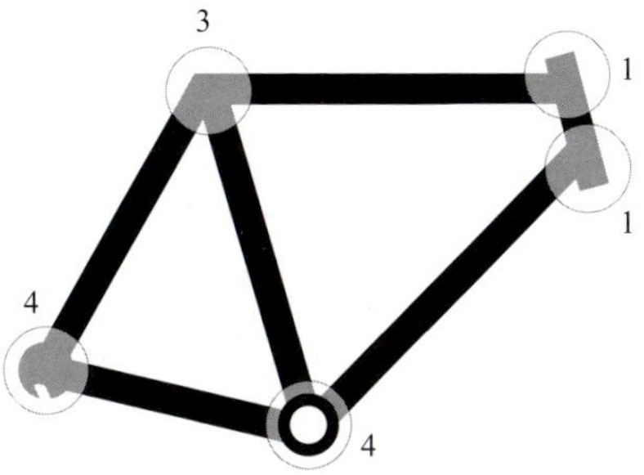

Von den Schweißnähten, die der Roboter fertigt, sind jedoch 2 % fehlerhaft. Die Anzahl der Schweißnähte an einem Rahmen zeigt die Abbildung.

Die Kosten für die Reparatur einer defekten Schweißnaht betragen 10,00 EUR. Außerdem fallen bei einer Reklamation pro Rahmen Handlingskosten in Höhe von 25,00 EUR an. Hat ein Rahmen mehr als 3 defekte Schweißnähte wird er gegen einen neuen ersetzt. Die Kosten betragen dann 90,00 EUR.

Als Mitglied des Betriebsrates wollen sie die Anschaffung des Roboters unbedingt verhindern. Überzeugen Sie die Geschäftsleitung, an der manuellen Fertigung festzuhalten.

2.6 Normalverteilung

2.6.1 Dichte- und Verteilungsfunktion

Die Normalverteilung ist die wichtigste Wahrscheinlichkeitsverteilung für **stetige**[1)] Merkmale. Ihre Bedeutung wurde Ende des 18. Jahrhunderts vor allem durch Carl Friedrich Gauß (1777–1855) bekannt. Mit ihr lassen sich zahlreiche ökonomische und naturwissenschaftliche Untersuchungen exakt oder zumindest mit sehr großer Näherung beschreiben:

- die Körpergröße von Menschen,
- die zufällige Abweichung bei der Größe von Werkstücken,
- oder die Lebensdauer von Glühlampen

[1)] Eine Zufallsvariable *X* wird als stetig bezeichnet, wenn die Anzahl der Merkmalsausprägungen überabzählbar unendlich ist. Wird z. B. *X* als „Länge einer Kartoffel" definiert, ist die Anzahl der möglichen Merkmalsausprägungen überabzählbar unendlich, da zumindest theoretisch unendlich genau gemessen werden kann.

Sie eignet sich zur vereinfachten Berechnung von umfangreichen Stichproben, deren Zufallsgrößen binomialverteilt sind.[1]

Die Normalverteilung lässt sich durch den nachfolgenden Graphen und die **Dichtefunktion** φ (gr.: phi) beschreiben. Da der Graph stark an eine Glocke erinnert, spricht man häufig von der **Gaußschen Glockenkurve**.

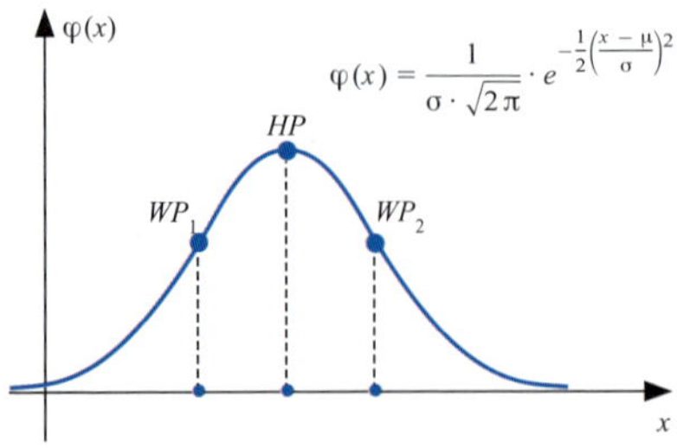

$$\varphi(x) = \frac{1}{\sigma \cdot \sqrt{2\pi}} \cdot e^{-\frac{1}{2}\left(\frac{x-\mu}{\sigma}\right)^2}$$

Dichtefunktion der Normalverteilung

μ: Mittel- oder Erwartungswert
σ: Standardabweichung

Lässt sich die Wahrscheinlichkeitsverteilung einer Zufallsgröße durch die Dichtefunktion φ beschreiben, so ist die Zufallsgröße **normalverteilt**. Die Dichtefunktion kann im Gegensatz zur Binomialverteilung nicht nur ganzzahlige, sondern auch andere reelle Zahlenwerte annehmen. Mit der so genannten **Verteilungsfunktion der Normalverteilung** oder auch **Gaußsche Summenfunktion** Φ (gr.: Phi) lassen sich dann Wahrscheinlichkeiten der Form $P(X \leq x)$ und $P(x_1 \leq X \leq x_2)$ berechnen.

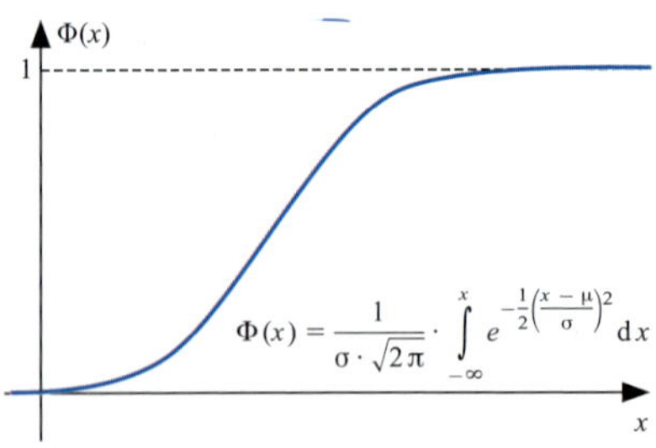

$$\Phi(x) = \frac{1}{\sigma \cdot \sqrt{2\pi}} \cdot \int_{-\infty}^{x} e^{-\frac{1}{2}\left(\frac{x-\mu}{\sigma}\right)^2} dx$$

Verteilungsfunktion der Normalverteilung

Situation 1

In einem Industriebetrieb werden Kartoffeln zu unterschiedlichen Produkten verarbeitet. Aus produktionstechnischen Gründen dürfen die Kartoffeln maximal 9,4 cm lang sein. Aufgrund zahlreicher vorangegangenen Lieferungen ist bekannt, dass die angelieferten Kartoffeln durchschnittlich eine Länge von 8 cm haben. Die durchschnittliche Abweichung beträgt genau 1 cm. Jede Kartoffel wird durch eine Maschine automatisch gemessen und in die entsprechende Klasse einsortiert.

Wie groß ist die Wahrscheinlichkeit, dass eine zufällig ausgewählte Kartoffel in dem Betrieb verarbeitet werden kann?

[1] vgl. Kapitel 2.5

Lösung

Der Hersteller kann die Kartoffel nur dann verarbeiten, wenn sie maximal 9,4 cm lang ist. Gesucht ist somit $P(0 \leq X \leq 9{,}4)$.

Geringe Messgenauigkeit

Nehmen wir an, die Maschine hätte lediglich eine Messgenauigkeit von 1 cm, und die Kartoffeln würden immer in die nächst höhere Klasse einsortiert werden. Wäre eine Kartoffel 7,2 cm lang, so würde in die Klasse von 7 bis 8 cm einsortieren. Es ergäbe sich nebenstehende Verteilung. Die Wahrscheinlichkeit, dass eine Kartoffel größer als 7 cm aber maximal 8 cm lang ist, beträgt etwa 40 %.

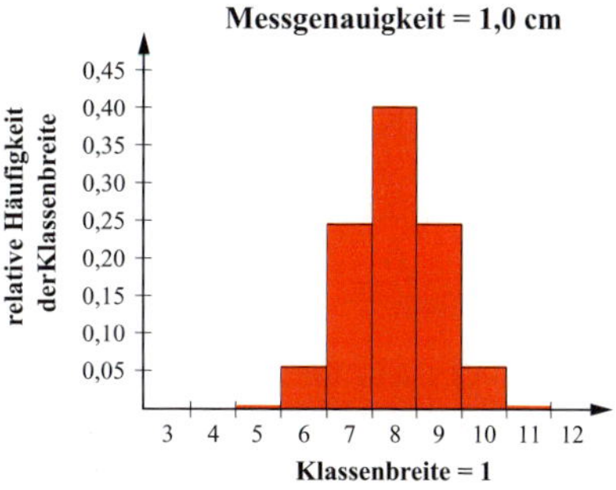

Mittlere Messgenauigkeit

Würde eine Maschine mit einer Messgenauigkeit von 0,5 cm eingesetzt werden, die nach dem gleichen Muster in Klassen einsortiert, so ergäbe sich ein Histogramm mit doppelt so vielen Balken, die jeweils nur noch halb so breit wären. Die Wahrscheinlichkeit, dass eine Kartoffel größer als 7,5 cm aber maximal 8 cm lang ist, beträgt in etwa 20 %, da die Balken nur noch eine Breite von 0,5 haben.

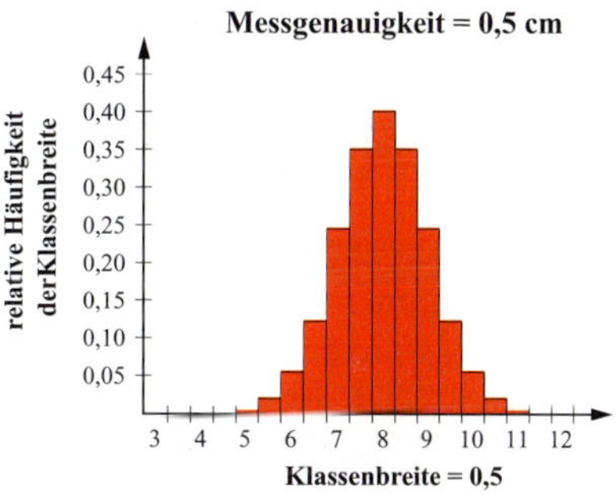

Hohe Messgenauigkeit

Wäre die Maschine in der Lage, die Länge auf einen Millimeter genau zu bestimmen, dann ergäbe sich ein Histogramm mit sehr vielen schmalen Balken. Die Wahrscheinlichkeit dafür, dass eine Kartoffel größer als 7,9 cm, aber maximal 8 cm lang ist, beträgt nun ca. 4 %, da die Balken nur noch eine Breite von 0,1 haben. Mit steigender Messgenauigkeit nähert sich das Histogramm immer mehr der Gaußschen Glockenkurve an.

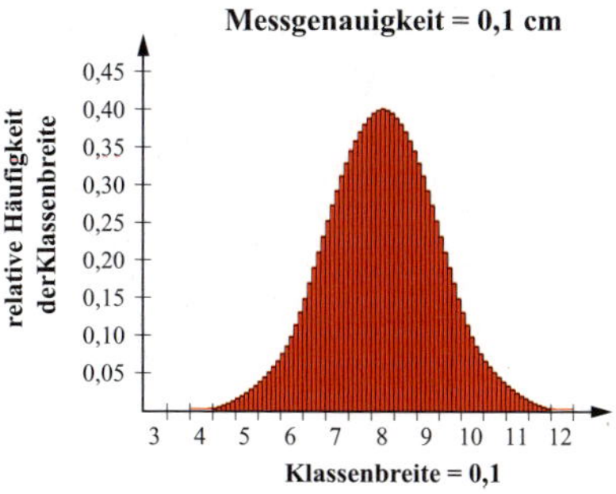

Theoretisch unendliche Meßgenauigkeit

Würde man die Messgenauigkeit der Maschinen theoretisch unendlich steigern, so würden die dazugehörigen Klassen immer schmaler werden. Es ergäbe sich eine perfekte Glockenkurve, die sich durch die Dichtefunktion der Normalverteilung

$\varphi(x) = \frac{1}{\sigma \cdot \sqrt{2\pi}} \cdot e^{-\frac{1}{2} \cdot \left(\frac{x-\mu}{\sigma}\right)^2}$ beschreiben lässt.

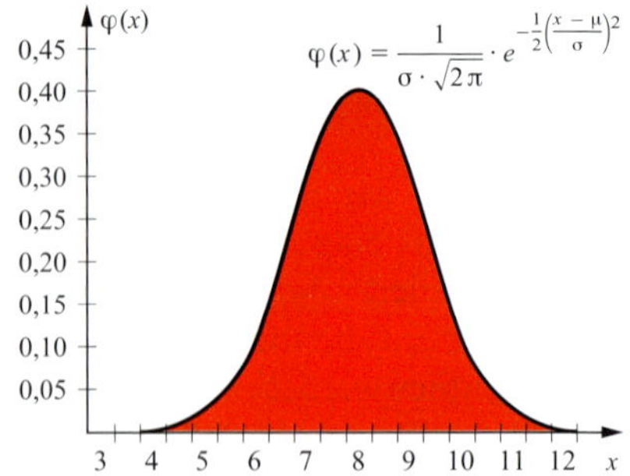

Dabei ist in diesem Fall $\mu = 8$ und $\sigma = 1$. Die rote Fläche unterhalb der Glockenkurve lässt sich mithilfe der Integralrechung bestimmen und beträgt 1. Dabei handelt es sich um ein uneigentliches Integral, weil der Graph der Glockenfunktion die x-Achse nicht schneidet, die Fläche nach links und rechts ist unbegrenzt:

$$\int_{-\infty}^{+\infty} \varphi(x)\,\mathrm{d}x = \frac{1}{\sigma\sqrt{2\pi}} \cdot \int_{-\infty}^{+\infty} e^{-\frac{1}{2} \cdot \left(\frac{x-\mu}{\sigma}\right)^2} \mathrm{d}x = 1$$

Integral der Dichtefunktion der Normalverteilung

Das uneigentliche Integral der Dichtefunktion lässt sich nicht auf eine elementare Stammfunktion zurückführen.[1] Mithilfe von Tabellen[2], deren Werte auf der Verteilungsfunktion beruhen oder geeigneter Hilfsmittel wie Computersoftware oder einem GTR, ist es heutzutage jedoch sehr einfach möglich, die gesuchten Wahrscheinlichkeiten zu bestimmen oder zu berechnen.

Zumindest theoretisch kann die Länge einer Kartoffel unendlich klein, aber nicht negativ sein. Für die gesuchte Wahrscheinlichkeit ergibt sich das Integral:

$$P(X \leq 9{,}4) = P(0 \leq X \leq 9{,}4) = \frac{1}{1 \cdot \sqrt{2\pi}} \cdot \int_{0}^{9{,}4} e^{-\frac{1}{2} \cdot \left(\frac{x-8}{1}\right)^2} \mathrm{d}x$$

[1] Die gesuchten Funktionswerte lassen sich mit geeigneten Näherungsverfahren wie z. B. der numerischen Integration bestimmen. Integrationsmethoden werden in diesem Buch nicht behandelt.

[2] In der Regel nur für die Standardnormalverteilung, vgl. Kapitel 2.6.2

Mit [2nd] [DISTR] 2:normalcdf(die Normalverteilung wählen und mit [ENTER] bestätigen.

Hinter dem Befehl normalcdf(verbirgt sich die **Verteilungsfunktion Φ**.

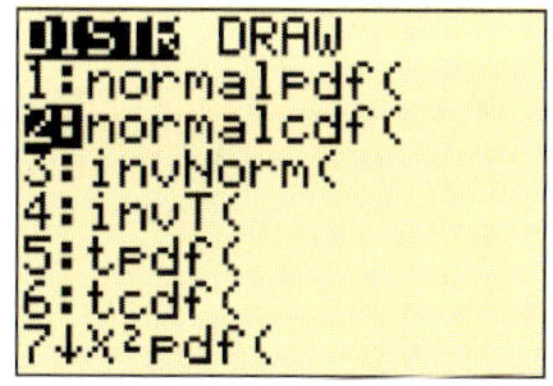

Anschließend werden die Werte für die linke Grenze, rechte Grenze, μ und σ durch [,] getrennt eingeben. Die Eingabe wird durch [)] beendet. [ENTER] liefert die Wahrscheinlichkeit.

Die Wahrscheinlichkeit, dass eine zufällig ausgewählte Kartoffel verarbeitet werden kann, beträgt ca. 91,92 %.

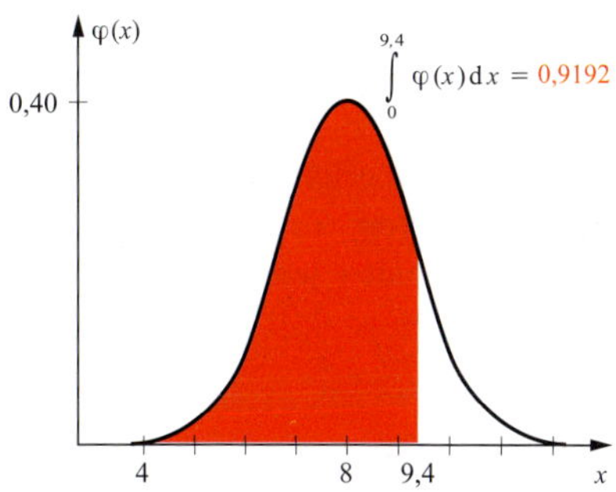

Dies entspricht der roten Fläche unterhalb der Glockenkurve.

Der nicht eingefärbte Teil unter der Kurve stellt den Anteil der Kartoffeln dar, die nicht verarbeitet werden können. Er lässt sich aus dem Flächeninhalt 1 leicht berechnen:
$1 - 0{,}9192 = 0{,}0808 = 8{,}08\,\%$.

Situation 2

In einem Motorenwerk werden Hochleistungsmotoren für einen Sportwagenhersteller produziert. Eine CNC-Maschine fräst die Zylinder mit einem Durchmesser von 100 mm. Die Maschine arbeitet dabei durchschnittlich mit einer Genauigkeit von einem Tausendstel Millimeter. Der Sportwagenhersteller erlaubt Fertigungstoleranzen von 0,0025 mm. Wie groß ist die Wahrscheinlichkeit, dass ein zufällig ausgewählter Zylinder den Anforderungen des Sportwagenherstellers entspricht?

Lösung

Die Zufallsvariable X: „Durchmesser des Zylinders in mm" ist normalverteilt mit $\mu = 100$ und $\sigma = 0{,}001$, da es zumindest theoretisch möglich wäre, den Durchmesser des Zylinders beliebig exakt zu bestimmen. Gesucht ist in diesem Fall die Wahrscheinlichkeit, dass die Abweichung maximal 0,0025 mm beträgt. Ob der Zylinder dabei größer oder kleiner als 100 mm ist, spielt dabei keine Rolle: Gesucht wird $P(99{,}9975 \le X \le 100{,}0025)$.

$$P(99{,}9975 \le X \le 100{,}0025) = \frac{1}{0{,}001 \cdot \sqrt{2\pi}} \cdot \int_{99{,}9975}^{100{,}0025} e^{-\frac{1}{2}\cdot\left(\frac{x-100}{0{,}001}\right)^2}\,dx$$

Anhang 19

Mit [2nd] [DISTR] 2:normalcdf(die Normalverteilung wählen und mit [ENTER] bestätigen. Hinter dem Befehl normalcdf(verbirgt sich die Verteilungsfunktion Φ.	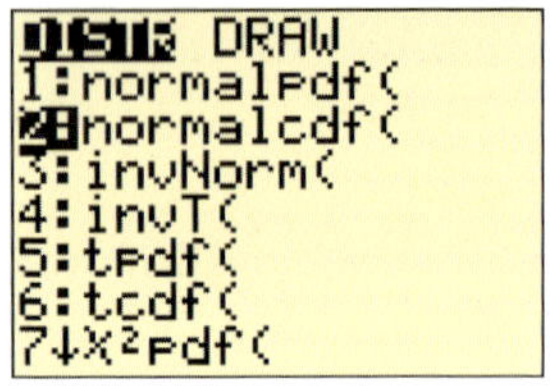
Anschließend werden die Werte für die linke Grenze, rechte Grenze, μ und σ durch [,] getrennt eingeben. Die Eingabe wird durch [)] beendet. [ENTER] liefert die Wahrscheinlichkeit.	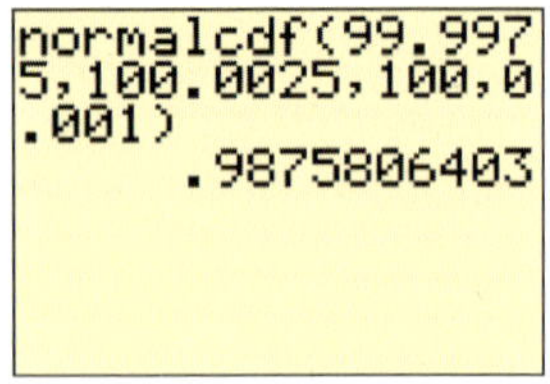

Die Wahrscheinlichkeit, dass der Zylinder den Qualitätsanforderungen genügt, beträgt etwa 98,76 %.

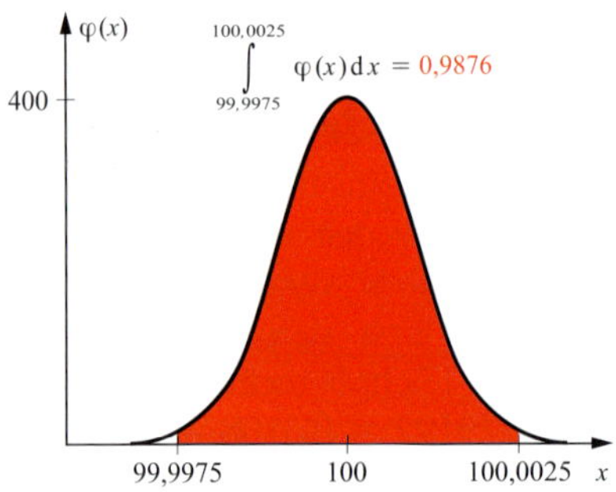

Dies entspricht der roten Fläche unterhalb der Glockenkurve.

Der nicht eingefärbte Teil unter der Kurve stellt den Anteil der Zylinder dar, die außerhalb der Fertigungstoleranzen liegen. Er lässt sich aus dem Flächeninhalt 1 leicht berechnen:
$1 - 0,9876 = 0,0124 = 1,24\,\%$.

Übungsaufgaben

1 Bestimmen Sie mithilfe des GTR.

a) $P(3 \leq X \leq 5)$; $\mu = 4$; $\sigma = 1,5$
b) $P(17,5 \leq X \leq 22,3)$; $\mu = 19$; $\sigma = 3$
c) $P(175 \leq X \leq 185)$; $\mu = 180$; $\sigma = 12$
d) $P(16,75 \leq X \leq 43,12)$; $\mu = 35$; $\sigma = 5$
e) $P(\mu - 2\sigma \leq X \leq \mu + 3\sigma)$; $\mu = 8$; $\sigma = 1,5$
f) $P(x_i \leq X \leq 2x_i)$; $\mu = \frac{3x_i}{2}$; $\sigma = \frac{x_i}{2}$

2 Eine normalverteilte Zufallsgröße hat den Erwartungswert $\mu = 10$ und die Standardabweichung $\sigma = \sqrt{3,5}$. Wie viel Prozent aller Werte fallen in das jeweilige Intervall?

a) $[\mu - \sigma; \mu + \sigma]$
b) $[\mu - 2\sigma; \mu + 2\sigma]$
c) $[\mu - 1,5\sigma; \mu + 1,5\sigma]$
d) $[\mu - 1,75\sigma; \mu + 1,75\sigma]$
e) $\left[\mu - \frac{4}{3}\sigma; \mu + \frac{7}{8}\sigma\right]$
f) $[\mu - 0,6\sigma; \mu + 0,75\sigma]$
g) $[\mu - \sqrt{\sigma}; \mu + \sqrt{\sigma}]$
h) $\left[\mu - \frac{\sigma}{\mu}; \mu + \frac{\mu}{\sigma}\right]$

3 Begründen Sie ohne GTR, welches der beiden Ereignisse wahrscheinlicher ist und überprüfen Sie Ihr Ergebnis mit dem GTR.
a) $P(4{,}5 \leq X \leq 9{,}5)$; $\mu = 7$; $\sigma = 2{,}5$ $\vee$ $P(5 \leq X \leq 11)$; $\mu = 8$; $\sigma = 1$
b) $P(5 \leq X \leq 10)$; $\mu = 7{,}5$; $\sigma = 7{,}5$ $\vee$ $P(5 \leq X \leq 10)$; $\mu = 7{,}5$; $\sigma = 2{,}5$
c) $P\left(\frac{3}{4} \leq X \leq \frac{5}{4}\right)$; $\mu = 1$; $\sigma = \frac{1}{8}$ $\vee$ $P\left(\frac{4}{8} \leq X \leq \frac{12}{8}\right)$; $\mu = 1$; $\sigma = \frac{1}{4}$
d) $P(a \leq X \leq 2a)$; $\mu = 1{,}5a$; $\sigma = 0{,}5a$ $\vee$ $P(a \leq X \leq 3a)$; $\mu = 2a$; $\sigma = 0{,}5a$

4 In einer Molkerei wird Sahne in Flaschen mit einer Sollfüllmenge von 500 ml abgefüllt. Die Maschine arbeitet durchschnittlich mit einer Genauigkeit von ±2 ml. Wie groß ist die Wahrscheinlichkeit, dass eine zufällig ausgewählte Flasche zwischen 495 ml und 505 ml Sahne enthält?

5 Ein Handarbeitsgeschäft produziert handgezogene Bienenwachskerzen. Durchschnittlich gelingt es der erfahrenen Mitarbeiterin, dass die Kerzen 250 g wiegen. Da es sich um ein Naturprodukt handelt, schwankt das Gewicht jedoch um 3 %. Wie groß ist die Wahrscheinlichkeit, dass eine fertige Kerze zwischen 248 g und 252 g wiegt?

6 Ein Kunde bittet an einem Schlachtertresen im Supermarkt um ein Viertelpfund „Thüringer Mett". Die Verkäuferin kann die gewünschte Menge in der Regel exakt abschätzen. Ihre Abweichung beträgt lediglich 2 %. Wie groß ist die Wahrscheinlichkeit, dass das Gesamtgewicht des Metts nur um 2 % von der gewünschten Menge abweicht.

7 Eine Manufaktur stellt mundgeblasene Weingläser mit einem Inhalt von 250 ml her. Aus produktionstechnischen Gründen weicht der Inhalt durchschnittlich um 2,5 % vom vorgegebenen Wert ab. Hat ein Glas weniger als 245 ml oder mehr als 255 ml Inhalt, so wird es wieder eingeschmolzen. Berechnen Sie die Wahrscheinlichkeit, dass ein Glas nicht den Qualitätsanforderungen entspricht.

8 Die Anzahl der Gäste G [Personen] in einem Eiscafe ist abhängig von der Temperatur t [°C] und lässt sich durch die Funktionsgleichung $G(t) = t^2 + 40x$ beschreiben. An einem durchschnittlichen Sommertag beträgt die Temperatur 20 °C. Sie schwankt jedoch durchschnittlich um 3 °C. Wie groß ist die Wahrscheinlichkeit, dass an einem durchschnittlichen Sommertag genau 380 Gäste kommen?

9 In einem metallverarbeitenden Betrieb werden Aluminiumwürfel mit einer Kantenlänge von 15 cm gefertigt. Aufgrund eines Einstellfehlers der Maschine weicht die Kantenlänge durchschnittlich um 1 mm ab. Wie groß ist die Wahrscheinlichkeit, dass ein Würfel zwischen 9,1 kg und 9,15 kg wiegt, wenn Aluminium eine Dichte von 2,7 g/cm^3 hat?

10 Ein Taxiunternehmer hat ausgerechnet, dass eine Fahrt von der Herderstraße in die Baltusallee normalerweise 12,30 EUR kostet. Aufgrund des unterschiedlich starken Verkehrsaufkommens schwankt dieser Wert durchschnittlich um 1,50 EUR. Ein Kunde hat lediglich 10,00 EUR dabei. Wie groß ist die Wahrscheinlichkeit, dass das Geld ausreichen wird?

2.6.2 Standardnormalverteilung

Die Standardnormalverteilung ist eine Normalverteilung mit dem Erwartungswert $\mu = 0$ und der Standardabweichung $\sigma = 1$. Werden die Werte der beiden Parameter in die Dichtefunktion der Normalverteilung eingesetzt, ergibt sich:

$$\varphi(x) = \frac{1}{1 \cdot \sqrt{2\pi}} \cdot e^{-\frac{1}{2}\cdot\left(\frac{x-0}{1}\right)^2} = \varphi(x) = \frac{1}{\sqrt{2\pi}} \cdot e^{-\frac{1}{2}x^2}$$

Um herauszustellen, dass es sich um eine besondere Normalverteilung handelt, wird in der Regel bei der Standardnormalverteilung für die Variable ein z an Stelle von x verwendet.

Daher gilt für die **Dichtefunktion der Standardnormalverteilung**:

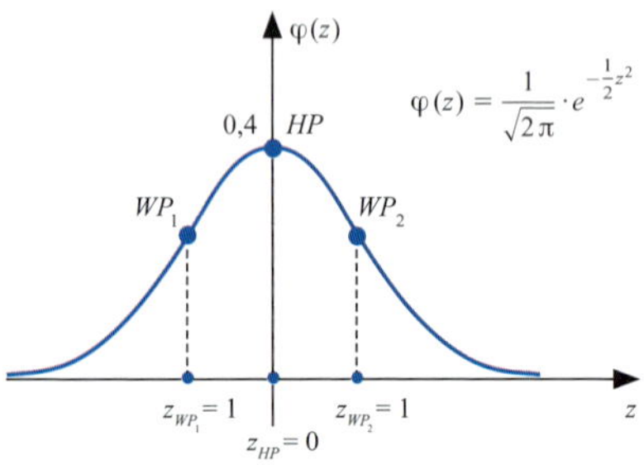

$$\varphi(z) = \frac{1}{\sqrt{2\pi}} \cdot e^{-\frac{1}{2}z^2}$$

Dichtefunktion der Standardnormalverteilung

Dabei wird der Term $\frac{x-\mu}{\sigma}$ durch z ersetzt. Dieser Übergang wird **Standardisieren** genannt.

Für die **Verteilungsfunktion der Standardnormalverteilung** gilt dementsprechend:

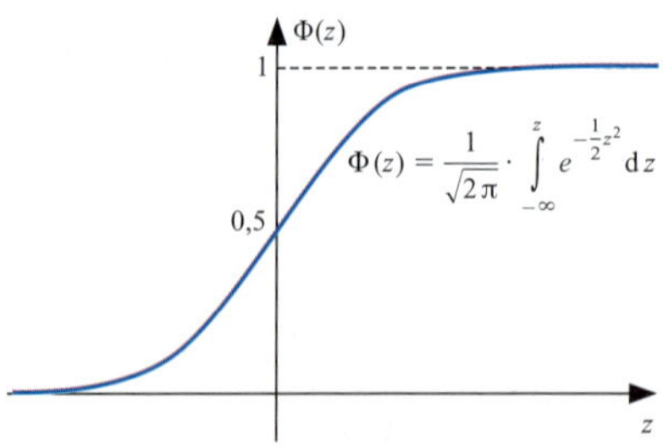

$$\Phi(z) = \frac{1}{\sqrt{2\pi}} \cdot \int_{-\infty}^{z} e^{-\frac{1}{2}z^2}\, dz$$

Verteilungsfunktion der Standardnormalverteilung

Jede „allgemeine" Normalverteilung lässt sich auf die Standardnormalverteilung zurückführen. Da sich die Dichtefunktion nicht auf eine elementare Stammfunktion zurückführen lässt, liegen die Funktionswerte von $\Phi(z)$ für $0 \leq z \leq 3{,}99$ in Tabellenform[1)] vor.

[1)] Ein Beispiel zum Ablesen der Tabellenwerte befindet sich auf Seite 168.

Wahrscheinlichkeiten der Formen $P(Z \leq z)$ und $P(z_1 \leq Z \leq z_2)$ lassen sich nun mit den Formeln und der Tabelle im Anhang berechnen:

$$P(Z \leq z) = \frac{1}{\sqrt{2\pi}} \cdot \int_{-\infty}^{z} e^{-\frac{1}{2}z^2} \mathrm{d}z = \Phi(z) \text{ mit } z = \frac{x - \mu}{\sigma}$$

$$P(z_1 \leq Z \leq z_2) = \frac{1}{\sqrt{2\pi}} \cdot \int_{z_1}^{z_2} e^{-\frac{1}{2}z^2} \mathrm{d}z = \Phi(z_2) - \Phi(z_1) \text{ mit } z_2 = \frac{x_2 - \mu}{\sigma}$$

und $z_1 = \dfrac{x_1 - \mu}{\sigma}$

Beispiele

Situation 1 (von S. 160)

Gesucht wurde $P(0 \leq X \leq 9{,}4)$ mit $\mu = 8$ und $\sigma = 1$.

$$z_2 = \frac{x_2 - \mu}{\sigma} = \frac{9{,}4 - 8}{1} = 1{,}4$$

$$z_1 = \frac{x_1 - \mu}{\sigma} = \frac{0 - 8}{1} = -8$$

Daraus folgt:

$$\begin{aligned} &P(-8 \leq Z \leq 1{,}4) \\ &\quad = \Phi(1{,}4) - \Phi(-8) \\ &\quad = \Phi(1{,}4) - (1 - \Phi(8)) \\ &\quad = 0{,}9192 - (1 - 1) \\ &P(-8 \leq Z \leq 1{,}4) = 0{,}9192 \end{aligned}$$

Situation 2 (von S. 163)

Gesucht wurde $P(99{,}9975 \leq X \leq 100{,}0025)$ mit $\mu = 100$ und $\sigma = 0{,}001$.

$$z_2 = \frac{x_2 - \mu}{\sigma} = \frac{100{,}0025 - 100}{0{,}001} = 2{,}5$$

$$z_1 = \frac{x_1 - \mu}{\sigma} = \frac{99{,}9975 - 100}{0{,}001} = -2{,}5$$

Daraus folgt:

$$\begin{aligned} &P(-2{,}5 \leq Z \leq 2{,}5) \\ &\quad = \Phi(2{,}5) - \Phi(-2{,}5) \\ &\quad = \Phi(2{,}5) - (1 - \Phi(2{,}5)) \\ &\quad = 0{,}9938 - (1 - 0{,}9938) \\ &P(-2{,}5 \leq Z \leq 2{,}5) = 0{,}9876 \end{aligned}$$

Ein Beispiel zum Ablesen der Werte aus der Tabelle finden Sie auf der Folgeseite.

Die Standardnormalverteilung lässt sich ebenfalls mit dem GTR berechnen. Beispielhaft für Situation 2:

Anhang 21

Mit [2nd] [DISTR] 2:normalcdf(die Normalverteilung wählen und mit [ENTER] bestätigen. Hinter dem Befehl normalcdf(verbirgt sich die Verteilungsfunktion Φ.	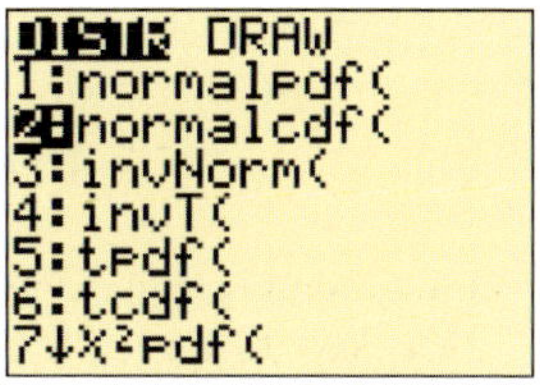
Anschließend werden die Werte für die linke Grenze und rechte Grenze durch [,] getrennt eingeben. Die Eingabe wird durch [)] beendet. [ENTER] liefert die Wahrscheinlichkeit. μ und σ müssen nicht eingegeben werden.	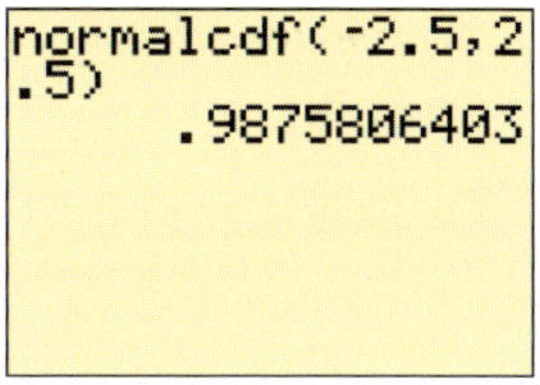

Ablesen aus der Tabelle zur Standardnormalverteilung

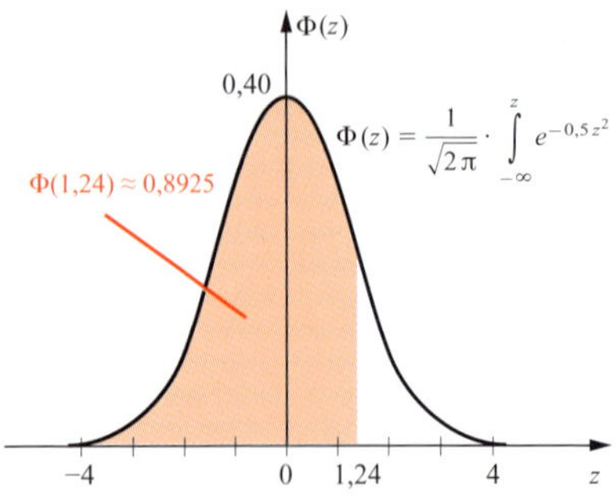

In dem nachfolgenden Tabellenausschnitt[1] gibt die erste Spalte die ersten beiden Ziffern der Dezimalzahl und die erste Zeile die zweite Nachkommastelle der Dezimalzahl an:
$\Phi(1{,}24) = 0{,}8925$

Tabellenausschnitt

Für $z \geq 4$ gilt: $\Phi(z) \approx 1$

z	**0**	**1**	**2**	**3**	**4**	**5**	**6**	**7**	**8**	**9**
0,0	0,5000	5040	5080	5120	5160	5199	5239	5279	5319	5359
0,1	5398	5438	5478	5517	5557	5596	5636	5675	5714	5753
...	...	...	...	...	...	...	...	...	...	...
1,1	8643	8665	8686	8708	8729	8749	8770	8790	8810	8830
1,2	8849	8869	8888	8907	**8925**	8944	8962	8980	8997	9015
1,3	9032	9049	9066	9082	9099	9115	9131	9147	9162	9177
...	...	...	...	...	...	...	...	...	...	...
3,8	9999	9999	9999	9999	9999	9999	9999	9999	9999	9999
3,9	1,000	1,000	1,000	1,000	1,000	1,000	1,000	1,000	1,000	1,000

Da der Graph der Dichtefunktion der Standardnormalverteilung achsensymmetrisch zur y-Achse ist, lassen sich auch die Wahrscheinlichkeiten für negative z-Werte mithilfe der Tabelle berechnen. Es gilt:

$$\Phi(-z) = 1 - \Phi(z)$$

$$\Phi(-1{,}24) = 1 - \Phi(1{,}24) = 1 - 0{,}8925 = 0{,}1075$$

Im Umkehrschluss lassen sich zu gegebenen Wahrscheinlichkeiten die entsprechenden Werte für z bestimmen. Dies ist sowohl mit der Tabelle, als auch mit dem GTR möglich.

Beispiel

Gesucht ist der Wert von z, so dass $\Phi(z) = 0{,}975$ gilt.

[1] Die vollständige Tabelle befindet sich im Anhang.

Bestimmung von z mit dem GTR

Anhang 22

Zunächst im Hauptbildschirm mit [2nd] [DISTR] 3:invNorm(den entsprechenden Befehl auswählen.

Nun den Wert für $\Phi(z)$ eingeben und mit [)] die Eingabe beenden. [ENTER] liefert das gewünschte Ergebnis.

Bestimmung von z mithilfe der Tabelle

z	0	0,01	0,02	0,03	0,04	0,05	0,06	0,07	0,08	0,09
0,0	0,5000	5040	5080	5120	5160	5199	5239	5279	5319	5359
0,1	5398	5438	5478	5517	5557	5596	5636	5675	5714	5753
...	...	...	...	...	...	...	...	...	...	...
1,8	9641	9649	9656	9664	9671	9678	9686	9693	9699	9706
1,9	9713	9719	9726	9732	9738	9744	**9750**	9756	9761	9767
2,0	9772	9778	9783	9788	9793	9798	9803	9808	9812	9817
...	...	...	...	...	...	...	...	...	...	...
3,8	9999	9999	9999	9999	9999	9999	9999	9999	9999	9999
3,9	1	1	1	1	1	1	1	1	1	1

Übungsaufgaben

1 Bestimmen Sie die Wahrscheinlichkeiten mit dem GTR.

a) $P(-1{,}5 \leq X \leq 1{,}5)$ b) $P(-1{,}32 \leq X \leq 1{,}32)$ c) $P(-2{,}46 \leq X \leq 2{,}46)$
d) $P(-10 \leq X \leq 10)$ e) $P(-0{,}45 \leq X \leq 2{,}12)$ f) $P(-1{,}88 \leq X \leq 1{,}95)$

2 Bestimmen Sie die Wahrscheinlichkeiten mit der Tabelle im Anhang.

a) $P(-1{,}2 \leq X \leq 1{,}2)$ b) $P(-1{,}96 \leq X \leq 1{,}96)$ c) $P(-2{,}66 \leq X \leq 2{,}66)$
d) $P(-4{,}5 \leq X \leq 3{,}6)$ e) $P(-0{,}32 \leq X \leq 0{,}64)$ f) $P(-0{,}55 \leq X \leq -0{,}1)$

3 Bestimmen Sie das zur Wahrscheinlichkeit gehörige z mit dem GTR.

a) $\Phi(z) = 0{,}95$ b) $\Phi(z) = 0{,}73$ c) $\Phi(z) = 0{,}85$
d) $\Phi(z) = 32\,\%$ e) $\Phi(z) = \frac{3}{4}$ f) $\Phi(z) = \sqrt{0{,}0625}$

3 Bestimmen Sie das zur Wahrscheinlichkeit gehörige z mit der Tabelle im Anhang.

a) $\Phi(z) = 0{,}96$ b) $\Phi(z) = 0{,}77$ c) $\Phi(z) = 0{,}80$

d) $\Phi(z) = 98{,}9\,\%$ e) $\Phi(z) = \frac{2}{3}$ f) $\Phi(z) = \sqrt{0{,}95}$

4 In einem Industriebetrieb wird Fruchtsaft in Flaschen abgefüllt. Die Maschine ist so eingestellt, dass sie 750 ml Saft in jede Flasche füllt. Tatsächlich weicht die Füllmenge durchschnittlich um 10 ml ab. Wie groß ist die Wahrscheinlichkeit, dass in einer zufällig ausgewählten Flasche zwischen 745 ml und 755 ml Saft enthalten sind?

5 Ein Parketthersteller erhält von einem Sägewerk Eichenbretter. Die Ware wird nur angenommen, wenn der Feuchtigkeitsgehalt der Bretter zwischen 8 % und 10 % liegt. Für gewöhnlich haben die angelieferten Bretter eine Restfeuchtigkeit von 8,5 %, mit einer durchschnittlichen Abweichung von einem Zehntel. Berechnen Sie die Wahrscheinlichkeit dafür, dass eine Lieferung nicht angenommen wird.

6 Ein Spezialitätenhändler erhält aus Frankreich weiße Trüffel, die er zu einem Preis von 9 500,00 EUR/kg in seinem Geschäft verkauft. Die Trüffel sind durchschnittlich 20 g schwer. Da es sich um ein Naturprodukt handelt, schwankt das Gewicht durchschnittlich um 30 %. Ein Kunde betritt mit 200,00 EUR Bargeld das Geschäft. Wie groß ist die Wahrscheinlichkeit, dass der Kunde einen zufällig ausgewählten Trüffel bar bezahlen kann?

7 Ein Pharmakonzern testet an 2 500 Probanden ein neues Schmerzmittel. Jeder Testteilnehmer erhält pauschal 1 000,00 EUR. Treten bei dem Probanden nachweisbare Nebenwirkungen auf, so erhält dieser zusätzlich weitere 2 000,00 EUR. Bei vorangegangenen Tests des gleichen Umfangs wurden bei durchschnittlich 100 Personen Nebenwirkungen nachgewiesen. Allerdings schwankte dieser Wert durchschnittlich um 28 %. Wie groß ist die Wahrscheinlichkeit, dass insgesamt mehr als 3 Mio. EUR ausgezahlt werden müssen?

8 Zur Schadensregulierung hat eine Versicherung auf Grundlage der diesjährigen durchschnittlichen monatlichen Schadensanzahl für Juli 450 000,00 EUR eingeplant.

Anzahl Schadensfälle

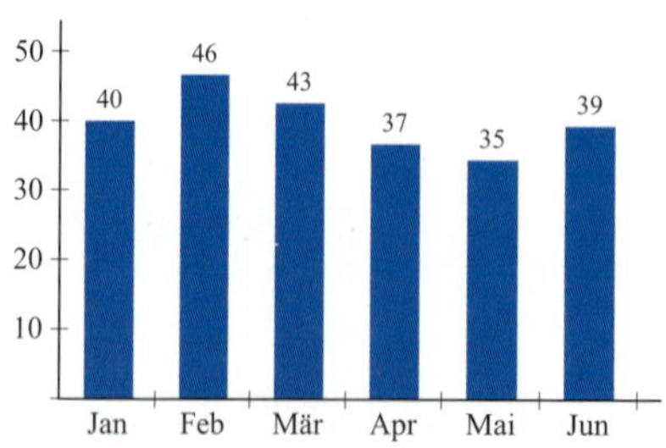

eingereichte Schadensfälle Januar–Juni

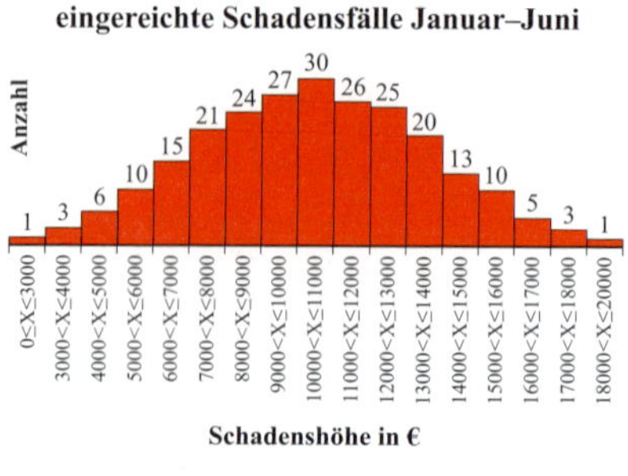

a) Wie groß ist die Wahrscheinlichkeit, dass dieser Betrag ausreichen wird?

b) Wie viel Geld müssen Sie einplanen, damit der Betrag mit einer Wahrscheinlichkeit von 95 % ausreicht?

9 Um die Auslastung der eigenen Flugzeuge zu steigern, möchte eine Fluggesellschaft zukünftig mehr Tickets verkaufen, als Sitzplätze vorhanden sind. Die Anzahl der Fluggäste, die nicht rechtzeitig zum Abflug erscheinen, ist normalverteilt. Erfahrungsgemäß erscheinen pro Monat 250 000 Fluggäste nicht rechtzeitig, wobei die Abweichung durchschnittlich 24 % beträgt. Wie viele Tickets kann die Fluggesellschaft pro Monat verkaufen, wenn pro Monat 3 000 000 Sitzplätze zur Verfügung stehen und das Risiko, einen Gast nicht befördern zu können, maximal 5 % betragen soll?

2.6.3 Approximation der Binomialverteilung durch die Normalverteilung

In der Realität sind Stichproben häufig sehr groß. Ein großer Nachteil der Binomialverteilung ist, dass sich einzelne und vor allem kumulierte Wahrscheinlichkeiten wie $F_{100;0,5}(60)$ ohne geeignete Taschenrechner oder Computerprogramme nicht, oder nur sehr aufwendig berechnen lassen, weil nur für sehr wenige Werte von n Tabellen vorliegen. Während sich $F_{100;0,5}(60)$ aus einer der Tabellen im Anhang ablesen ließe, wäre es bei $F_{64;0,5}(34)$ nicht möglich.

Die Binomialverteilung lässt sich jedoch unter bestimmten Vorraussetzungen durch die Normalverteilung approximieren[1].

Stellt man unterschiedliche Binomialverteilungen grafisch als Histogramme dar, so fällt auf, dass sie sich bei einem größer werdenden Stichprobenumfang n immer stärker einer Glockenform annähern.

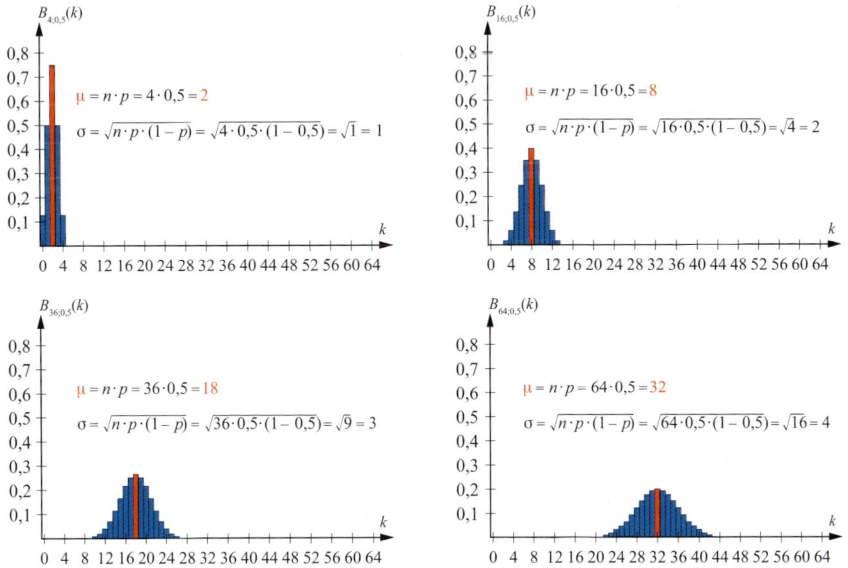

[1] Approximation: angenäherte Bestimmung

Die Höhe der einzelnen Säulen wird mit zunehmendem Stichprobenumfang immer geringer, weil die Gesamtfläche alle Säulen immer 1 also 100 % beträgt und die Anzahl der Säulen dem größer werdenden Stichprobenumfang n entspricht. Darüber hinaus verschiebt sich das Histogramm weiter nach rechts, da sich der Erwartungswert binomialverteilter Zufallsgrößen mithilfe der Formel $\mu = n \cdot p$ also in diesem Fall durch $\mu = 0{,}5\,n$ berechnen lässt.

Die so entstehende Glockenform entspricht im Wesentlichen der Gaußschen Glockenkurve, die durch die Funktionsgleichung $\varphi(x) = \frac{1}{\sqrt{2\pi}} \cdot e^{-\frac{1}{2}x^2}$ beschrieben wird.

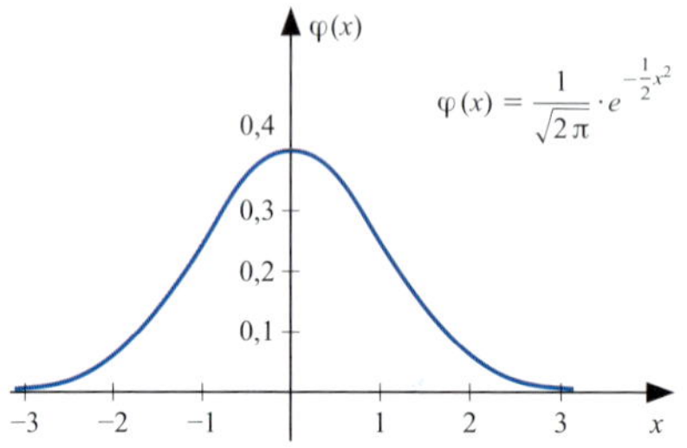

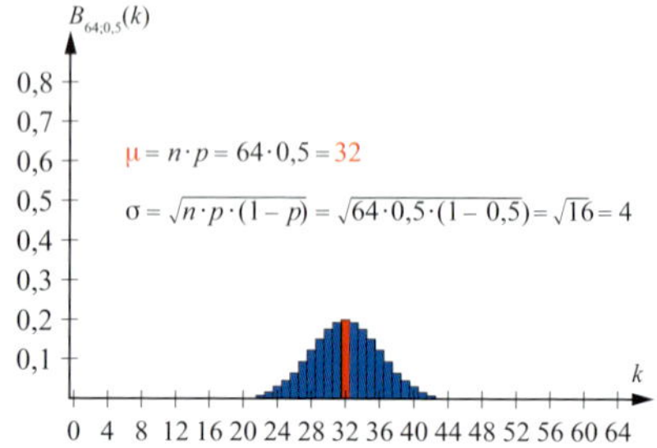

Die Fläche unterhalb der Gaußschen Glockenkurve lässt sich durch Integration bestimmen:

$$\int_{-\infty}^{+\infty} \varphi(x)\,\mathrm{d}x = \frac{1}{\sqrt{2\pi}} \cdot \int_{-\infty}^{+\infty} e^{-\frac{1}{2}x^2}\,\mathrm{d}x = 1$$

Integral der Dichtefunktion

Der Flächeninhalt aller Säulen im Histogramm einer Binomialverteilung ist ebenfalls 1.

1730 gelang es dem französischen Mathematiker Abraham de Moivre (1667–1754) für $p = 0{,}5$ durch drei Schritte das Histogramm so zu transformieren, dass es „unter" die Gaußsche Glockenkurve passt.

1. Schritt

Das Histogramm wird um 32, den Erwartungswert μ, nach links auf der Abszissenachse verschoben. Dadurch ändert sich die Gesamtfläche der Rechtecke nicht. Die Säulenbreite beträgt weiterhin 1 und die Säuenhöhe entspricht $B_{64;0,5}(k)$.

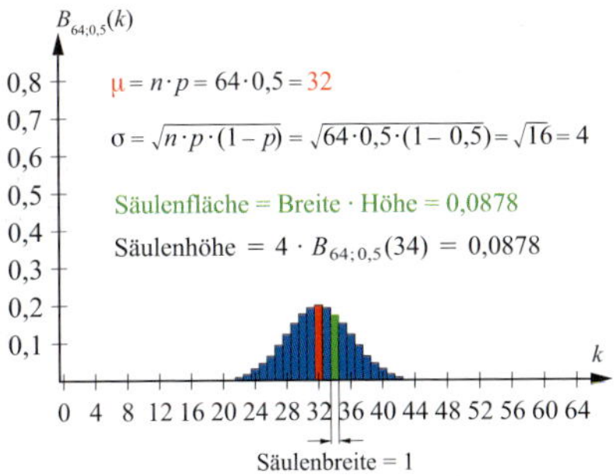

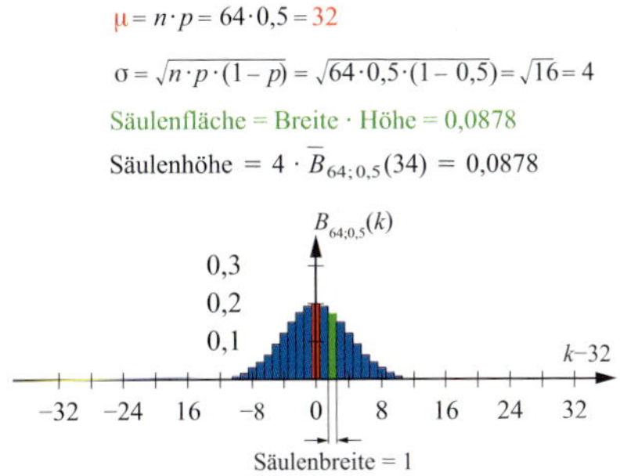

2. Schritt

Das Histogramm wird um 4, also die Standardabweichung σ in x-Richtung zusammengeschoben. Dadurch ist jede Säule nur noch 0,25 breit.

3. Schritt

Damit die Säulenfläche sich nicht ändert, muss diese in der Höhe vervierfacht werden. Die Säulenhöhe entspricht dann $4 \cdot B_{64;0,5}(k)$.

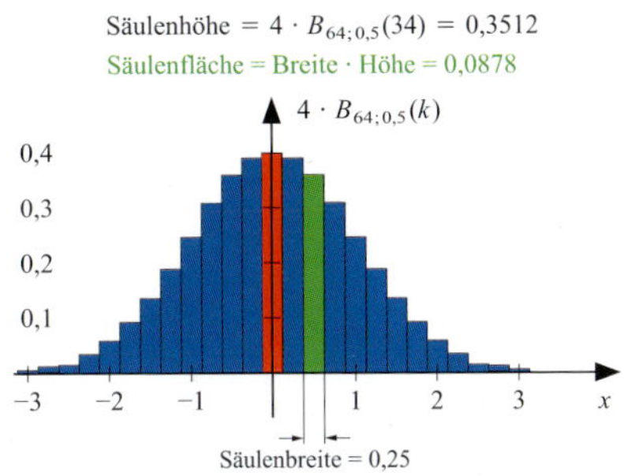

Stellt man nun sowohl den Graphen der Funktionsgleichung

$$\varphi(x) = \frac{1}{\sqrt{2\pi}} \cdot e^{-\frac{1}{2}x^2}$$

sowie das angepasste Histogramm gemeinsam in einem Koordinatensystem dar, so wird deutlich, dass sich beide sehr ähnlich sind. Der Funktionsgraph verläuft dabei jeweils durch die Mitte der Säulen.

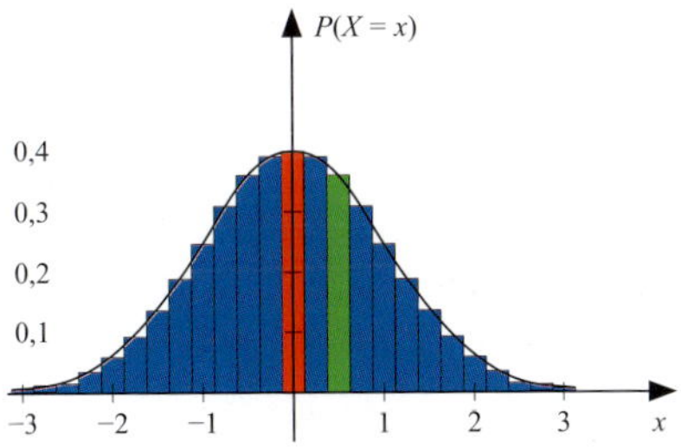

Während sich aus dem Histogramm nur Wahrscheinlichkeiten für ganzzahlige Werte entnehmen lassen und die Menge dieser ganzzahligen Werte abzählbar unendlich ist (**diskrete Werte**), lassen sich mithilfe der Glockenkurve und der dazugehörigen Funktionsgleichung Wahrscheinlichkeiten für jeden Wert x bestimmen (**stetige Werte**). Die Menge der Werte ist nicht abzählbar, da zwischen zwei Werten unendlich viele weitere liegen.

Situation 3

In einem Industriebetrieb wird Zartbitter- und Vollmilchschokolade zu gleichen Anteilen produziert und zufällig in Kartons mit jeweils 50 Tafeln verpackt. Berechnen Sie mithilfe der Binomialverteilung exakt und mithilfe der Normalverteilung näherungsweise die Wahrscheinlichkeit, dass in einem Karton zwischen 24 und 26 Tafeln Vollmilchschokolade enthalten sind.

Lösung (Algebra)

Gesucht ist $P(24 \leq X \leq 26) = P(X = 24) + P(X = 25) + P(X = 26)$, das ist die Wahrscheinlichkeit für entweder 24, 25, oder 26 Tafeln Vollmilchschokolade einem zufällig ausgewählten Karton. Die Zufallsgröße X: „Anzahl der Tafeln Vollmilchschokolade" ist binomialverteilt und hat den Erwartungswert $\mu = n \cdot p = 50 \cdot 0{,}5 = 25$ und die Standardabweichung
$\sigma = \sqrt{n \cdot p \cdot q} = \sqrt{50 \cdot 0{,}5 \cdot (1 - 0{,}5)} \approx 3{,}54$.

Binomialverteilung	**Normalverteilung**
$P_B(X = x_i) = \binom{n}{x_i} \cdot p^{x_i} \cdot (1 - p)^{n - x_i}$	$P_N(X = x_i) = \frac{1}{\sigma \cdot \sqrt{2\pi}} \cdot e^{-\frac{1}{2}\left(\frac{x - \mu}{\sigma}\right)^2}$ Mit $\mu = n \cdot p = 50 \cdot 0{,}5$ und $\sigma = \sqrt{n \cdot p \cdot q} = \sqrt{50 \cdot 0{,}5 \cdot (1 - 0{,}5)} \approx 3{,}54$ gilt: $P_N(X = x) = \frac{1}{\sqrt{n \cdot p \cdot q} \cdot \sqrt{2\pi}} \cdot e^{-\frac{1}{2}\left(\frac{x - n \cdot p}{\sqrt{n \cdot p \cdot q}}\right)^2}$
$P_B(X = 24) = \binom{50}{24} \cdot 0{,}5^{24} \cdot 0{,}5^{26} \approx 0{,}1080$	$P_N(X = 24) = \frac{1}{3{,}54 \cdot \sqrt{2\pi}} \cdot e^{-\frac{1}{2}\left(\frac{24 - 25}{3{,}54}\right)^2} \approx 0{,}1083$
$P_B(X = 25) = \binom{50}{25} \cdot 0{,}5^{25} \cdot 0{,}5^{25} \approx 0{,}1123$	$P_N(X = 25) = \frac{1}{3{,}54 \cdot \sqrt{2\pi}} \cdot e^{-\frac{1}{2}\left(\frac{25 - 25}{3{,}54}\right)^2} \approx 0{,}1127$
$P_B(X = 26) = \binom{50}{26} \cdot 0{,}5^{26} \cdot 0{,}5^{24} \approx 0{,}1080$	$P_N(X = 26) = \frac{1}{3{,}54 \cdot \sqrt{2\pi}} \cdot e^{-\frac{1}{2}\left(\frac{26 - 25}{3{,}54}\right)^2} \approx 0{,}1083$

x_i	$P_B(X = x)$
24	0,1080
25	0,1123
26	0,1080
Σ	0,3283

x_i	$P_N(X = x)$
24	0,1083
25	0,1127
26	0,1083
Σ	0,3293

Die gesuchte Wahrscheinlichkeit beträgt in beiden Fällen etwa 33 %.

Anhang 17, 18

Lösung 1 (GTR)

Binomialverteilung

[2nd] [DISTR] A:binompdf(mit [ENTER] auswählen und die Werte für n, p und k durch [,] getrennt eingeben. Die Eingabe durch [)] beenden. [ENTER] liefert die Wahrscheinlichkeit.

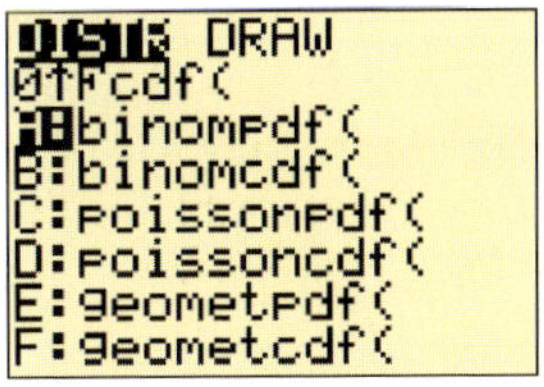

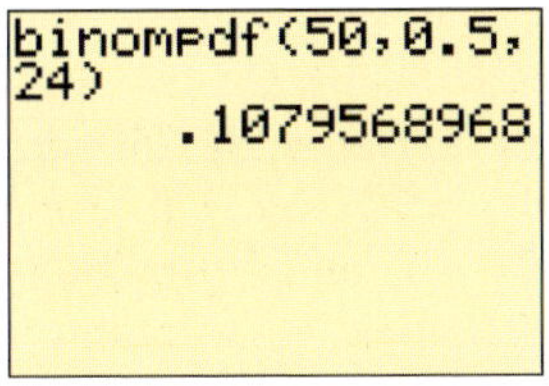

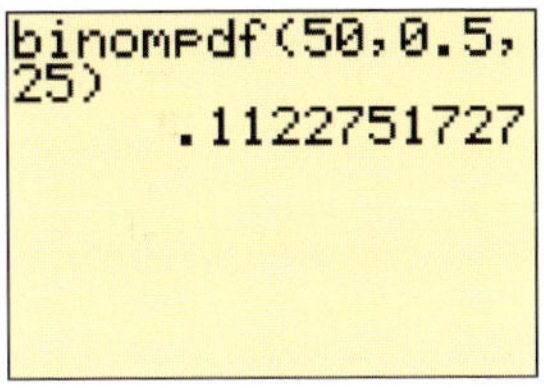

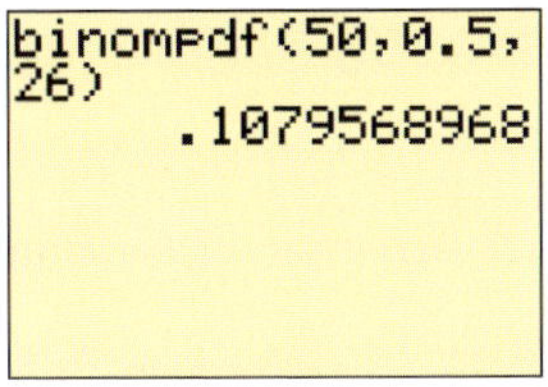

Anschließend müssen die drei Werte addiert werden.

$P(24 \leq X \leq 26) \approx 0{,}108 + 0{,}1123 + 0{,}108 \approx 0{,}3283$

Normalverteilung

[2nd] [DISTR] 1:normalpdf(mit [ENTER] auswählen und die Werte für x, μ und σ durch [,] getrennt eingeben. Die Eingabe durch [)] beenden. [ENTER] liefert die Wahrscheinlichkeit.

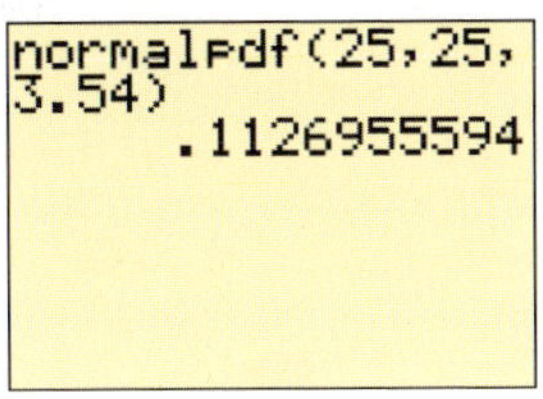

Anschließend müssen die drei Werte addiert werden.

$P(24 \leq X \leq 26) \approx 0{,}1083 + 0{,}1127 + 0{,}1083 \approx 0{,}3293$

Anhang 17, 18

Lösung 2 (GTR)

Mithilfe des GTR lassen sich die gesuchten Wahrscheinlichkeiten jedoch auch noch schneller bestimmen.

Binomialverteilung

$P(24 \leq X \leq 25) = F_{50;0,5}(25) - F_{50;0,5}(23)$

[2nd] [DISTR] B:binomcdf(mit [ENTER] auswählen und die Werte für n, p und k durch [,] getrennt eingeben. Die Eingabe durch [)] beenden. [ENTER] liefert die Wahrscheinlichkeit.

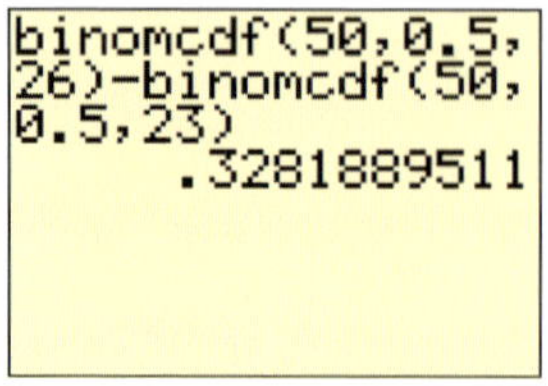

Normalverteilung

$$P(24 \leq X \leq 25) = \frac{1}{3{,}54 \cdot \sqrt{2\pi}} \cdot \int_{24}^{26} e^{-\frac{1}{2}\left(\frac{x-25}{3{,}54}\right)^2} \mathrm{d}x$$

[2nd] [DISTR] 2:normalcdf(mit [ENTER] auswählen und die Werte für linke Grenze (x_1), rechte Grenze (x_2), μ und σ durch [,] getrennt eingeben. Die Eingabe durch [)] beenden. [ENTER] liefert die Wahrscheinlichkeit.

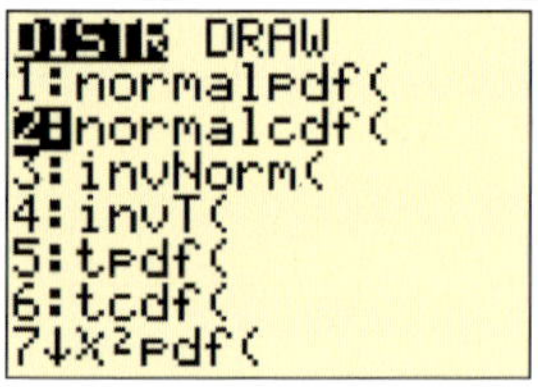

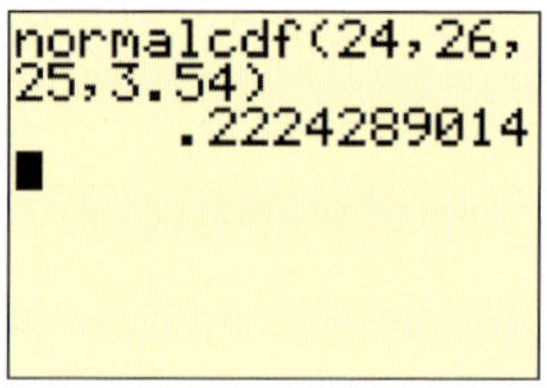

Die mithilfe der Verteilungsfunktion der Normalverteilung und der Binomialverteilung errechneten Werte weichen stark voneinander ab.

i

Die Abweichung lässt sich stark verringern, wenn bei den Intervallgrenzen ein Korrekturglied berücksichtigt wird. Dabei werden beide Intervallgrenzen jeweils um 0,5 nach außen verschoben. Diese Verschiebung der Grenzen wird als **Stetigkeitskorrektur** bezeichnet.

Begründung

Bei der **Binomialverteilung** handelt es sich um eine **diskrete** Verteilung. Die Merkmalsausprägungen können daher nur ganzzahlige Werte annehmen. Jeder der drei roten Balken hat die Breite 1. Die Höhe der Balken entspricht dabei der jeweiligen Wahrscheinlichkeit. Die Summe der Flächen ist somit die Wahrscheinlichkeit für $P(24 \leq X \leq 26) \approx 0{,}3282$.

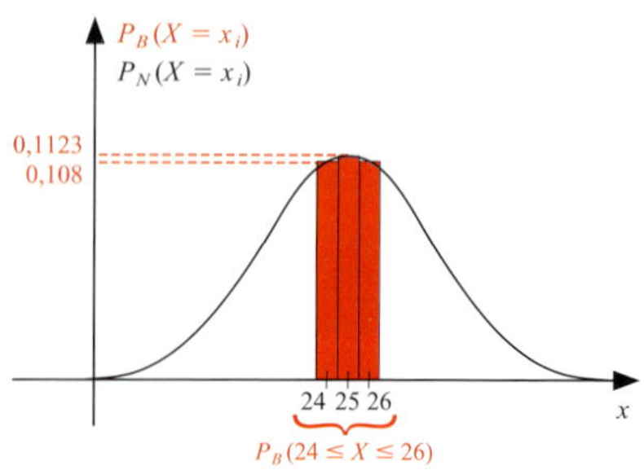

Bei der **Normalverteilung** handelt es sich um eine **stetige** Verteilung. Theoretisch sind auch Zwischenwerte möglich. Wird nun die Fläche zwischen 24 und 26 berechnet (schwarze Fläche) bleibt ein Teil der Balken frei. Es erscheint offensichtlich, dass die Grenzen daher jeweils um 0,5 nach außen verschoben werden müssen, um die Näherung zu verbessern.

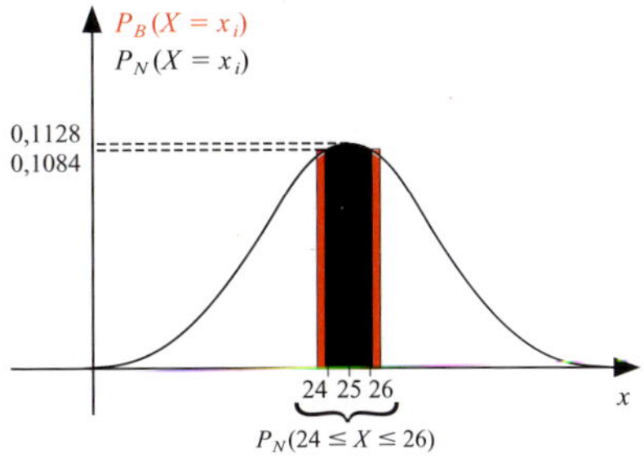

$$P(x_1 \leq X \leq x_2) = \Phi\left(\frac{x_2 + 0{,}5 - \mu}{\sigma}\right) - \Phi\left(\frac{x_1 - 0{,}5 - \mu}{\sigma}\right)$$

Näherungsformel von de Moivre-Laplace

Die Approximation der Binomialverteilung durch die Normalverteilung ist zulässig, wenn die Laplace-Bedingung erfüllt ist.

$$\sqrt{n \cdot p \cdot q} = \sigma > 3$$

Laplace-Bedingung

In Situation 3 beträgt die Standardabweichung $\sigma = 3{,}54 > 3$, so kann das Integral nun mit den neuen Grenzen 23,5 und 26,5 berechnet werden:

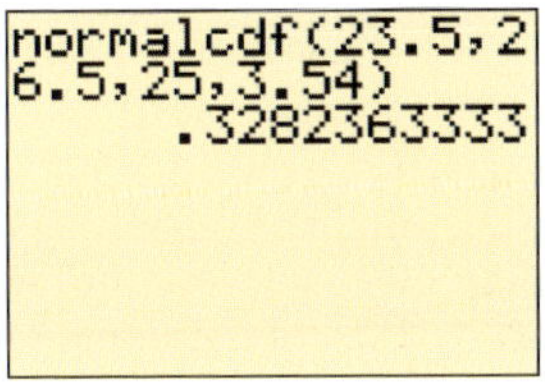

$$P_N(23{,}5 \leq X \leq 26{,}5) = \frac{1}{3{,}54 \cdot \sqrt{2\pi}} \cdot \int_{23{,}5}^{26{,}5} e^{-\frac{1}{2}\left(\frac{x-25}{3{,}54}\right)^2} \mathrm{d}x \approx 0{,}3282$$

Die Stetigkeitskorrektur lässt sich auch auf die Standardnormalverteilung übertragen, so dass das Berechnen von Wahrscheinlichkeiten binomialverteilter Zufallsgrößen – insbesondere bei großen Stichprobenumfängen – deutlich vereinfacht wird.

$$P(z_1 \leq Z \leq z_2) = \frac{1}{\sqrt{2\pi}} \cdot \int_{z_1}^{z_2} e^{-\frac{1}{2}z^2} \mathrm{d}z = \Phi(z_2) - \Phi(z_1) \text{ mit } z_2 = \frac{x_2 - \mu}{\sigma} \text{ und}$$

$$z_1 = \frac{x_1 - \mu}{\sigma}$$

$$z_2 = \frac{26{,}5 - 25}{3{,}54} \approx 0{,}42 \qquad z_1 = \frac{23{,}5 - 25}{3{,}54} \approx -0{,}42$$

Algebra (mit Tabelle)	GTR
$P(-0{,}42 \le Z \le 0{,}42) = \Phi(0{,}42) - \Phi(-0{,}42)$ $= \Phi(0{,}42) - \big(1 - \Phi(0{,}42)\big)$ $= 0{,}6628 - (1 - 0{,}6628)$ $P(-0{,}42 \le Z \le 0{,}42) = 0{,}3256$	normalcdf(-0.42, 0.42) .3255144751

Die Abweichungen sind auf Rundung der Werte für z_1 und z_2 zurückzuführen, weil Tabellenwerte nur für zwei Nachkommastellen vorliegen.

Zusammenfassung

Ist eine Zufallsgröße X binomialverteilt, so lassen sich Wahrscheinlichkeiten der Form $P(x_1 \le X \le x_2)$ für hinreichend große Werte von n mithilfe der Näherungsformel

$$P(x_1 \le X \le x_2) = \Phi\left(\frac{x_2 + 0{,}5 - \mu}{\sigma}\right) - \Phi\left(\frac{x_1 - 0{,}5 - \mu}{\sigma}\right)$$

von de Moivre-Laplace berechnen.

Die Approximation der Binomialverteilung durch die Normalverteilung liefert brauchbare Werte, wenn die Laplace-Bedingung $\sqrt{n \cdot p \cdot q} = \sigma > 3$ erfüllt ist.

Übungsaufgaben

1 Berechnen Sie die Wahrscheinlichkeit näherungsweise mithilfe der Normalverteilung.

a) $F_{50;0,3}(12)$ b) $F_{2\,800;0,6}(1700)$ c) $F_{100;0,25}(20)$
d) $F_{75;0,15}(10)$ e) $F_{798;\frac{7}{13}}(110)$ f) $F_{1\,600;\frac{1}{10}}(\mu + \sigma)$

2 Berechnen Sie die Wahrscheinlichkeit näherungsweise mithilfe der Normalverteilung.

a) $B_{30;0,5}(15)$ b) $B_{55;0,6}(28)$ c) $B_{100;0,37}(40)$
d) $B_{67;0,18}(10)$ e) $B_{38;\frac{9}{20}}(17)$ f) $B_{64;\frac{1}{2}}\left(\frac{\mu}{\sigma}\right)$

3 Berechnen Sie die Wahrscheinlichkeit näherungsweise mithilfe der Normalverteilung, wenn die Zufallsvariable binomialverteilt mit $n = 100$ und $p = 0{,}5$ ist.

a) $k = 48$ b) $k \le 50$
c) $k < 45$ d) $k > 54$
e) $48 \le k \le 52$ f) $47 < k \le 51$
g) $44 \le k < 47$ h) $42 < k < 56$

4 In einem Industriebetrieb beträgt die Ausschussquote 2 %. Wie groß ist näherungsweise die Wahrscheinlichkeit, dass von täglich 5 000 produzierten Einheiten

a) höchstens 125 Ausschuss sind?

b) höchstens 2 % Ausschuss sind?

c) mindestens 80 aber weniger als 120 Ausschuss sind?

d) weniger als 95 Ausschuss sind?

5 In Niedersachsen leben 7,95 Mio. Einwohner, von denen 3,99 Mio. evangelisch sind. Wie groß ist näherungsweise die Wahrscheinlichkeit, dass in einer repräsentativen Großstadt mit 250 000 Einwohnern

a) mindestens ein Drittel, aber höchstens die Hälfte evangelisch ist?

b) mehr als 60 % nicht evangelisch ist?

c) der Anteil der Protestanten exakt dem der Grundgesamtheit entspricht?

6 Ein Marktforschungsinstitut verschickt einen Fragebogen im Auftrag eines Telekommunikationsanbieters an 10 000 zufällig ausgewählte Haushalte in Deutschland. Die Rücklaufquote beträgt 12,5 %. Eine Woche später ruft der Telekommunikationanbieter 2 % aller Haushalte an, die einen Fragebogen erhalten haben. Wie groß ist näherungsweise die Wahrscheinlichkeit, dass unter den Angerufenen

a) mehr als 20 den Fragebogen ausgefüllt und zurückgeschickt haben?

b) genau 25 den Fragebogen ausgefüllt und zurückgeschickt haben?

c) mehr als 170 den Fragebogen nicht ausgefüllt und zurückgeschickt haben?

7 Eine Baumarktkette hat auf dem Großmarkt 25 Rollwagen mit Stiefmütterchen zu einem Sonderpreis gekauft, da laut Verkäufer 15 % der Blumen bereits vertrocknet sind.

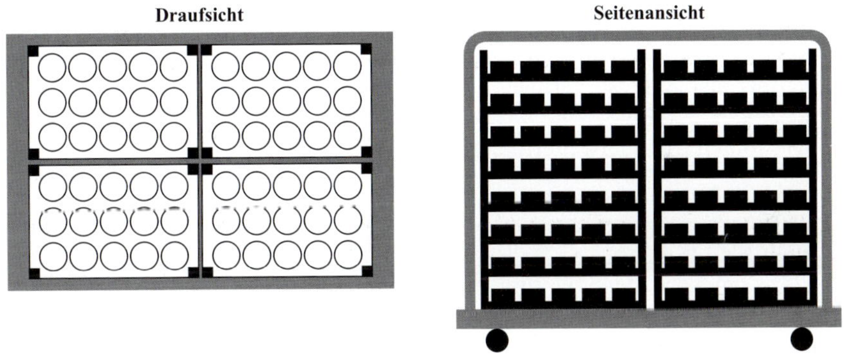

Im Rahmen der Eingangskontrolle werden 5 ‰ aller Pflanzen kontrolliert.

a) Berechnen Sie näherungsweise und exakt, wie groß die Wahrscheinlichkeit ist, dass unter den kontrollierten Pflanzen zwischen 15 % und 20 % vertrocknet sind.

b) Begründen Sie warum die Abweichung so groß ist.

2.6.4 Offene Handlungssituationen zur Normalverteilung

Die folgenden Situationen sollen Sie mit den Ihnen zur Verfügung stehenden Rechnern bearbeiten. Besonders wichtig ist die Interpretation Ihrer Ergebnisse.

Situation 4

Die Bundeswehr bildet an einem Standort alle drei Monate 500 neue Rekruten aus. Jeder Wehrpflichtige erhält zwei paar Kampfstiefel. Um die Lagerkosten möglichst gering zu halten, sollen zukünftig besonders kleine und besonders große Stiefel nicht mehr eingelagert, sondern bei Bedarf bestellt werden. Aus den vergangenen zwei Jahren ist bekannt, dass der Durchschnittssoldat die Schuhgröße 44 hat. Dabei beträgt die Abweichung ±2 Schuhgrößen.

Die Standortverwaltung beschließt daher, zukünftig nur noch Kampfstiefel in den Größen 41 bis 47 vorrätig zu halten. Beurteilen Sie den Vorschlag kritisch.

Situation 5

In einem Reisebüro plant ein extrem wetterfühliger Kunde für den August eine Reise nach Brasilien. Die Mitarbeiterin im Reisebüro entnimmt der Klimatabelle für Rio de Janeiro, dass die Durchschnittstemperatur im August 22 °C beträgt. An gewöhnlichen Tagen schwankt diese Temperatur um ±3 °C. Der Kunde möchte die Reise nur antreten, wenn die Chance, dass es kälter als 16 °C oder wärmer als 28 °C ist, geringer als 25 % ist.

Wie sollten Sie den wetterfühligen Kunden beraten?

Situation 6

Ein Sternekoch benötigt für eine Gala im Dezember 4 kg frische Brombeeren. Da diese im Winter in Deutschland nur schwer zu bekommen sind, telefoniert er bereits 6 Wochen vor der Veranstaltung mit zahlreichen Spezialitätenhändlern aus aller Welt und recherchiert darüber hinaus Preise im Internet, um die Kosten für die Früchte besser kalkulieren zu können.

Nach dreitägiger Recherche liegen ihm zahlreiche Angebote vor. Die Lieferanten bieten die Ware durchschnittlich zu einem Preis von 3,00 EUR je 200 g Schale an. Allerdings weichen die Preise durchschnittlich um 40 % vom mittleren Preis ab. Der Koch plant daher Kosten zwischen 50,00 EUR und 75,00 EUR für die Beeren ein.

Überzeugen Sie den Sternekoch, dass das Budget mit großer Wahrscheinlichkeit nicht ausreichen wird.

Situation 7

Bei einem Fast-Food-Konzern werden die Mitarbeiter mit Arbeitskleidung ausgestattet. Die Körpergröße der Mitarbeiter ist annähernd normalverteilt. Der durchschnittliche Mitarbeiter ist bei einer durchschnittlichen Abweichung von 7 cm 172 cm groß und hat einen Taillenumfang von 95 cm. Die Mitarbeiterinnen sind um 20 % schmaler. Dabei schwankt der Taillenumfang bei den Damen durchschnittlich um 8 cm. Der Konzern hält Herrengrößen von 44 bis 58 und Damengrößen von 34 bis 52 bereit. Die Herrengröße H ist abhängig von der Körpergröße x_1 und lässt sich für die bereitgehaltenen Größen durch die Funktionsgleichung $H(x_1) = x_1 - 130$ beschreiben. Die Damengrößen D werden durch den Taillenumfang x_2 berechnet. Für die vorrätigen Größen gilt die Funktionsgleichung $D(x_2) = 0{,}5x_2 + 2$.

Überzeugen Sie die Geschäftsleitung davon, dass die Herren gegenüber den Damen deutlich benachteiligt sind.

3 Daten beurteilen

3.1 Grundbegriffe der beurteilenden Statistik

Die wichtigsten Grundbegriffe der beurteilenden Statistik werden anhand eines einfachen Beispiels erläutert. Die einzelnen Begriffe werden im Rahmen von Beispielaufgaben aufgegriffen.

Beispiel

Eine Fast-Food-Kette möchte eine für die Produktionsmenge **verwertbare** Aussage darüber treffen, wie groß die Wahrscheinlichkeit ist, dass die Kunden in Hamburg einen neuen Burger kaufen würden. An einem Konsumententest in Hamburg nehmen daher zufällig ausgewählte Kunden teil und werden nach einer Verkostung zu ihrer Kaufbereitschaft befragt.

Die Gesamtheit aller Kunden in Hamburg wird als **Grundgesamtheit** bezeichnet. Um ein absolut exaktes Ergebnis zu erhalten, müsste der Konzern alle Kunden befragen. Das wäre eine **Vollerhebung**. Es wird allerdings nur ein Teil der Kunden befagt, daher spricht man von einer **Teilerhebung**. Da die Kunden zufällig ausgewählt wurden, handelt es sich um eine **Stichprobe**. Die Anzahl der befragten Personen bezeichnet man als **Stichprobenumfang**. Wenn die Stichprobe die gleichen Eigenschaften hat wie die Grundgesamtheit, also Essgewohnheiten, Einkommen etc., dann spricht man von einer **repräsentativen Stichprobe**.

3.2 Idee der Vertrauensintervalle

In der Realität werden Daten sehr häufig als (repräsentative) Stichproben erhoben, die dann als Grundlage für Aussagen über die Grundgesamtheit herangezogen werden. Das eigentliche Problem ist die sehr geringe Wahrscheinlichkeit, dass die Ergebnisse von einer Stichprobe und der Grundgesamtheit exakt übereinstimmen.

Nehmen wir an, die Fast-Food-Kette würde jeden ihrer 50 000 Hamburger Kunden befragen. Es wäre nun möglich, dass genau 4 950 Kunden den neuen Burger kaufen würden. Dies entspricht einer relativen Häufigkeit von

$$h(x_i) = \frac{n_i}{n} = \frac{4\,950}{50\,000} = 0{,}099 = 9{,}9\,\%.$$

Nähme man stattdessen 10 repräsentative Stichproben mit einem Umfang von jeweils 5 000 Personen, so könnten sich folgende relative Wahrscheinlichkeiten ergeben.

Stichprobe	1	2	3	4	5	6	7	8	9	10
$h(x_i)$	9,5 %	10,1 %	10 %	9,9 %	10,3 %	10,2 %	9,7 %	10,3 %	9,4 %	10,6 %

Die Tabelle zeigt, dass möglicherweise nur eine Stichprobe das genaue Ergebnis liefert. Daher ist es nicht möglich, anhand einer Stichprobe eine genaue Aussage über die Grundgesamtheit zu treffen.

Mithilfe statistischer Überlegungen und Berechnungen ist es aber möglich, anhand von Stichproben eine Bandbreite oder ein Intervall beliebiger Genauigkeit festzulegen, in dem sich der Wert der Grundgesamtheit wahrscheinlich befindet. Dieses Intervall wird als **Vertrauens-** oder **Konfidenzintervall**[1] bezeichnet.

Nehmen wir an, der Fast-Food-Konzern hätte lediglich 5 000 Kunden befragt und die Befragung hätte ergeben, dass 10 % den neuen Burger kaufen würden. Nun könnten z. B. drei unterschiedliche Aussagen aufgestellt werden.

1. Der Anteil der Grundgesamtheit beträgt ebenfalls genau 10 %.
2. Der Anteil der Grundgesamtheit liegt zwischen 0 % und 100 %.
3. Der Anteil der Grundgesamtheit liegt zwischen 9 % und 11 %.

---

[1] von lateinisch confidere: vertrauen

Die erste Aussage ist sehr unwahrscheinlich. Die zweite Aussage ist auf jeden Fall richtig, aber wenig sinnvoll, da anhand dieser Zahlen nicht geplant werden kann. Die dritte Aussage scheint brauchbar zu sein. Es fehlt jedoch eine Angabe darüber, wie wahrscheinlich es ist, dass der Anteilswert der Grundgesamtheit in diesem Intervall liegt. Diese Wahrscheinlichkeit wird als **Sicherheits-** oder **Vertrauenswahrscheinlichkeit** bezeichnet. Die Wahrscheinlichkeit, dass der Anteilswert der Grundgesamtheit nicht in diesem Intervall liegt, heißt **Irrtumswahrscheinlichkeit**. Irrtumswahrscheinlichkeit und Vertrauenswahrscheinlichkeit ergeben zusammen immer 100 %.

Bei der ersten Aussage muss wegen des sehr kleinen Intervalls die Vertrauenswahrscheinlichkeit sehr gering und die Irrtumswahrscheinlichkeit im Gegenzug sehr hoch sein, wie zur Tabelle überlegt wurde. Bei der zweiten Aussage hingegen ist es genau umgekehrt. Aus den vorangegangenen Überlegungen ergibt sich, dass die Vertrauenswahrscheinlichkeit und Intervallbreite zusammenhängen.

Je breiter das Intervall, desto größer ist die Vertrauenswahrscheinlichkeit und desto kleiner ist die Irrtumswahrscheinlichkeit.

Wie dicht der tatsächliche Wert der Grundgesamtheit an dem Stichprobenwert liegt, hängt dabei ganz entscheidend vom **Stichprobenumfang** und dem **Standardfehler**, der Standardabweichung mehrerer Stichprobenergebnisse, ab. Es gilt:

Je **größer** der **Stichprobenumfang**, desto unwahrscheinlicher ist es, dass der Stichprobenwert weit vom Wert der Grundgesamtheit entfernt ist.

Je **kleiner** der **Standardfehler** ist, desto unwahrscheinlicher ist es, dass der Stichprobenwert weit vom Wert der Grundgesamtheit entfernt ist.

Der Anteil der Grundgesamtheit wird häufig als „wahrer“ Anteil bezeichnet.

Ein angegebenes Vertrauensintervall lässt sich nur dann sinnvoll interpretieren, wenn die dazugehörige Vertrauenswahrscheinlichkeit, also die Wahrscheinlichkeit, dass der Wert der Grundgesamtheit in dem angegeben Intervall liegt, angegeben ist. Üblich sind Vertrauenswahrscheinlichkeiten von 90 %, 95 % und 99 %. Es ist aber möglich, das Intervall für jede beliebige Vertrauenswahrscheinlichkeit zu bestimmen.

3.3 Vertrauensintervalle zu konkreten Vertrauenswahrscheinlichkeiten

i

Zu jedem Vertrauensintervall gehört eine Vertrauenswahrscheinlichkeit. Die nachfolgende Grafik ist bereits aus dem Kapitel 2.5.5 Sigma-Regeln bekannt. Sie zeigt die Wahrscheinlichkeitsverteilung einer binomialverteilten Zufallsgröße mit $n = 100$ und $p = 0{,}5$.

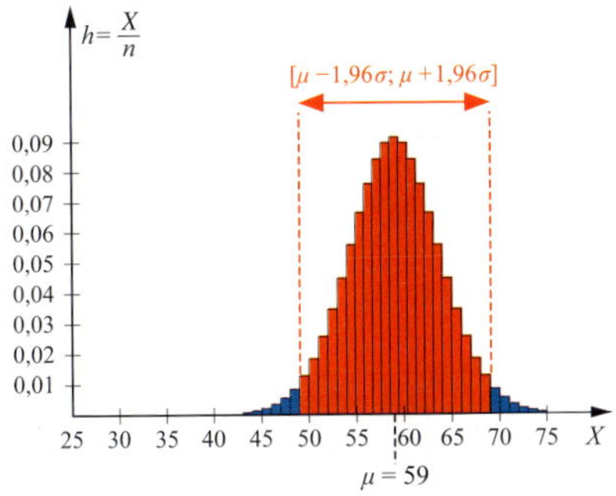

Erhöht man die Wahrscheinlichkeit, so verschiebt sich das Histogramm auf der x-Achse nach rechts.

Die maximale Wahrscheinlichkeit, die mit der Stichprobe vereinbar ist, liegt bei 59 %, da der **ursprüngliche Erwartungswert** 50 nun gerade noch „links im Intervall" liegt.

Das 95 %-Vertrauensintervall umfasst somit alle Werte zwischen 41 % und 59 %. Der Anteil der roten Eimer in der Produktion beträgt daher mit einer Wahrscheinlichkeit von 95 % zwischen 41 % und 59 %.

Das Problem lässt sich aber nicht nur grafisch, sondern auch algebraisch lösen. Gesucht ist zunächst das Intervall $[\mu - 1{,}96\sigma; \mu + 1{,}96\sigma]$ oder anders ausgedrückt $\mu - 1{,}96 \cdot \sigma \leq X \leq \mu + 1{,}96 \cdot \sigma$.

Wegen $\mu = n \cdot p$ und $\sigma = \sqrt{n \cdot p \cdot (1 - p)}$ gilt:

$n \cdot p - 1{,}96 \cdot \sqrt{n \cdot p \cdot q} \leq X \leq n \cdot p + 1{,}96 \cdot \sqrt{n \cdot p \cdot q}$

Durch einige Umformungen lassen sich nun die Wahrscheinlichkeiten, die in dem Vertrauensintervall liegen, exakt bestimmen.

$$n \cdot p - 1{,}96 \cdot \sqrt{n \cdot p \cdot q} \leq X \leq n \cdot p + 1{,}96 \cdot \sqrt{n \cdot p \cdot q}$$

Der Anteil der Stichprobe ist $\frac{X}{n}$, daher muss durch n dividert werden.

$$p - 1{,}96 \cdot \frac{\sqrt{n \cdot p \cdot (1 - p)}}{n} \leq \frac{X}{n} \leq p + 1{,}96 \cdot \frac{\sqrt{n \cdot p \cdot (1 - p)}}{n}$$

$\frac{X}{n}$ entspricht der relativen Häufigkeit h.

$$p - 1{,}96 \cdot \frac{\sqrt{n \cdot p \cdot (1 - p)}}{n} \leq h \leq p + 1{,}96 \cdot \frac{\sqrt{n \cdot p \cdot (1 - p)}}{n}$$

Im Zähler wird $\sqrt{n}$ ausgeklammert.

$$p - 1{,}96 \cdot \frac{\sqrt{n} \cdot \sqrt{p \cdot (1 - p)}}{n} \leq h \leq p + 1{,}96 \cdot \frac{\sqrt{n} \cdot \sqrt{p \cdot (1 - p)}}{n}$$

n wird durch $\sqrt{n} \cdot \sqrt{n}$ ersetzt, um kürzen zu können.

$$p - 1{,}96 \cdot \frac{\sqrt{n} \cdot \sqrt{p \cdot (1 - p)}}{\sqrt{n} \cdot \sqrt{n}} \leq h \leq p + 1{,}96 \cdot \frac{\sqrt{n} \cdot \sqrt{p \cdot (1 - p)}}{\sqrt{n} \cdot \sqrt{n}}$$

$\sqrt{n}$ kürzen.

$$p - 1{,}96 \cdot \frac{\sqrt{p \cdot (1 - p)}}{\sqrt{n}} \leq h \leq p + 1{,}96 \cdot \frac{\sqrt{p \cdot (1 - p)}}{\sqrt{n}}$$

Wurzelgesetz anwenden.

$$p - 1{,}96 \cdot \sqrt{\frac{p \cdot (1 - p)}{n}} \leq h \leq p + 1{,}96 \cdot \sqrt{\frac{p \cdot (1 - p)}{n}}$$

Die Klammer unter der Wurzel ausmultiplizieren.

$$p - 1{,}96 \cdot \sqrt{\frac{p - p^2}{n}} \leq h \leq p + 1{,}96 \cdot \sqrt{\frac{p - p^2}{n}}$$

Als Ungleichung geschrieben ergibt sich:

$$|p - h| \leq 1{,}96 \cdot \sqrt{\frac{p - p^2}{n}}$$

Aus der Formel wird ersichtlich, dass mit steigendem Stichprobenumfang n das Konfidenzintervall schmaler wird.

Durch einsetzen der Werte $h = \frac{X}{n} = \frac{50}{100} = 0{,}5$ und $n = 100$ lassen sich nun die Wahrscheinlichkeiten, die innerhalb des 95%-Vertrauensintervall liegen, berechnen.

$\lvert p - 0{,}5 \rvert \leq 1{,}96 \cdot \sqrt{\frac{p - p^2}{100}}$	quadrieren
$(p - 0{,}5)^2 \leq 1{,}96^2 \cdot \frac{p - p^2}{100}$	$\lvert \cdot 100$
$100(p - 0{,}5)^2 \leq 1{,}96^2 \cdot (p - p^2)$	Binomische Formel und quadrieren.
$100(p^2 - p + 0{,}25) \leq 3{,}8416(p - p^2)$	ausmultiplizieren
$100p^2 - 100p + 25 \leq 3{,}8416p - 3{,}8416p^2$	$\lvert -(3{,}8416p - 3{,}8416p^2)$
$103{,}8416p^2 - 103{,}8416p + 25 \leq 0$	$\lvert : 103{,}8416$

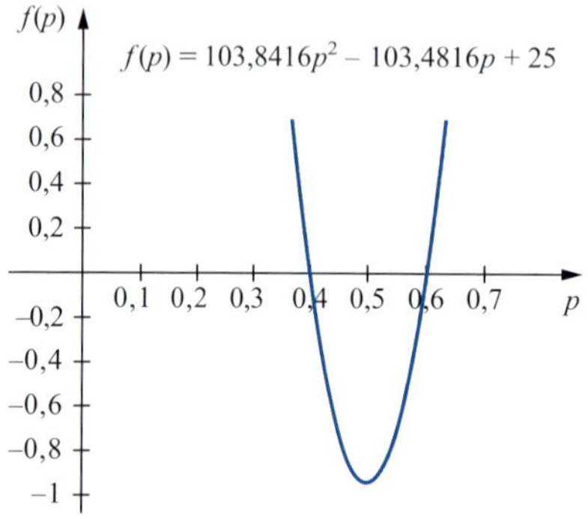

Der Graph des Terms ist eine nach oben geöffnete Parabel. Es werden die Funktionswerte gesucht, die kleiner oder gleich null sind. In den Nullstellen sind die Funktionswerte gleich null, zwischen den Nullstellen sind sie kleiner als null. Deshalb werden die Nullstellen berechnet:

$p^2 - p + 0{,}24075 \leq 0$ p-q-Formel

$$p_{1/2} = -\frac{p}{2} \pm \sqrt{\left(\frac{p}{2}\right)^2 - q} = -\frac{-1}{2} \pm \sqrt{\left(\frac{-1}{2}\right)^2 - 0{,}24075}$$

$$p_1 = 0{,}5 - \sqrt{0{,}00925} \approx 0{,}4038 \wedge p_2 = 0{,}5 + \sqrt{0{,}00925} \approx 0{,}5962$$

p muss also Werte innerhalb des Intervalls [0,4038; 0,5962] annehmen, damit die Bedingung $\lvert p - 0{,}5 \rvert \leq 1{,}96\sqrt{\frac{p - p^2}{100}}$ erfüllt ist. Das Stichprobenergebnis $\frac{X}{n} = \frac{50}{100} = 0{,}5 = 50\%$ ist mit Anteilswerten der Grundgesamtheit zwischen 40,38% und 59,62% verträglich.

Der wahre Anteil roter Eimer liegt mit einer Wahrscheinlichkeit von 95% zwischen 40,38% und 59,62%.

Das gleiche Ergebnis erhält man, wenn das Vertrauensintervall direkt berechnet wird.

Cursor erst links der Nullstelle setzen, [ENTER] dann rechts der Nullstelle, [ENTER], [ENTER]. Die zweite Nullstelle wird dementsprechend bestimmt.

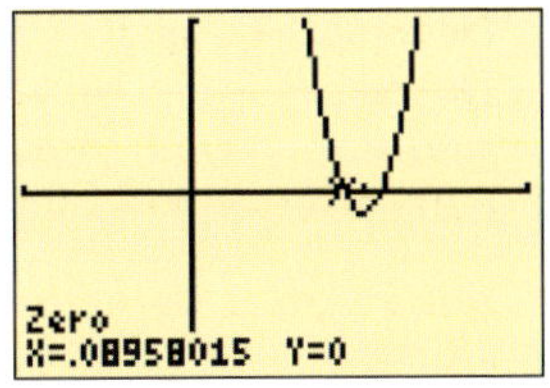

Näherungsweise Lösung

Die Formel zur näherungsweisen Bestimmung des Vertrauenintervalls ist bereits vorhanden.

Zunächst mit [STAT] [TESTS] A:1-PropZInt [ENTER] das Vertrauensintervall auswählen.

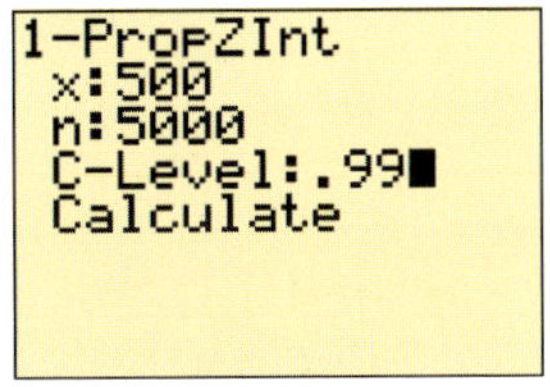

Anschließend die entsprechenden Werte mit [ENTER] eingeben. Dabei steht x für das absolute Ergebnis der Stichprobe, n für den Stichprobenumfang und C-Level für die Vertrauenswahrscheinlichkeit.

[ENTER] liefert das Vertrauensintervall.

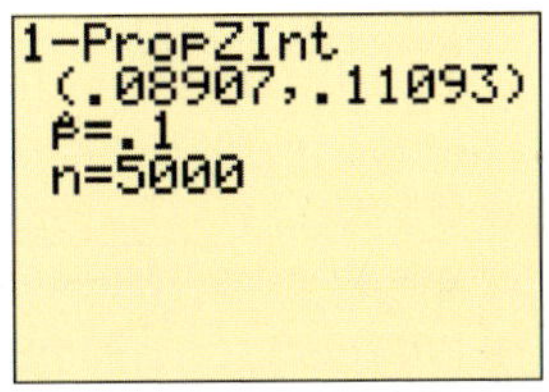

Situation 3

Ein Medikamentenhersteller hat zwei neue Schmerzmittel entwickelt. Im Rahmen einer Marketingkampagne soll nun mit der besonders schnellen Wirksamkeit der Medikamente geworben werden. In einem groß angelegten Testversuch werden daher 2 000 Schmerzpatienten mit den Medikamenten Abinol und Brasitin therapiert.

Abinol		
Zeit seit der Einnahme	15 min	20 min
schmerzfrei	837	1 347
nicht schmerzfrei	663	153

Brasitin		
Zeit seit der Einnahme	15 min	20 min
schmerzfrei	240	470
nicht schmerzfrei	260	30

Bestimmen Sie mit dem GTR, wie viele von jährlich 100 000 Patienten nach der Einnahme von Abinol mit einer Wahrscheinlichkeit von 90 % innerhalb von 20 Minuten schmerzfrei sein werden.

Bestimmen Sie mit dem GTR, wie viel Prozent aller Patienten nach der Einnahme von Brasitin mit einer Wahrscheinlichkeit von 90 % innerhalb einer viertel Stunde schmerzfrei sein werden.

Anhang 23

Lösung

Bei dem Medikament Abinol beträgt der Stichprobenumfang 1 500 Personen. Daher kann mit der Näherung gerechnet werden. Bei Brasitin ist er mit 500 Personen zu gering, es wird daher die Formel für die exakte Berechnung des Vertrauensintervalls benötigt.

Abinol	**Brasitin**
$I = \left[h - c \cdot \sqrt{\frac{h - h^2}{n}}; h + c \cdot \sqrt{\frac{h - h^2}{n}}\right]$ $h = \frac{X}{n} = \frac{1\,347}{1\,500} = 0{,}898$ Der GTR liefert: 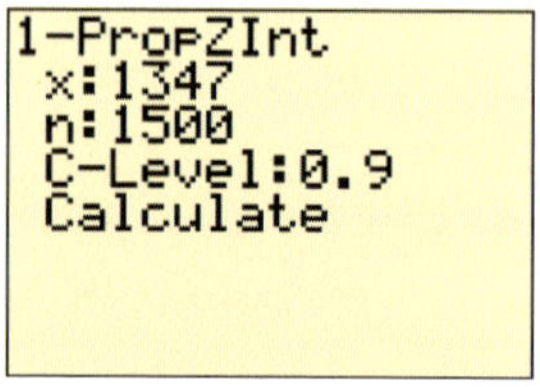 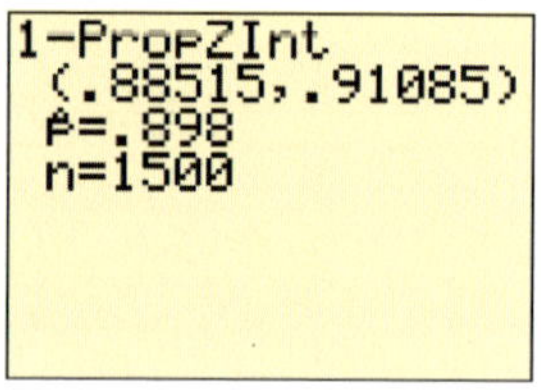 $I = [0{,}885; 0{,}911]$ Gesucht ist jedoch die Anzahl der Personen. Daher müssen die Intervallgrenzen noch mit der Anzahl der Personen multipliziert werden. $0{,}885 \cdot 100\,000 = 88\,500$ $0{,}911 \cdot 100\,000 = 91\,100$ Mit einer Wahrscheinlichkeit von 90 % werden zwischen 88 500 und 91 100 Personen innerhalb von 20 Minuten nach der Einnahme von Albinol schmerzfrei sein.	$\lvert p - h \rvert \leq 1{,}64 \cdot \sqrt{\frac{p - p^2}{n}}$ $h = \frac{X}{n} = \frac{240}{500} = 0{,}48$ $(p - 0{,}48)^2 \leq 1{,}64^2 \cdot \frac{\left(p - p^2\right)^2}{500}$ Der GTR liefert: 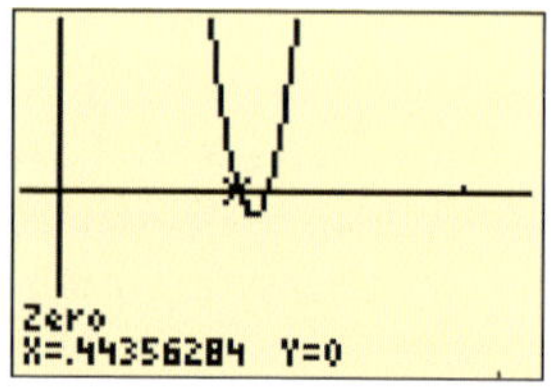 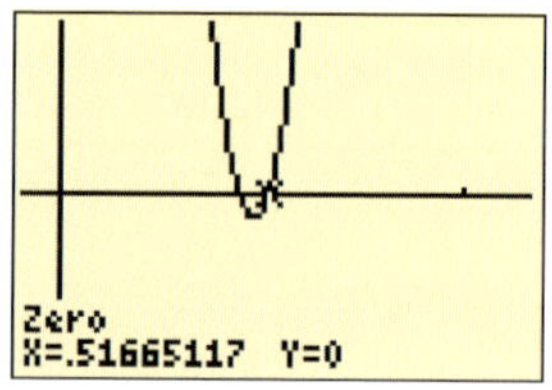 $p_1 \approx 0{,}444$ $p_2 \approx 0{,}517$ $I = [0{,}444; 0{,}517]$ Mit einer Wahrscheinlichkeit von 90 % werden zwischen 44,4 % und 51,7 % aller Personen innerhalb von 15 Minuten nach der Einnahme von Brasitin schmerzfrei sein.

Übungsaufgaben

1 Berechnen Sie das 90 %-Vertrauensintervall, wenn eine Stichprobe unter 250 Hochschulabsolventen ergeben hat, dass 25 von ihnen arbeitslos sind.

2 Während einer Kontrolle auf der Autobahn wird die Geschwindigkeit von 1 200 Fahrzeugen gemessen. Von ihnen überschritten 140 die erlaubte Höchstgeschwindigkeit. Wie hoch ist mit einer Vertrauenswahrscheinlichkeit von 95 % der wahre Anteil der Geschwindigkeitsübertretungen?

3 Wie breit ist das 99 %-Vertrauensintervall, wenn in einem Industriebetrieb der Ausschussanteil einer 75 Stück umfassenden Stichprobe 7 % beträgt?

4 In einer Großbäckerei wird Mehl in Säcken mit einem Sollgewicht von 25 kg angeliefert. Bei der Eingangskontrolle wurden im vergangenen Monat 1 500 Säcke gewogen. Jeder zwanzigste Sack entsprach nicht dem Sollgewicht. Wie hoch ist mit einer Wahrscheinlichkeit von 95 % der wahre Anteil aller im Jahr angelieferten Mehlsäcke, bei denen das Gewicht vom Sollgewicht abweicht?

5 Um festzustellen, wie hoch der Anteil an Schwarzfahrern auf einer bestimmten Strecke ist, führt ein Bahnbetreiber eine Woche lang sehr genaue Kontrollen durch. Der Zug hat pro Tag eine maximale Kapazität von 500 Personen.

Tag	Mo	Di	Mi	Do	Fr	Sa	So
Auslastung	45 %	52 %	76 %	48 %	75 %	84 %	68 %
Schwarzfahrer	3	5	2	4	6	6	3

Wie hoch ist mit einer Wahrscheinlichkeit von 95 % der wahre Anteil der Schwarzfahrer auf dieser Strecke?

6 Ein Lebensmittelkonzern stellt jeden Tag aus zwei Tonnen Obst Fruchtgrütze her. Die Qualitätskontrolle prüft 5 % jeder Fruchtsorte. Um zu Grütze verarbeitet werden zu können, müssen diese mindestens der HK II entsprechen.

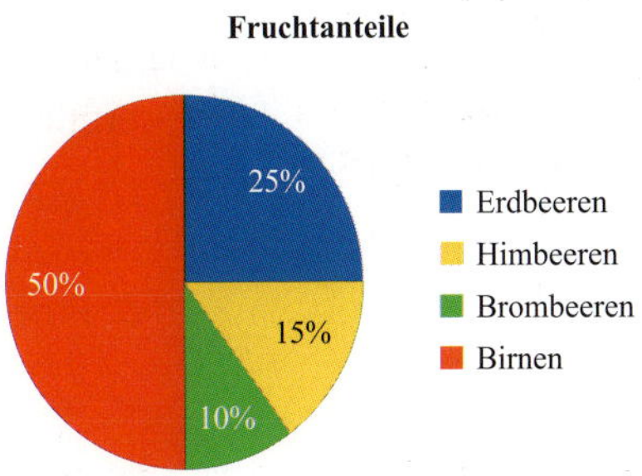

	HK I	HK II	HK III
Erdbeeren	60 %	30 %	10 %
Himbeeren	55 %	37 %	8 %
Brombeeren	40 %	53 %	7 %
Birnen	70 %	26 %	4 %

Berechnen Sie anhand der Daten, wie hoch der Ausschussanteil roter Früchte mit einer Vertrauenswahrscheinlichkeit von 99 % ist.

3.4 Vertrauensintervalle zu beliebigen Vertrauenswahrscheinlichkeiten

Bisher wurden Vertrauensintervalle nur zu den gegebenen Vertrauenswahrscheinlichkeiten 90 %, 95 % und 99 % berechnet, da die dazugehörigen Sigma-Umgebungen bekannt waren. Mit der Standardnormalverteilung ist es jedoch auch möglich, ein Vertrauensintervall mit beliebiger Vertrauenswahrscheinlichkeit zu berechnen.

$$|p - h| \leq c \cdot \sqrt{\frac{p - p^2}{n}} \quad \text{mit } h = \frac{X}{n}$$

Wahrscheinlichkeiten innerhalb eines beliebigen Vertrauensintervalls

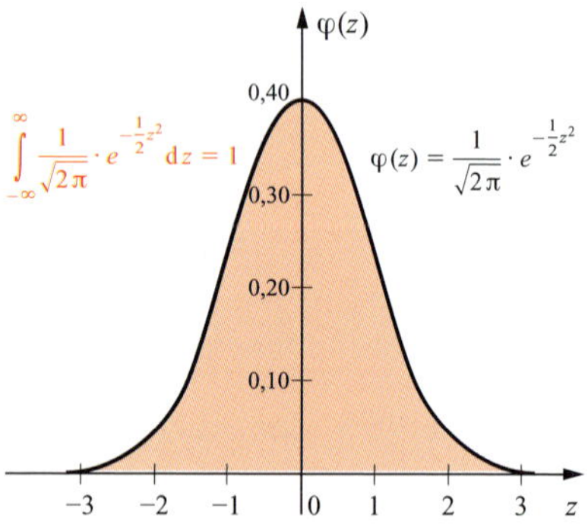

Die Fläche unter der Dichtefunktion der Standardnormalverteilung beträgt 1. Im Intervall $[-3; 3]$ liegen bereits annähernd 100 % aller Werte. Das 100 % Vertrauensintervall enthält somit praktisch alle Wahrscheinlichkeiten, die die Ungleichung

$$|p - h| \leq 3 \cdot \sqrt{\frac{p - p^2}{n}} \text{ erfüllen.}$$

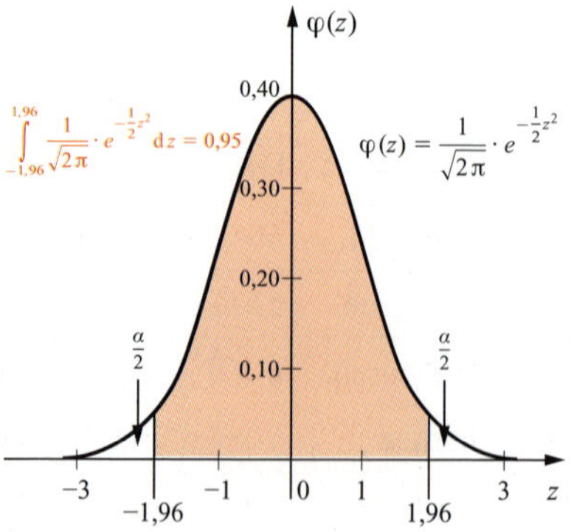

Aus Abschnitt 3.1.3 ist bekannt, dass in das 95 % Vertrauensintervall alle Wahrscheinlichkeiten fallen, die die Ungleichung

$$|p - h| \leq 1{,}96 \cdot \sqrt{\frac{p - p^2}{n}} \text{ erfüllen.}$$

Bei einer Vertrauenswahrscheinlichkeit von 95 % beträgt die Irrtumswahrscheinlichkeit α 5 % und ist aufgrund der Symmetrie der Standardnormalverteilung in zwei Hälften unterteilt.

Somit ist $\frac{\alpha}{2} = \frac{5\,\%}{2} = \frac{0{,}05}{2} = 0{,}025 = 2{,}5\,\%$. Das dazugehörige Intervall ist ebenfalls symmetrisch.

Die rote Fläche unterhalb des Graphen entspricht der Vertrauenswahrscheinlichkeit des Vertrauensintervalls $P(I)$ und lässt sich mithilfe der Formel

$P(I) = \frac{1}{\sqrt{2\pi}} \cdot \int_{-1{,}96}^{1{,}96} e^{-\frac{1}{2}z^2}\, dz$ berechnen. Es gilt:

$$\Phi(1{,}96) - \Phi(-1{,}96) = \Phi(1{,}96) - \big(1 - \Phi(1{,}96)\big) = 0{,}975 - (1 - 0{,}975) = 0{,}95$$

oder allgemein

$$\Phi(z) - \Phi(-z) = \Phi(z) - \big(1 - \Phi(z)\big)$$

Ist der Wert für z nicht bekannt, lässt er sich durch einige Umformungen für jede beliebige Verrauenswahrscheinlichkeit berechnen.

Vertrauenswahrscheinlichkeit 95 %		**Vertrauenswahrscheinlichkeit 93 %**
$\Phi(z) - \Phi(-z) = 0{,}96$		$\Phi(z) - \Phi(-z) = 0{,}93$
$\Phi(z) - \big(1 - \Phi(z)\big) = 0{,}95$	ausmultiplizieren	$\Phi(z) - \big(1 - \Phi(z)\big) = 0{,}93$
$\Phi(z) - 1 + \Phi(z) = 0{,}95$	zusammenfassen	$\Phi(z) - 1 + \Phi(z) = 0{,}93$
$2\Phi(z) - 1 = 0{,}95$	1 addieren	$2\Phi(z) - 1 = 0{,}93$
$2\Phi(z) = 1{,}95$	durch 2 dividieren	$2\Phi(z) = 1{,}93$
$\mathbf{\Phi(z) = 0{,}975}$	Wert mit Tabelle oder	$\mathbf{\Phi(z) = 0{,}965}$
$\mathbf{z \approx 1{,}96}$	GTR bestimmen	$\mathbf{z \approx 1{,}81}$

Bestimmung von *z* mit der Tabelle

z	**0**	**0,01**	**0,02**	**0,03**	**0,04**	**0,05**	**0,06**	**0,07**	**0,08**	**0,09**
0,0	0,5000	5040	5080	5120	5160	5199	5239	5279	5319	5359
0,1	5398	5438	5478	5517	5557	5596	5636	5675	5714	5753
…	…	…	…	…	…	…	…	…	…	…
1,7	9554	9564	9573	9582	9591	9599	9608	9616	9625	9633
1,8	9641	**9649**	9656	9664	9671	9678	9686	9693	9699	9706
1,9	9713	9719	9726	9732	9738	9744	**9750**	9756	9761	9767
2,0	9772	9778	9783	9788	9793	9798	9803	9808	9812	9817
…	…	…	…	…	…	…	…	…	…	…
3,8	9999	9999	9999	9999	9999	9999	9999	9999	9999	9999
3,9	1	1	1	1	1	1	1	1	1	1

Bestimmung von *z* mit dem GTR

<table>
<tr><td></td><td>Zunächst im Hauptbildschirm mit [2nd] [DISTR] 3:invNorm(den entsprechenden Befehl auswählen.</td><td></td></tr>
<tr><td>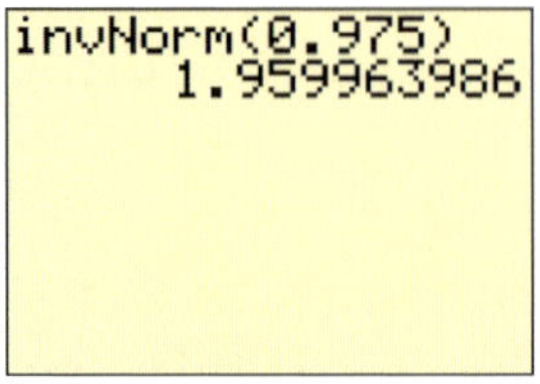</td><td>Nun den Wert für $\Phi(z)$ eingeben und mit [)] die Eingabe beenden. [ENTER] liefert das gewünschte Ergebnis.</td><td>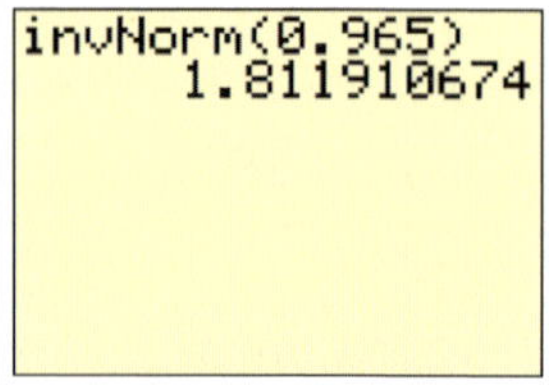</td></tr>
</table>

Situation 4

In einem Industriebetrieb werden Energiesparlampen produziert. Jede Energiesparlampe wird vor dem Verpacken auf Funktionstüchtigkeit überprüft. Ein Mitarbeiter schaut nach einer Produktionsmenge von 1 500 Stück auf den Kontrollmonitor und liest ab, dass 6 % aller bisher kontrollierten Lampen defekt sind.

Bestimmen Sie mit einer Sicherheitswahrscheinlichkeit von 98 % den wahren Anteil defekter Energiesparlampen.

Lösung (Algebra)

Zunächst muss die zur Vertrauenswahrscheinlichkeit von 98 % gehörige Sigma-Umgebung bestimmt werden. Da es sich um ein symmetrisches Intervall handelt gilt:

$$2\Phi(z) - 1 = 0{,}98 \Leftrightarrow \Phi(z) = 0{,}99 \Rightarrow z \approx 2{,}33$$

Da die Stichprobe ausreichend groß ist, kann das Vertrauensintervall näherungsweise bestimmt werden.

$$I = \left[h - c \cdot \sqrt{\frac{h - h^2}{n}}; h + c \cdot \sqrt{\frac{h - h^2}{n}}\right]$$

$$I = \left[0{,}06 - 2{,}33 \cdot \sqrt{\frac{0{,}06 - 0{,}06^2}{1\,500}}; 0{,}06 + 2{,}33 \cdot \sqrt{\frac{0{,}06 - 0{,}06^2}{1\,500}}\right]$$

$$I \approx [0{,}0457; 0{,}0743]$$

Mit einer Wahrscheinlichkeit von 98 % liegt der wahre Anteil defekter Energiesparlampen zwischen 4,57 % und 7,43 %.

Lösung (GTR)

GTR
Anhang 23

Das Vertrauensintervall kann ohne vorherige Bestimmung der Breite der Sigma-Umgebung berechnet werden. Dabei kann die Berechnung der Anzahl defekter Energiesparlampen direkt im Eingabefenster durchgeführt werden.

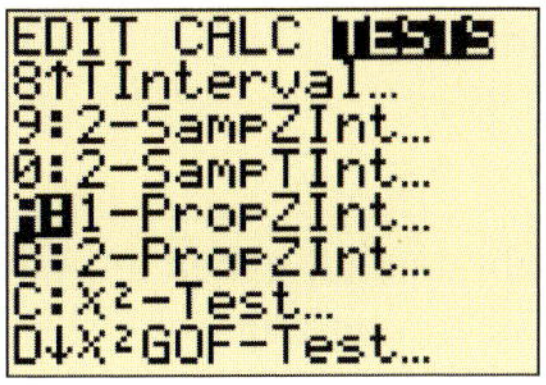

Mit einer Wahrscheinlichkeit von 98 % liegt der wahre Anteil defekter Energiesparlampen zwischen 4,57 % und 7,43 %.

Situation 5

Von insgesamt 20 000 Mitarbeitern eines Automobilkonzerns in Deutschland wurden 10 % befragt, ob sie eine Risikolebensversicherung haben. Von den befragten Personen waren 3 % Auszubildende. 860 Mitarbeiter, davon 12 Auszubilden, gaben an, solch eine Versicherung abgeschlossen zu haben.

a) Bestimmen Sie mit einer Irrtumswahrscheinlichkeit von 15 %, wie viele aller Mitarbeiter eine Risikolebensversicherung abgeschlossen haben.

b) Bestimmen Sie mit einer Vertrauenswahrscheinlichkeit von 97 % den wahren Anteil der Auszubildenden mit einer Risikolebensversicherung.

Lösung (Algebra)

Zunächst müssen die zu den Vertrauenswahrscheinlichkeiten gehörigen Breite der Sigma-Umgebungen bestimmt werden.

a) alle Mitarbeiter $2\Phi(z) - 1 = 0{,}85$ $\Leftrightarrow \Phi(z) = 0{,}925 \Rightarrow z \approx 1{,}44$	**b) Auszubildende** $2\Phi(z) - 1 = 0{,}97$ $\Leftrightarrow \Phi(z) = 0{,}985 \Rightarrow z \approx 2{,}17$
Von den insgesamt 20 000 Mitarbeitern wurden 10 %, also 2 000 Mitarbeiter, gefragt, daher kann auf das Vertrauensintervall näherungsweise bestimmt werden. $I = \left[h - c \cdot \sqrt{\frac{h-h^2}{n}}; h + c \cdot \sqrt{\frac{h-h^2}{n}}\right]$	Von den 2 000 befragten Mitarbeitem waren 3 %, also 60 Personen, Auszubildende. Der Stichprobenumfang ist zu gering, um das Vertrauensintervall näherungsweise bestimmen zu können. $\lvert p - h \rvert \leq c \cdot \sqrt{\frac{p-p^2}{100}}$

a) alle Mitarbeiter $2\Phi(z) - 1 = 0{,}85$ $\Leftrightarrow \Phi(z) = 0{,}925 \Rightarrow z \approx 1{,}44$	**b) Auszubildende** $2\Phi(z) - 1 = 0{,}97$ $\Leftrightarrow \Phi(z) = 0{,}985 \Rightarrow z \approx 2{,}17$
860 der 2 000 Befragten gaben an, eine Risikolebensversicherung abgeschlossen zu haben. $h = \frac{X}{n} = \frac{860}{2\,000} = 0{,}43$ linke Grenze: $0{,}43 - 1{,}44 \cdot \sqrt{\frac{0{,}43 - 0{,}43^2}{2\,000}}$ rechte Grenze: $0{,}43 + 1{,}44 \cdot \sqrt{\frac{0{,}43 - 0{,}43^2}{2\,000}}$ $I \approx [0{,}4141;\ 0{,}4459]$ Mit einer Irrtumswahrscheinlichkeit von 15 % haben zwischen 41,41 % und 44,59 % aller Mitarbeiter eine Risikolebensversicherung.	12 der 60 Auszubildenden gaben an, eine Risikolebensversicherung abgeschlossen zu haben. $h = \frac{X}{n} = \frac{12}{60} = 0{,}2$ $\lvert p - 0{,}2 \rvert \le 2{,}17 \cdot \sqrt{\frac{p - p^2}{100}}$ $(p - 0{,}2)^2 \le 2{,}17^2 \cdot \frac{p - p^2}{100}$ $100 \cdot (p^2 - 0{,}4p + 0{,}04) \le 4{,}7089p - 4{,}7089p^2$ $100p^2 - 40p + 4 \le 4{,}7089p - 4{,}7089p^2$ $104{,}7089p^2 - 44{,}7089p + 4 \le 0$ $p^2 - 0{,}427p + 0{,}038 \le 0$ *p*-*q*-Formel liefert: $p_1 \approx 0{,}1264$ $p_2 \approx 0{,}3006$ $I \approx [0{,}1264;\ 0{,}3006]$ Mit einer Vertrauenswahrscheinlichkeit von 97 % haben zwischen 12,64 % und 30,06 % aller Auszubildenden eine Risikolebensversicherung.

Lösung (GTR)

a) alle Mitarbeiter

Das Vertrauensintervall kann ohne vorherige Bestimmung der Sigma-Umgebung berechnet werden.

$I \approx [0{,}4141;\ 0{,}4459]$

Mit einer Irrtumswahrscheinlichkeit von 15 % haben zwischen 41,41 % und 44,59 % aller Mitarbeiter eine Risikolebensversicherung.

b) Auszubildende

Der Stichprobenumfang ist zu gering, um das Vertrauensintervall näherungsweise bestimmen zu können.

$$|p - 0{,}2| \le 2{,}17 \cdot \sqrt{\frac{p - p^2}{100}}$$

$$(p - 0{,}2)^2 \le 2{,}17^2 \cdot \frac{p - p^2}{100}$$

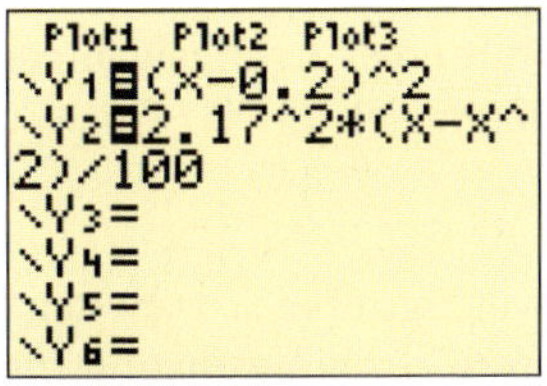

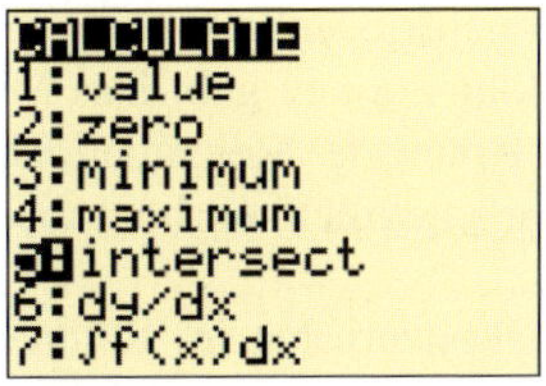

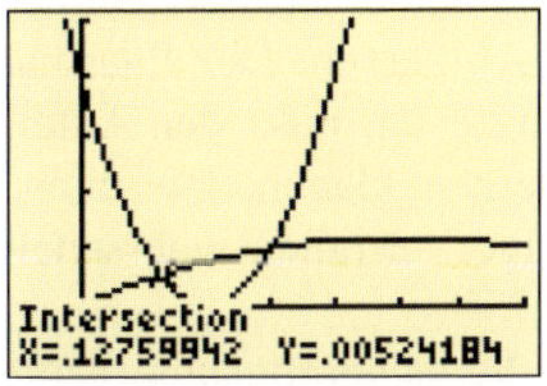

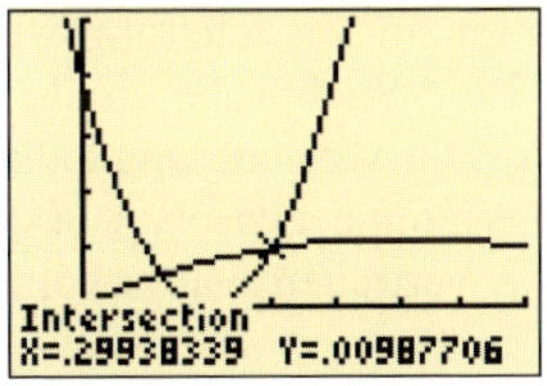

$I \approx [0{,}1276;\ 0{,}2994]$

Mit einer Vertrauenswahrscheinlichkeit von 97 % haben zwischen 12,76 % und 29,94 % aller Auszubildenden eine Risikolebensversicherung.

Hinweis: Die Abweichungen zur algebraischen Lösung sind auf Rundungsdifferenzen zurückzuführen.

Übungsaufgaben

1 Der Betreiber eines Möbelgeschäftes überlegt, eine Raucherzone einzurichten. Bei einer Befragung von 1 500 Kunden stimmten 250 für die Raucherzone. Bestimmen Sie mit einer Sicherheitswahrscheinlichkeit von 98 %, wie hoch der wahre Anteil der Kunden ist, die eine Rauchzone befürworten.

2 Der Betreiber eines Schnellrestaurants hat einen Vertrag mit einem Fußballverein geschlossen. In dem Stadion soll eine kleine Filiale eröffnet werden, in der Bratwurst, Currywurst und Pommes frites angeboten werden. Aus den Aufzeichnungen des Restaurantbetreibers geht hervor, dass bei den letzten 2 000 Gästen der Anteil der Gäste, die Currywurst bestellten, bei 35 % lag. 65 % aller Gäste, die Currywurst aßen, bestellten dazu Pommes frites.
In welchem Rahmen wird sich die Anzahl der verkauften Currywürste mit Pommes frites mit einer Irrtumswahrscheinlichkeit von 2,5 % bewegen, wenn zu dem ersten Fußballspiel 45 000 Gäste erwartet werden und jeder Vierte zum Imbiss geht?

3 Ein Hotel verfügt über 250 Betten, die im letzten Jahr zu 60 % ausgelastet waren. Ein Meinungsforschungsinstitut führte im Auftrag eines Hotels in demselben Jahr eine Kundenzufriedenheitsstudie mit 4 % aller Gäste durch und fand heraus, dass es 438 Reklamationen gab. Das Meinungsforschungsinstitut behauptet nun, dass der wahre Anteil der Reklamationen zwischen 18 % und 22 % liegt. Welche Vertrauenswahrscheinlichkeit liegt dieser Aussage zu Grunde?

4 Ein Pharmakonzern hat im Rahmen einer Langzeitstudie einen neuen Wirkstoff an 1 200 Patienten getestet. Ein Fünfzehntel von ihnen klagte nach der Einnahme über Kopfschmerzen. Der Pharmakonzern gibt deshalb in einer Produktinformation für Ärzte an, dass der Anteil der Patienten, die nach der Einnahme über Kopfschmerzen klagen, zwischen 5,4825 % und 7,851 % liegt. Geben Sie die dazugehörige Vertrauenswahrscheinlichkeit an.

5 Bei einem Versicherungsunternehmen werden pro Jahr 200 Risikolebensversicherungen mit einem Versicherungswert von durchschnittlich 150 000,00 EUR abgeschlossen. Eine Stichprobe ergab, dass bei 60 von 1 500 Versicherungen ausgezahlt wurde. Die Versicherung kalkuliert anhand dieser Werte mit einer jährlichen Auszahlungssumme zwischen 900 000,00 EUR und 1 500 000,00 EUR. Bestimmen Sie die Vertrauenswahrscheinlichkeit, mit der diese Behauptung aufgestellt wurde.

6 Ein Unternehmen veranstaltet ein Gewinnspiel. Darum werden an 90 000 Haushalte Werbebriefe mit Quizfragen verschickt. Erfahrungsgemäß beträgt die Rücklaufquote 18 %. Die Teilnehmer gewinnen einen Einkaufsgutschein in Höhe von 250,00 EUR, wenn sie alle Fragen richtig beantworten. Bisher wurden 5 187 Fragebögen eingereicht und insgesamt Gutscheine im Wert von 259 000,00 EUR verschickt. Das Unternehmen kalkuliert für das gesamte Gewinnspiel mit Gutscheinen zwischen 769 500,00 EUR und 850 500,00 EUR. Bestimmen Sie die zu Grunde liegende Vertrauenswahrscheinlichkeit.

3.5 Offene Handlungssituationen zu Vertrauensintervallen

Die folgenden Situationen sollen Sie mit den Ihnen zur Verfügung stehenden Rechnern bearbeiten. Besonders wichtig ist die Interpretation Ihrer Ergebnisse.

Situation 6

Kurz nach der Schließung der Wahllokale sind bereits 2 000 Stimmen ausgezählt. 121 der ausgezählten Stimmen wurden für eine kleine Außenseiterpartei abgegeben. Auf einer Pressekonferenz wird der Sprecher einer großen Volkspartei gefragt, was er von der neuen Oppositionspartei hält. Der Pressesprecher antwortet: „Ich glaube nicht, dass wir im Bundestag noch eine Partei benötigen. Darüber hinaus halte ich es für einen großen Zufall, dass die Partei bislang mehr als 5 % der Stimmen erhalten hat. Sie wird ganz sicher an der 5 %-Hürde scheitern!“ Der Pressesprecher der kleinen Partei ist anderer Meinung und behauptet: „Ich bin mir zu 95 % sicher, dass wir den Einzug in den Bundestag schaffen werden!“

Welchem der beiden Parteisprecher ist mehr Vertrauen zu schenken?

Situation 7

In einem großen Industrieunternehmen wird ein Roboter zur Montage von Kettensägen eingesetzt. Nach der Montage wird jede der vollautomatisch montierten Sägen manuell auf Funktionstüchtigkeit überprüft. In 1,5 % aller Fälle funktionieren die Sägen nicht. Als Leiter der Qualitätssicherung sind Sie aufgrund des relativ hohen Ausschussanteils für die Anschaffung eines neuen Roboters. Ihr Wunschmodell wird im Unternehmen bereits zur Montage von Stichsägen eingesetzt. Die Aufzeichnungen der letzten Monate ergaben, dass von 15 000 produzierten Stichsägen lediglich 120 nicht funktionstüchtig waren. Die Geschäftsleitung stimmt der Investition allerdings nur dann zu, wenn die Ausschussquote des neuen Roboters mit einer Wahrscheinlichkeit von 99 % um 25 % geringer ist als bei dem alten Roboter.

Überzeugen Sie die Geschäftsleitung von der Investition.

Situation 8

Ein Internetversandhändler ist auf der Suche nach einem neuen Paketdienst. Zur Wahl stehen die Unternehmen OBS und LTH. Beide Unternehmen werben damit, dass sie besonders zuverlässig sind. Nach Telefongesprächen mit den beiden Anbietern ist bekannt, dass OBS in der vergangenen Woche 50 000 Pakete ausgeliefert hat, von denen lediglich 350 nicht in der vorgegebenen Zeit zugestellt werden konnten. Der Anbieter behauptet daher, dass lediglich zwischen 0,657 % und 0,743 % aller Pakete zu spät beim Kunden ankommen. Bei LTH kamen 420 von 60 000 Paketen zu spät beim Kunden an. Der Geschäftsführer von LTH räumt ein, dass der Anteil der nicht rechtzeitig zugestellten Pakete zwischen 0,588 % und 0,812 % liegen würde.

Die Geschäftsführung möchte sich aufgrund der Aussagen für OBS entscheiden, da dort der Anteil nicht rechtzeitig zugestellter Pakete weniger stark schwankt und man sich eher auf das Unternehmen verlassen könnte.

Überzeugen Sie die Geschäftsleitung vom Gegenteil.

Situation 9

Skandal bei Weidenhans

Landwirtschaftministerium legt Zuchtbetrieb still

Seit gestern herrscht Ruhe auf Deutschlands größter Hühnerfarm. Nach wochenlangen Rechtstreitigkeiten wurde eine Versuchsanlage der Weidenhans Geflügelzucht GmbH vom Landwirtschaftministerium geschlossen. Hintergrund: Vor knapp drei Jahren hatte eine von Weidenhans in Auftrag gegebene Marktforschungsstudie ergeben, dass die Deutschen Grillhähnchen wesentlich schmackhafter finden als Grillhühnchen. Der damalige Geschäftsführer hatte daraufhin ein Genlabor damit beauftragt, die Zuchthennen gentechnisch so zu manipulieren, dass sie nur noch männliche Küken „produzieren“. Bis gestern hatte Weidenhans stets dementiert, die Zuchthennen in irgendeiner Form gentechnisch verändert zu haben. Prüfern des niedersächsischen Landwirtschaftsministeriums wurde der Zutritt zu der vermeintlichen Versuchsanlage immer verweigert. Gestern war es dann soweit. Mit einem richterlichen Beschluss durchsuchten 200 Beamte das Gelände und überprüften bei 1 000 der insgesamt 75 000 Küken das Geschlecht. Das erschreckende Ergebnis: 680 der untersuchten Küken waren männlich. „Wir haben den Betrieb umgehend stillgelegt um die Verbraucher zu schützen“, so äußerte sich G. Flügel, Sprecher des Landwirschaftsministeriums. Es bleibt abzuwarten, ob Weidenhans rechtliche Schritte gegen die Schließung anstreben wird.

Bereiten Sie eine Presseerklärung des Geflügelzüchters vor, die die Vorwürfe möglichst entkräftet.

Anhang

Tabellen zur Binomialverteilung

Binomialverteilung – Wahrscheinlichkeitsfunktion

$$P(X = k) = B_{n;p}(k) = \binom{n}{k} \cdot p^k \cdot (1-p)^{n-k}$$

		p										
n	**k**	**0,01**	**0,02**	**0,05**	**0,1**	**0,15**	**0,2**	**0,25**	$\frac{1}{3}$	**0,5**		
2	**0**	0,9801	9604	9025	8100	7225	6400	5625	4444	2500	**2**	**2**
	1	0198	0392	0950	1800	2550	3200	3750	4444	5000	**1**	
	2	0001	0004	0025	0100	0225	0400	0625	1111	2500	**0**	
5	**0**	0,9510	9039	7738	5905	4437	3277	2373	1317	0313	**5**	**5**
	1	0480	0922	2036	3281	3915	4096	3955	3292	1563	**4**	
	2	0010	0038	0214	0729	1382	2048	2637	3292	3125	**3**	
	3		0001	0011	0081	0244	0512	0879	1646	3125	**2**	
	4					0005	0022	0146	0412	1563	**1**	
	5					0001	0003	0010	0041	0313	**0**	
10	**0**	0,9044	8171	5987	3487	1969	1074	0563	0173	0010	**10**	**10**
	1	0914	1667	3151	3874	3474	2684	1877	0867	0098	**9**	
	2	0042	0153	0746	1937	2759	3020	2816	1951	0439	**8**	
	3	0001	0008	0105	0574	1298	2013	2503	2601	1172	**7**	
	4			0010	0112	0401	0881	1460	2276	2051	**6**	
	5			0001	0015	0085	0264	0584	1366	2461	**5**	
	6				0001	0012	0055	0162	0569	2051	**4**	
	7					0001	0008	0031	0163	1172	**3**	
	8						0001	0004	030	0439	**2**	
	9								0003	0098	**1**	
	10									0010	**0**	
		0,99	**0,98**	**0,95**	**0,9**	**0,85**	**0,8**	**0,75**	$\frac{2}{3}$	**0,5**	**k**	**n**
		p										

$$P(X = k) = B_{n;p}(k) = \binom{n}{k} \cdot p^k \cdot (1 - p)^{n-k}$$

		p										
n	***k***	**0,01**	**0,02**	**0,05**	**0,1**	**0,15**	**0,2**	**0,25**	$\frac{1}{3}$	**0,5**		
	0	0,7778	6035	2774	0718	0172	0038	0008			**25**	
	1	1964	3079	3650	1994	0759	0236	0063	0005		**24**	
	2	0238	0754	2305	2659	1607	0708	0251	0030		**23**	
	3	0018	0118	0930	2265	2174	1358	0641	0114	0001	**22**	
	4	0001	0013	0269	1384	2110	1867	1175	0313	0004	**21**	
	5		0001	0060	0646	1564	1960	1645	0658	0016	**20**	
	6			0010	0239	0920	1633	1828	1096	0053	**19**	
	7			0001	0072	0441	1108	1654	1487	0143	**18**	
	8				0018	0175	0623	1241	1673	0322	**17**	
	9				0004	0058	0294	0781	1580	0609	**16**	
	10				0001	0016	0118	0417	1264	0974	**15**	
	11					0004	0040	0189	0862	1328	**14**	
	12					0001	0012	0074	0503	1550	**13**	
25	**13**						0003	0025	0251	1550	**12**	**25**
	14						0001	0007	0108	1328	**11**	
	15							0002	0040	0974	**10**	
	16								0012	0609	**9**	
	17								0003	0322	**8**	
	18								0001	0143	**7**	
	19									0053	**6**	
	20									0016	**5**	
	21									0004	**4**	
	22									0001	**3**	
	23										**2**	
	24										**1**	
	25										**0**	
		0,99	**0,98**	**0,95**	**0,9**	**0,85**	**0,8**	**0,75**	$\frac{2}{3}$	**0,5**	***k***	***n***
		p										

$$P(X = k) = B_{n;p}(k) = \binom{n}{k} \cdot p^k \cdot (1-p)^{n-k}$$

		p										
n	*k*	**0,01**	**0,02**	**0,05**	**0,1**	**0,15**	**0,2**	**0,25**	$\frac{1}{3}$	**0,5**		
	0	0,6050	3642	0769	0052	0003					**50**	
	1	3056	3716	2025	0286	0026	0002				**49**	
	2	0756	1858	2611	0779	0113	0001				**48**	
	3	0122	0607	2199	1386	0319	0044	0004			**47**	
	4	0015	0145	1360	1809	0661	0128	0016			**46**	
	5	0001	0027	0658	1849	1072	0295	0049	0001		**45**	
	6		0004	0260	1541	1419	0554	0123	0004		**44**	
	7		0001	0086	1076	1575	0870	0259	0012		**43**	
	8			0024	0643	1493	1169	0463	0033		**42**	
	9			0006	0333	1230	1364	0721	0077		**41**	
	10			0001	0152	0890	1398	0985	0157		**40**	
	11				0061	0571	1271	1194	0286		**39**	
	12				0022	0328	1033	1294	0465	0001	**38**	
	13				0007	0169	0755	1261	0679	0003	**37**	
	14				0002	0079	0499	1110	0898	0008	**36**	
	15				0001	0033	0299	0888	1077	0020	**35**	
	16					0013	0164	0648	1178	0044	**34**	
	17					0005	0082	0432	1178	0087	**33**	
	18					0001	0037	0264	1080	0160	**32**	
	19						0016	0148	0910	0270	**31**	
	20						0006	0077	0705	0419	**30**	
	21						0002	0036	0503	0598	**29**	
	22						0001	0016	0332	0788	**28**	
	23							0006	0202	0960	**27**	
	24							0002	0114	1080	**26**	
50	**25**							0001	0059	1123	**25**	**50**
	26								0028	1080	**24**	
	27								0013	0960	**23**	
	28								0005	0788	**22**	
	29								0002	0598	**21**	
	30								0001	0419	**20**	
	31									0270	**19**	
	32									0160	**18**	
	33									0087	**17**	
	34									0044	**16**	
	35									0020	**15**	
	36									0008	**14**	
	37									0003	**13**	
	38									0001	**12**	
	39										**11**	
	40										**10**	
	41										**9**	
	42										**8**	
	43										**7**	
	44										**6**	
	45										**5**	
	46										**4**	
	47										**3**	
	48										**2**	
	49										**1**	
	50										**0**	
		0,99	**0,98**	**0,95**	**0,9**	**0,85**	**0,8**	**0,75**	$\frac{2}{3}$	**0,5**	*k*	*n*
		p										

$$P(X = k) = B_{n;p}(k) = \binom{n}{k} \cdot p^k \cdot (1 - p)^{n-k}$$

n	k	p = 0,01	0,02	0,05	0,1	0,15	0,2	0,25	$\frac{1}{3}$	0,5		
	0	3660	1326	0059							100	
	1	3697	2707	0312	0003						99	
	2	1849	2734	0812	0016						98	
	3	0610	1823	1396	0059	0001					97	
	4	0149	0902	1781	0159	0003					96	
	5	0029	0353	1800	0339	0011					95	
	6	0005	0114	1500	0596	0031	0001				94	
	7	0001	0031	1060	0889	0075	0002				93	
	8		0007	0649	1148	0153	0006				92	
	9		0002	0349	1304	0276	0015				91	
	10			0167	1319	0444	0034	0001			90	
	11			0072	1199	0640	0069	0003			89	
	12			0028	0988	0838	0128	0006			88	
	13			0010	0743	1001	0216	0014			87	
	14			0003	0513	1098	0335	0030			86	
	15			0001	0327	1111	0481	0057			85	
	16				0193	1041	0638	0100	0001		84	
	17				0106	0908	0789	0165	0001		83	
	18				0054	0739	0909	0254	0003		82	
	19				0026	0563	0981	0365	0006		81	
	20				0012	0402	0993	0493	0013		80	
	21				0005	0270	0946	0626	0024		79	
	22				0002	0171	0849	0749	0043		78	
	23				0001	0103	0720	0847	0073		77	
	24					0058	0577	0906	0117		76	
	25					0031	0439	0918	0178		75	
	26					0016	0316	0883	0256		74	
	27					0008	0217	0806	0351		73	
	28					0004	0141	0701	0458		72	
	29					0002	0088	0580	0569		71	
	30					0001	0052	0458	0673		70	
	31						0029	0344	0760	0001	69	
	32						0016	0248	0819	0001	68	
	33						0008	0170	0844	0002	67	
	34						0004	0112	0831	0005	66	
100	35						0002	0070	0784	0009	65	100
	36						0001	0042	0708	0016	64	
	37							0024	0612	0027	63	
	38							0013	0507	0045	62	
	39							0007	0403	0071	61	
	40							0004	0308	0108	60	
	41							0002	0225	0159	59	
	42							0001	0158	0223	58	
	43								0107	0301	57	
	44								0069	0390	56	
	45								0043	0485	55	
	46								0026	0580	54	
	47								0015	0666	53	
	48								0008	0735	52	
	49								0004	0780	51	
	50								0002	0796	50	
	51								0001	0780	49	
	52								0001	0735	48	
	53									0666	47	
	54									0580	46	
	55									0485	45	
	56									0390	44	
	57									0301	43	
	58									0223	42	
	59									0159	41	
	60									0108	40	
	61									0071	39	
	62									0045	38	
	63									0027	37	
	64									0016	36	
	65									0009	35	
	66									0005	34	
	67									0002	33	
	68									0001	32	
	69									0001	31	
		0,99	0,98	0,95	0,9	0,85	0,8	0,75	$\frac{2}{3}$	0,5	k	n
		p										

Binomialverteilung – Summenfunktion

$$P(X \leq k) = F_{n;p}(k) = \sum_{k=0}^{k} \binom{n}{k} \cdot p^k \cdot (1-p)^{n-k}$$

		p										
n	**k**	**0,01**	**0,02**	**0,05**	**0,1**	**0,15**	**0,2**	**0,25**	$\frac{1}{3}$	**0,5**		
2	**0**	0,9801	9604	9025	8100	7225	6400	5625	4444	2500	**2**	**2**
	1	9999	9996	9975	9900	9775	9600	9375	8889	7500	**1**	
	2	1,0	1,0	1,0	1,0	1,0	1,0	1,0	1,0	1,0	**0**	
5	**0**	0,9510	9039	7738	5905	4437	3277	2373	1317	0313	**5**	**5**
	1	9990	9962	9774	9185	8352	7373	6328	4609	1875	**4**	
	2	1,0	9999	9988	9914	9734	9421	8965	7901	5000	**3**	
	3	1,0	1,0	1,0	9995	9978	9933	9844	9547	8125	**2**	
	4	1,0	1,0	1,0	1,0	9999	9997	9990	9959	9688	**1**	
	5	1,0	1,0	1,0	1,0	1,0	1,0	1,0	1,0	1,0	**0**	
10	**0**	0,9044	8171	5987	3487	1074	1969	1074	0563	0173	0010	**10**
	1	9957	9838	9139	7361	5443	3758	2440	1040	0107	**9**	
	2	9999	9991	9885	9298	8202	6778	5256	2991	0547	**8**	
	3	1,0	1,0	9990	9872	9500	8791	7759	5593	1719	**7**	
	4	1,0	1,0	999	9984	9901	9672	9219	7869	3770	**6**	
	5	1,0	1,0	1,0	9999	9986	9936	9803	9234	6230	**5**	**10**
	6	1,0	1,0	1,0	1,0	9999	9991	9965	9803	8281	**4**	
	7	1,0	1,0	1,0	1,0	1,0	9999	9996	9966	9453	**3**	
	8	1,0	1,0	1,0	1,0	1,0	1,0	1,0	9996	9893	**2**	
	9	1,0	1,0	1,0	1,0	1,0	1,0	1,0	1,0	9990	**1**	
	10	1,0	1,0	1,0	1,0	1,0	1,0	1,0	1,0	1,0	**0**	
25	**0**	0,7778	6035	2774	0718	0172	0038	0008			**25**	**25**
	1	9742	9114	6424	2712	0931	0274	0070	0005		**24**	
	2	9980	9868	8729	5371	2537	0982	0321	0035		**23**	
	3	9999	9986	9659	7636	4711	2340	0962	0149	0001	**22**	
	4	1,0	9999	9928	9020	6821	4207	2137	0462	0005	**21**	
	5	1,0	1,0	9988	9666	8385	6167	3783	1120	0020	**20**	
	6	1,0	1,0	9998	9905	9305	7800	5611	2215	0073	**19**	
	7	1,0	1,0	1,0	9977	9745	8909	7265	3703	0216	**18**	
	8	1,0	1,0	1,0	9995	9920	9532	8506	5376	0539	**17**	
	9	1,0	1,0	1,0	9999	9979	9827	9287	6956	1148	**16**	
	10	1,0	1,0	1,0	1,0	9995	9944	9703	8220	2122	**15**	
	11	1,0	1,0	1,0	1,0	9999	9985	9893	9082	3450	**14**	
	12	1,0	1,0	1,0	1,0	1,0	9996	9966	9585	5000	**13**	
	13	1,0	1,0	1,0	1,0	1,0	9999	9991	9836	6550	**12**	**25**
	14	1,0	1,0	1,0	1,0	1,0	1,0	9998	9944	7878	**11**	
	15	1,0	1,0	1,0	1,0	1,0	1,0	1,0	9984	8852	**10**	
	16	1,0	1,0	1,0	1,0	1,0	1,0	1,0	9996	9461	**9**	
	17	1,0	1,0	1,0	1,0	1,0	1,0	1,0	9999	9784	**8**	
	18	1,0	1,0	1,0	1,0	1,0	1,0	1,0	1,0	9927	**7**	
	19	1,0	1,0	1,0	1,0	1,0	1,0	1,0	1,0	9980	**6**	
	20	1,0	1,0	1,0	1,0	1,0	1,0	1,0	1,0	9995	**5**	
	21	1,0	1,0	1,0	1,0	1,0	1,0	1,0	1,0	9999	**4**	
	22	1,0	1,0	1,0	1,0	1,0	1,0	1,0	1,0	1,0	**3**	
	23	1,0	1,0	1,0	1,0	1,0	1,0	1,0	1,0	1,0	**2**	
	24	1,0	1,0	1,0	1,0	1,0	1,0	1,0	1,0	1,0	**1**	
	25	1,0	1,0	1,0	1,0	1,0	1,0	1,0	1,0	1,0	**0**	
		0,99	**0,98**	**0,95**	**0,9**	**0,85**	**0,8**	**0,75**	$\frac{2}{3}$	**0,5**	**k**	**n**
		p										

$$P(X \leq k) = F_{n;p}(k) = \sum_{k=0}^{k} \binom{n}{k} \cdot p^k \cdot (1-p)^{n-k}$$

		p										
n	***k***	**0,01**	**0,02**	**0,05**	**0,1**	**0,15**	**0,2**	**0,25**	$\frac{1}{3}$	**0,5**		
	0	0,6050	3642	0769	0052	0003					**50**	
	1	9106	7358	2794	0338	0029	0002				**49**	
	2	9862	9216	5405	1117	0142	0013	0001			**48**	
	3	9984	9822	7604	2503	0460	0057	0005			**47**	
	4	9999	9968	8964	4312	1121	0185	0021			**46**	
	5	1,0	9995	9622	6161	2194	0480	0070	0001		**45**	
	6	1,0	1,0	9882	7702	3613	1034	0194	0005		**44**	
	7	1,0	1,0	9968	8779	5188	1904	0453	0017		**43**	
	8	1,0	1,0	9992	9421	6681	3073	0916	0050		**42**	
	9	1,0	1,0	9998	9755	7911	4437	1637	0127		**41**	
	10	1,0	1,0	1,0	9906	8801	5836	2622	0284		**40**	
	11	1,0	1,0	1,0	9968	9372	7107	3816	0570		**39**	
	12	1,0	1,0	1,0	9990	9699	8139	5110	1035	0002	**38**	
	13	1,0	1,0	1,0	9997	9868	8894	6370	1715	0005	**37**	
	14	1,0	1,0	1,0	9999	9947	9393	7481	2612	0013	**36**	
	15	1,0	1,0	1,0	1,0	9981	9692	8369	3690	0033	**35**	
	16	1,0	1,0	1,0	1,0	9993	9856	9017	4868	0077	**34**	
	17	1,0	1,0	1,0	1,0	9998	9937	9449	6046	0164	**33**	
	18	1,0	1,0	1,0	1,0	9999	9975	9713	7126	0325	**32**	
	19	1,0	1,0	1,0	1,0	1,0	9991	9861	8036	0595	**31**	
	20	1,0	1,0	1,0	1,0	1,0	9997	9937	8741	1013	**30**	
	21	1,0	1,0	1,0	1,0	1,0	9999	9974	9244	1611	**29**	
	22	1,0	1,0	1,0	1,0	1,0	1,0	9990	9576	2399	**28**	
	23	1,0	1,0	1,0	1,0	1,0	1,0	9996	9778	3359	**27**	
	24	1,0	1,0	1,0	1,0	1,0	1,0	9999	9892	4439	**26**	
50	**25**	1,0	1,0	1,0	1,0	1,0	1,0	1,0	9951	5561	**25**	**50**
	26	1,0	1,0	1,0	1,0	1,0	1,0	1,0	9979	6641	**24**	
	27	1,0	1,0	1,0	1,0	1,0	1,0	1,0	9992	7601	**23**	
	28	1,0	1,0	1,0	1,0	1,0	1,0	1,0	9997	8389	**22**	
	29	1,0	1,0	1,0	1,0	1,0	1,0	1,0	9999	8987	**21**	
	30	1,0	1,0	1,0	1,0	1,0	1,0	1,0	1,0	9405	**20**	
	31	1,0	1,0	1,0	1,0	1,0	1,0	1,0	1,0	9675	**19**	
	32	1,0	1,0	1,0	1,0	1,0	1,0	1,0	1,0	9836	**18**	
	33	1,0	1,0	1,0	1,0	1,0	1,0	1,0	1,0	9923	**17**	
	34	1,0	1,0	1,0	1,0	1,0	1,0	1,0	1,0	9967	**16**	
	35	1,0	1,0	1,0	1,0	1,0	1,0	1,0	1,0	9987	**15**	
	36	1,0	1,0	1,0	1,0	1,0	1,0	1,0	1,0	9995	**14**	
	37	1,0	1,0	1,0	1,0	1,0	1,0	1,0	1,0	9998	**13**	
	38	1,0	1,0	1,0	1,0	1,0	1,0	1,0	1,0	1,0	**12**	
	39	1,0	1,0	1,0	1,0	1,0	1,0	1,0	1,0	1,0	**11**	
	40	1,0	1,0	1,0	1,0	1,0	1,0	1,0	1,0	1,0	**10**	
	41	1,0	1,0	1,0	1,0	1,0	1,0	1,0	1,0	1,0	**9**	
	42	1,0	1,0	1,0	1,0	1,0	1,0	1,0	1,0	1,0	**8**	
	43	1,0	1,0	1,0	1,0	1,0	1,0	1,0	1,0	1,0	**7**	
	44	1,0	1,0	1,0	1,0	1,0	1,0	1,0	1,0	1,0	**6**	
	45	1,0	1,0	1,0	1,0	1,0	1,0	1,0	1,0	1,0	**5**	
	46	1,0	1,0	1,0	1,0	1,0	1,0	1,0	1,0	1,0	**4**	
	47	1,0	1,0	1,0	1,0	1,0	1,0	1,0	1,0	1,0	**3**	
	48	1,0	1,0	1,0	1,0	1,0	1,0	1,0	1,0	1,0	**2**	
	49	1,0	1,0	1,0	1,0	1,0	1,0	1,0	1,0	1,0	**1**	
	50	1,0	1,0	1,0	1,0	1,0	1,0	1,0	1,0	1,0	**0**	
		0,99	**0,98**	**0,95**	**0,9**	**0,85**	**0,8**	**0,75**	$\frac{2}{3}$	**0,5**	***k***	***n***
		p										

$$P(X \leq k) = F_{n;p}(k) = \sum_{k=0}^{k} \binom{n}{k} \cdot p^k \cdot (1-p)^{n-k}$$

		p										
n	*k*	**0,01**	**0,02**	**0,05**	**0,1**	**0,15**	**0,2**	**0,25**	$\frac{1}{3}$	**0,5**		
100	**0**	0,3660	1326	0059							**100**	
	1	7358	4033	0371	0003						**99**	
	2	9206	6767	1183	0019						**98**	
	3	9816	8590	2578	0078	0001					**97**	
	4	9966	9492	4360	0237	0004					**96**	
	5	9995	9845	6160	0576	0016					**95**	
	6	9999	9959	7660	1172	0047	0001				**94**	
	7	1,0	9991	8720	2061	0122	0003				**93**	
	8	1,0	9998	9369	3209	0275	0009				**92**	
	9	1,0	1,0	9718	4513	0551	0023				**91**	
	10	1,0	1,0	9885	5832	0994	0057	0001			**90**	
	11	1,0	1,0	9957	7030	1635	0126	0004			**89**	
	12	1,0	1,0	9985	8018	2473	0253	0010			**88**	
	13	1,0	1,0	9995	8761	3474	0469	0025			**87**	
	14	1,0	1,0	9999	9274	4572	0804	0054			**86**	
	15	1,0	1,0	1,0	9601	5683	1285	0111			**85**	
	16	1,0	1,0	1,0	9794	6725	1923	0211	0001		**84**	
	17	1,0	1,0	1,0	9900	7633	2712	0376	0002		**83**	
	18	1,0	1,0	1,0	9954	8372	3621	0630	0005		**82**	
	19	1,0	1,0	1,0	9980	8935	4602	0995	0011		**81**	
	20	1,0	1,0	1,0	9992	9337	5595	1488	0024		**80**	
	21	1,0	1,0	1,0	9997	9607	6540	2114	0048		**79**	
	22	1,0	1,0	1,0	9999	9779	7389	2864	0091		**78**	
	23	1,0	1,0	1,0	1,0	9881	8109	3711	0164		**77**	
	24	1,0	1,0	1,0	1,0	9939	8686	4617	0281		**76**	
	25	1,0	1,0	1,0	1,0	9970	9125	5535	0458		**75**	
	26	1,0	1,0	1,0	1,0	9986	9442	6417	0715		**74**	
	27	1,0	1,0	1,0	1,0	9994	9658	7224	1066		**73**	
	28	1,0	1,0	1,0	1,0	9997	9800	7925	1524		**72**	
	29	1,0	1,0	1,0	1,0	9999	9888	8505	2093		**71**	
	30	1,0	1,0	1,0	1,0	1,0	9939	8962	2766		**70**	
	31	1,0	1,0	1,0	1,0	1,0	9969	9307	3525	0001	**69**	
	32	1,0	1,0	1,0	1,0	1,0	9984	9554	4344	0002	**68**	
	33	1,0	1,0	1,0	1,0	1,0	9993	9724	5188	0004	**67**	
	34	1,0	1,0	1,0	1,0	1,0	9997	9836	6019	0009	**66**	
	35	1,0	1,0	1,0	1,0	1,0	9999	9906	6803	0018	**65**	
	36	1,0	1,0	1,0	1,0	1,0	9999	9948	7511	0033	**64**	
	37	1,0	1,0	1,0	1,0	1,0	1,0	9973	8123	0060	**63**	
	38	1,0	1,0	1,0	1,0	1,0	1,0	9986	8630	0105	**62**	
	39	1,0	1,0	1,0	1,0	1,0	1,0	9993	9034	0176	**61**	
	40	1,0	1,0	1,0	1,0	1,0	1,0	9997	9341	0284	**60**	
	41	1,0	1,0	1,0	1,0	1,0	1,0	9999	9566	0443	**59**	
	42	1,0	1,0	1,0	1,0	1,0	1,0	9999	9724	0666	**58**	
	43	1,0	1,0	1,0	1,0	1,0	1,0	1,0	9831	0967	**57**	
	44	1,0	1,0	1,0	1,0	1,0	1,0	1,0	9900	1356	**56**	
	45	1,0	1,0	1,0	1,0	1,0	1,0	1,0	9943	1841	**55**	
	46	1,0	1,0	1,0	1,0	1,0	1,0	1,0	9969	2421	**54**	
	47	1,0	1,0	1,0	1,0	1,0	1,0	1,0	9983	3086	**53**	
	48	1,0	1,0	1,0	1,0	1,0	1,0	1,0	9991	3822	**52**	
	49	1,0	1,0	1,0	1,0	1,0	1,0	1,0	9996	4602	**51**	
	50	1,0	1,0	1,0	1,0	1,0	1,0	1,0	9998	5398	**50**	
	51	1,0	1,0	1,0	1,0	1,0	1,0	1,0	9999	6178	**49**	
	52	1,0	1,0	1,0	1,0	1,0	1,0	1,0	1,0	6914	**48**	
	53	1,0	1,0	1,0	1,0	1,0	1,0	1,0	1,0	7579	**47**	
	54	1,0	1,0	1,0	1,0	1,0	1,0	1,0	1,0	8159	**46**	
	55	1,0	1,0	1,0	1,0	1,0	1,0	1,0	1,0	8644	**45**	
	56	1,0	1,0	1,0	1,0	1,0	1,0	1,0	1,0	9033	**44**	
	57	1,0	1,0	1,0	1,0	1,0	1,0	1,0	1,0	9334	**43**	
	58	1,0	1,0	1,0	1,0	1,0	1,0	1,0	1,0	9557	**42**	
	59	1,0	1,0	1,0	1,0	1,0	1,0	1,0	1,0	9716	**41**	
	60	1,0	1,0	1,0	1,0	1,0	1,0	1,0	1,0	9824	**40**	
	61	1,0	1,0	1,0	1,0	1,0	1,0	1,0	1,0	9895	**39**	
	62	1,0	1,0	1,0	1,0	1,0	1,0	1,0	1,0	9940	**38**	
	63	1,0	1,0	1,0	1,0	1,0	1,0	1,0	1,0	9967	**37**	
	64	1,0	1,0	1,0	1,0	1,0	1,0	1,0	1,0	9982	**36**	
	65	1,0	1,0	1,0	1,0	1,0	1,0	1,0	1,0	9991	**35**	
	66	1,0	1,0	1,0	1,0	1,0	1,0	1,0	1,0	9996	**34**	
	67	1,0	1,0	1,0	1,0	1,0	1,0	1,0	1,0	9998	**33**	
	68	1,0	1,0	1,0	1,0	1,0	1,0	1,0	1,0	9999	**32**	
	69	1,0	1,0	1,0	1,0	1,0	1,0	1,0	1,0	1,0	**31**	
		0,99	**0,98**	**0,95**	**0,9**	**0,85**	**0,8**	**0,75**	$\frac{2}{3}$	**0,5**	*k*	*n*
		p										

Tabelle zur Normalverteilung

Normalverteilung – Summenfunktion

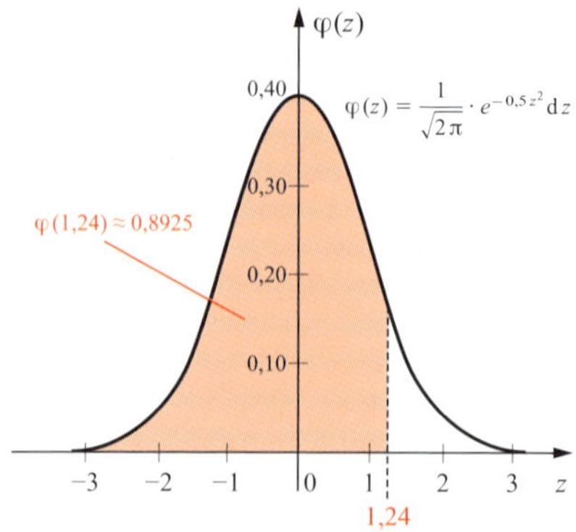

$$\Phi(z) = \frac{1}{\sqrt{2\pi}} \cdot \int_{-\infty}^{z} e^{-\frac{1}{2}z^2}\, dz$$

$$\Phi(-z) = 1 - \Phi(z)$$

für $z \geq 4$ ist $\Phi(z) \approx 1$

z	0	0,01	0,02	0,03	0,04	0,05	0,06	0,07	0,08	0,09
0,0	0,5000	5040	5080	5120	5160	5199	5239	5279	5319	5359
0,1	5398	5438	5478	5517	5557	5596	5636	5675	5714	5753
0,2	5793	5832	5871	5910	5948	5987	6026	6064	6103	6141
0,3	6179	6217	6255	6293	6331	6368	6406	6443	6480	6517
0,4	6554	6591	6628	6664	6700	6736	6772	6808	6844	6879
0,5	6915	6950	6985	7019	7054	7088	7123	7157	7190	7224
0,6	7257	7291	7324	7357	7389	7422	7454	7486	7517	7549
0,7	7580	7611	7642	7673	7704	7734	7764	7794	7823	7852
0,8	7881	7910	7939	7967	7995	8023	8051	8078	8106	8133
0,9	8159	8186	8212	8238	8264	8289	8315	8340	8365	8389
1,0	8413	8438	8461	8485	8508	8531	8554	8577	8599	8621
1,1	8643	8665	8686	8708	8729	8749	8770	8790	8810	8830
1,2	8849	8869	8888	8907	8925	8944	8962	8980	8997	9015
1,3	9032	9049	9066	9082	9099	9115	9131	9147	9162	9177
1,4	9192	9207	9222	9236	9251	9265	9279	9292	9306	9319
1,5	9332	9345	9357	9370	9382	9394	9406	9418	9429	9441
1,6	9452	9463	9474	9484	9495	9505	9515	9525	9535	9545
1,7	9554	9564	9573	9582	9591	9599	9608	9616	9625	9633

z	0	0,01	0,02	0,03	0,04	0,05	0,06	0,07	0,08	0,09
1,8	9641	9649	9656	9664	9671	9678	9686	9693	9699	9706
1,9	9713	9719	9726	9732	9738	9744	9750	9756	9761	9767
2,0	9772	9778	9783	9788	9793	9798	9803	9808	9812	9817
2,1	9821	9826	9830	9834	9838	9842	9846	9850	9854	9857
2,2	9861	9864	9868	9871	9875	9878	9881	9884	9887	9890
2,3	9893	9896	9898	9901	9904	9906	9909	9911	9913	9916
2,4	9918	9920	9922	9925	9927	9929	9931	9932	9934	9936
2,5	9938	9940	9941	9943	9945	9946	9948	9949	9951	9952
2,6	9953	9955	9956	9957	9959	9960	9961	9962	9963	9964
2,7	9965	9966	9967	9968	9969	9970	9971	9972	9973	9974
2,8	9974	9975	9976	9977	9977	9978	9979	9979	9980	9981
2,9	9981	9982	9982	9983	9984	9984	9985	9985	9986	9986
3,0	9987	9987	9987	9988	9988	9989	9989	9989	9990	9990
3,1	9990	9991	9991	9991	9992	9992	9992	9992	9993	9993
3,2	9993	9993	9994	9994	9994	9994	9994	9995	9995	9995
3,3	9995	9995	9995	9996	9996	9996	9996	9996	9996	9997
3,4	9997	9997	9997	9997	9997	9997	9997	9997	9997	9998
3,5	9998	9998	9998	9998	9998	9998	9998	9998	9998	9998
3,6	9998	9998	9999	9999	9999	9999	9999	9999	9999	9999
3,7	9999	9999	9999	9999	9999	9999	9999	9999	9999	9999
3,8	9999	9999	9999	9999	9999	9999	9999	9999	9999	9999
3,9	1	1	1	1	1	1	1	1	1	1

Formelsammlung

Beschreibende Statistik

arithmetisches Mittel $\overline{x}$

ungruppierte Daten: $\overline{x} = \frac{1}{n}\sum_{i=1}^{n} x_i$

	absolute Häufigkeit ist gegeben	relative Häufigkeit ist gegeben
gruppierte Daten:	$\overline{x} = \frac{1}{n}\sum_{i=1}^{k} x_i \cdot n_i$	$\overline{x} = \sum_{i=1}^{k} x_i \cdot h(x_i)$
klassierte Daten:	$\overline{x} = \frac{1}{n}\sum_{i=1}^{k} x_i^* \cdot n_i$	$\overline{x} = \sum_{i=1}^{k} x_i^* \cdot h(x_i^*)$

k gibt die Anzahl der unterschiedlichen Merkmalsausprägungen an

x_i^* ist Klassenmitte mit $\frac{x_i^u + x_i^o}{2}$

Varianz σ^2

ungruppierte Daten: $\sigma^2 = \frac{1}{n}\sum_{i=1}^{n} (x_i - \overline{x})^2$

	absolute Häufigkeit ist gegeben	relative Häufigkeit ist gegeben
gruppierte Daten:	$\sigma^2 = \frac{1}{n}\sum_{i=1}^{k} (x_i - \overline{x})^2 \cdot n_i$	$\sigma^2 = \sum_{i=1}^{k} (x_i - \overline{x})^2 \cdot h(x_i)$
klassierte Daten:	$\sigma^2 = \frac{1}{n}\sum_{i=1}^{k} (x_i^* - \overline{x})^2 \cdot n_i$	$\sigma^2 = \sum_{i=1}^{k} (x_i^* - \overline{x})^2 \cdot h(x_i^*)$

Standardabweichung σ

$\sigma = \sqrt{\sigma^2}$

Regressionsgerade mit dem Schwerpunkt *S* und der Funktionsgleichung $f(x) = mx + b$

$$m = \frac{\sum_{i=1}^{n} x_i \cdot y_i - n \cdot \overline{x} \cdot \overline{y}}{\sum_{i=1}^{n} x_i^2 - n \cdot \overline{x}^2} \qquad b = \overline{y} - m \cdot \overline{x} \qquad S(\overline{x}/\overline{y})$$

Korrelationskoeffizient *r*

$$r = \frac{\sum_{i=1}^{n} x_i \cdot y_i - n \cdot \overline{x} \cdot \overline{y}}{\sqrt{\left(\sum_{i=1}^{n} x_i^2 - n \cdot \overline{x}^2\right) \cdot \left(\sum_{i=1}^{n} y_i^2 - n \cdot \overline{y}^2\right)}}$$

Wahrscheinlichkeitsrechnung

Anzahl der Möglichkeiten aus *n* Elementen bei *k*-facher Ziehung

	mit Zurücklegen (**mit** Wiederholung)	**ohne** Zurücklegen (**ohne** Wiederholung)
mit Beachtung der Reihenfolge $(a; b) \neq (b; a)$	n^k	$\frac{n!}{(n-k)!}$
ohne Beachtung der Reihenfolge $(a; b) = (b; a)$	$\binom{n+k-1}{k} = \frac{(n+k-1)!}{k! \cdot (n-1)!}$	$\frac{n!}{k! \cdot (n-k)!} = \binom{n}{k}$

Fakultät und Binomialkoeffizient

Fakultät

$$n! = n \cdot (n-1) \cdot (n-2) \cdot \ldots \cdot \big(n - (n-1)\big)$$

$$5! = 5 \cdot 4 \cdot 3 \cdot 2 \cdot 1$$

$$0! = 1$$

Binomialkoeffizient

$$\binom{n}{k} = \frac{n!}{k! \cdot (n-k)!}$$

Erwartungswert *E*(*X*) einer beliebig verteilten Zufallsgröße *X*

$$E(X) = \sum_{i=1}^{n} x_i \cdot P(X = x_i)$$

Varianz *V*(*X*) und Standardabweichung σ(*X*) einer beliebig verteilten Zufallsgröße *X*

Varianz

$$V(X) = \sum_{i=1}^{n} \big(x_i - E(X)\big)^2 \cdot P(X = x_i)$$

Standardabweichung

$$\sigma(X) = \sqrt{V(X)}$$

Erwartungswert μ einer binomialverteilten Zufallsgröße *X*

$$\mu = n \cdot p$$

Varianz σ² und Standardabweichung σ einer binomialverteilten Zufallsgröße *X*

Varianz

$$\sigma^2 = n \cdot p \cdot q \quad \text{mit} \quad q = 1 - p$$

Standardabweichung

$$\sigma = \sqrt{n \cdot p \cdot q} \quad \text{mit} \quad q = 1 - p$$

Binomialverteilung – Wahrscheinlichkeitsfunktion

$$P(X = k) = B_{n;p}(k) = \binom{n}{k} \cdot p^k \cdot (1-p)^{n-k}$$

Binomialverteilung – Summenfunktion

$$P(X \leq k) = F_{n;p}(k) = \sum_{k=0}^{k} \binom{n}{k} \cdot p^k \cdot (1-p)^{n-k}$$

Normalverteilung – Wahrscheinlichkeitsfunktion

$$\varphi(x) = \frac{1}{\sigma \cdot \sqrt{2\pi}} \cdot e^{-\frac{1}{2}\left(\frac{x-\mu}{\sigma}\right)^2} \text{ mit } \mu = n \cdot p \text{ und } \sigma = \sqrt{n \cdot p \cdot q}$$

Normalverteilung – Summenfunktion

$$\Phi(x) = \frac{1}{\sigma \cdot \sqrt{2\pi}} \cdot \int_{-\infty}^{x} e^{-\frac{1}{2}\left(\frac{x-\mu}{\sigma}\right)^2} \mathrm{d}x \text{ mit } \mu = n \cdot p \text{ und } \sigma = \sqrt{n \cdot p \cdot q}$$

Standardnormalverteilung – Wahrscheinlichkeitsfunktion

$$\varphi(z) = \frac{1}{\sqrt{2\pi}} \cdot e^{-\frac{1}{2}z^2} \text{ mit } z = \frac{x-\mu}{\sigma}$$

Standardnormalverteilung – Summenfunktion

$$\Phi(z) = \frac{1}{\sqrt{2\pi}} \cdot \int_{-\infty}^{z} e^{-\frac{1}{2}z^2} \mathrm{d}z \text{ mit } z = \frac{x-\mu}{\sigma}$$

Approximation der Binomialverteilung durch die Normalverteilung

$$B_{n;p}(x) = \binom{n}{x} \cdot p^x \cdot (1-p)^{n-x} \approx \varphi(x) = \frac{1}{\sigma \cdot \sqrt{2\pi}} \cdot e^{-\frac{1}{2}\left(\frac{x-\mu}{\sigma}\right)^2},$$

wenn $\sqrt{n \cdot p \cdot q} = \sigma > 3$

Näherungsformel von de Moivre und Laplace

$$P(x_1 \leq X \leq x_2) = \varphi\left(\frac{x_2 + 0{,}5 - \mu}{\sigma}\right) - \varphi\left(\frac{x_2 - 0{,}5 - \mu}{\sigma}\right),$$

wenn $\sqrt{n \cdot p \cdot q} = \sigma > 3$

Beurteilende Statistik

Konfidenzintervall

exakt

$$|p - h| \leq c \cdot \sqrt{\frac{p - p^2}{n}} \text{ mit } h = \frac{X}{n}$$

näherungsweise

$$I = \left[h - c \cdot \sqrt{\frac{h - h^2}{n}};\, h + c \cdot \sqrt{\frac{h - h^2}{n}}\right] \text{ für } n \geq 1\,000$$

c ist die jeweilige Breite der Sigma-Umgebung.

GTR-Befehle

Die wichtigsten Funktionen des grafikfähigen Taschenrechners (GTR) TI-84 Plus für das Sachgebiet Stochastik

In der Anleitung sind dem TI-Handbuch entsprechend die angegebenen **Tasten** des Taschenrechners **rechteckig gerahmt**: STAT

Die **Zweitbelegungen** der Tasten sind in **eckige Klammern** gesetzt: [CALC]

Hauptmenüs sind mit **Großbuchstaben** geschrieben (z. B. EDIT), **Untermenüs** mit **kleinen Buchstaben** (z. B. mean)

	GTR-Funktion	Eingabe	Display
1	**Listen erstellen**	STAT 1:Edit ENTER Anschließend die gewünschten Werte eingeben, jeder Wert muss mit ENTER bestätigt werden	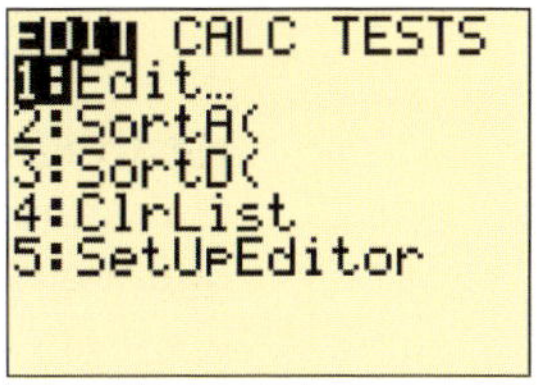
2	**einzelne Werte einer Liste löschen**	Den gewünschten Wert markieren und mit DEL löschen.	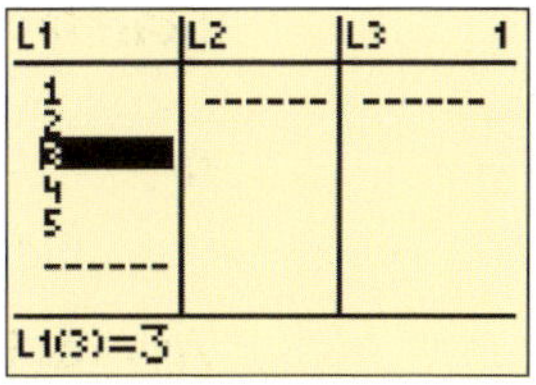
3	**alle Werte einer Liste löschen**	Die gewünschte Liste markieren und mit CLEAR ENTER löschen. **Vorsicht: DEL ENTER löscht die gesamte Liste, nicht deren Inhalt.**	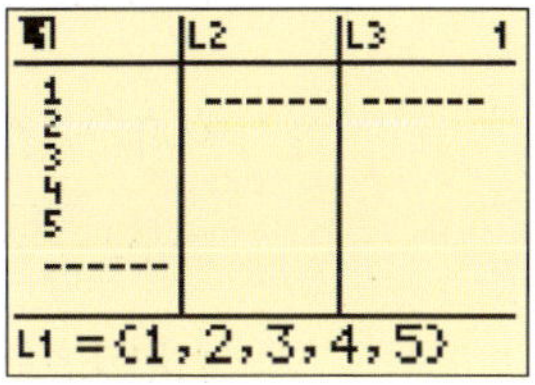
4	**Liste automatisch ausfüllen**	Den Listenkopf der gewünschten Liste markieren. 2nd [LIST] OPS 5:seq(ENTER. Nun durch , getrennt die Folge, die Variable, den Startwert, den Endwert und die Schrittweite eingeben. Mit) Eingabe beenden, ENTER füllt die Liste aus. Hier: seq(X+1,X,0,4,1)	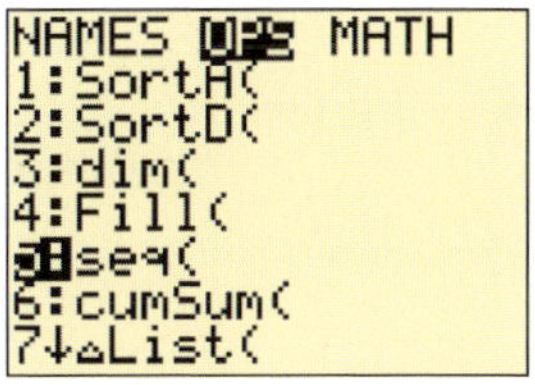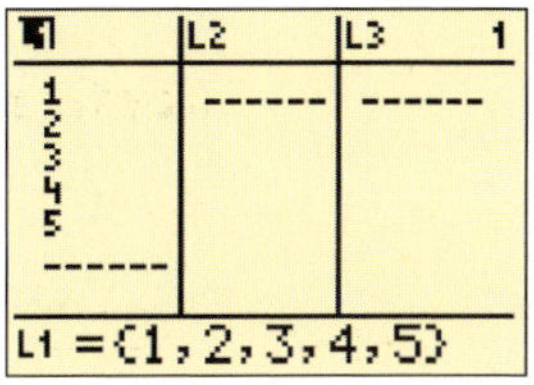

<table>
<tr><th></th><th>GTR-Funktion</th><th>Eingabe</th><th>Display</th></tr>
<tr><td>5</td><td>Summe aller Listeneinträge berechnen</td><td>Durch [2nd] [LIST] [MATH] 5:sum den Summenbefehl aufrufen. Die etsprechende Liste durch [2nd] [L1] auswählen.
[ENTER] liefert die Summe.
Hinweis:
Die Liste enthielt die Elemente {1; 2; 3; 4; 5}.</td><td>

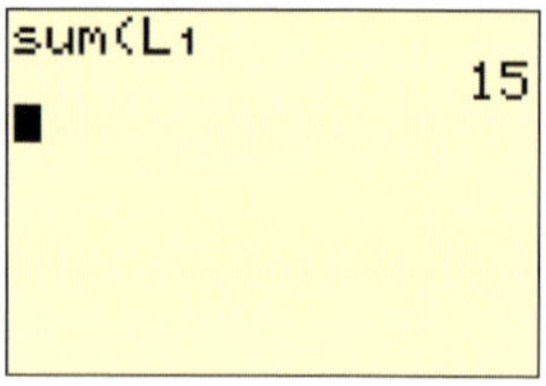
</td></tr>
<tr><td>6</td><td>relative Häufigkeiten mithilfe von Listen berechnen</td><td>Die Merkmalsausprägungen in eine Liste eingeben:
[STAT] [ENTER]

Die absoluten Häufigkeiten in eine zweite Liste eingeben.

Eine weitere Liste markieren und die gewünschte Rechenoperation im Tabellenkopf eingeben. Die Liste wird automatisch durch [ENTER] erstellt.</td><td>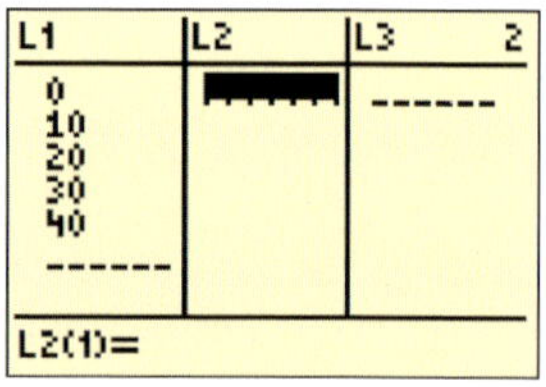

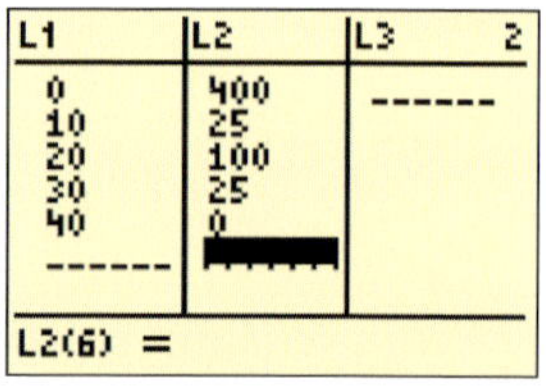

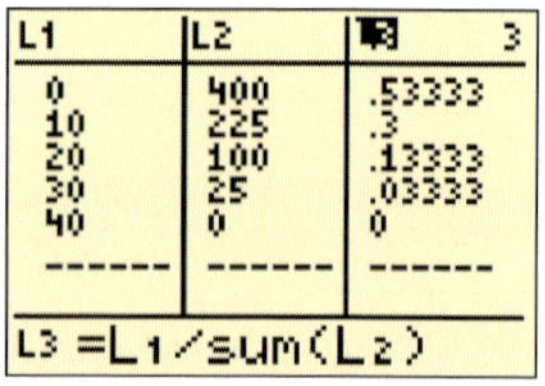
</td></tr>
</table>

	GTR-Funktion	Eingabe	Display
7	**Kennwerte einer Stichprobe berechnen** **Urliste** ist gegeben	Die Merkmalsausprägungen in eine Liste eingeben. Nun [STAT] [CALC] 1: 1-Var Stats mit [ENTER] auswählen und die entsprechende Liste durch [2nd] [L1] auswählen. [ENTER] liefert verschiedene Kennwerte der Liste.	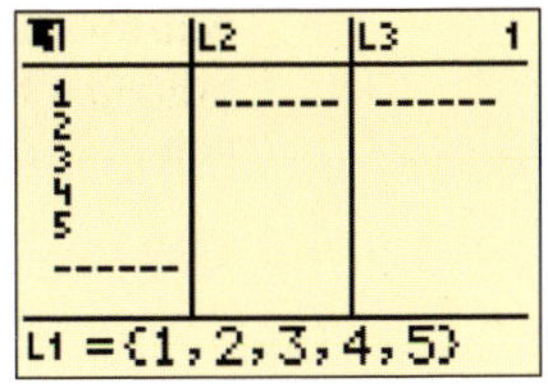 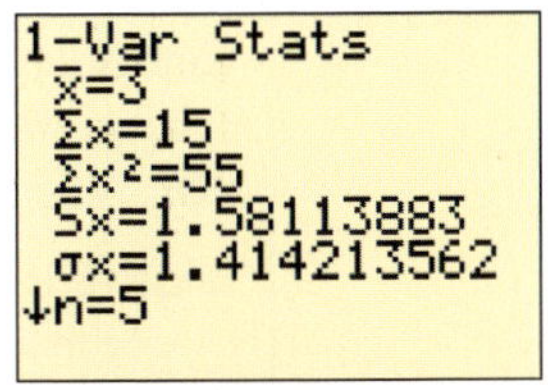 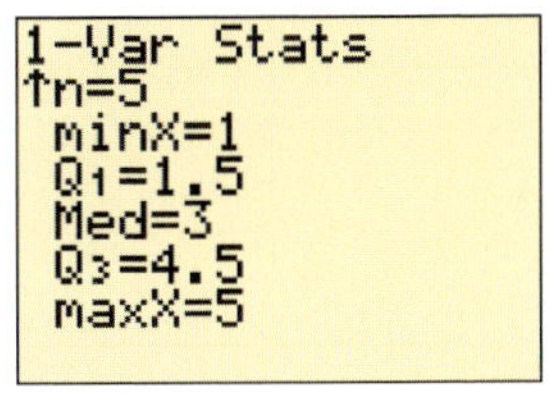

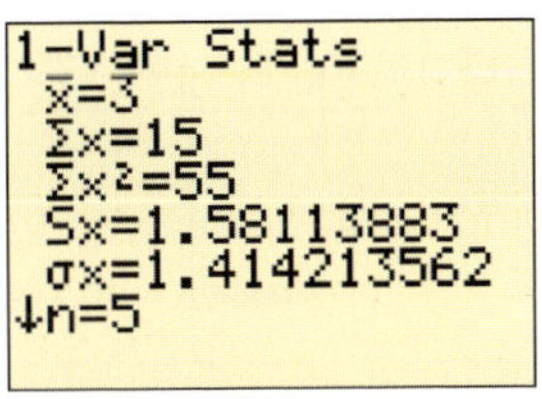

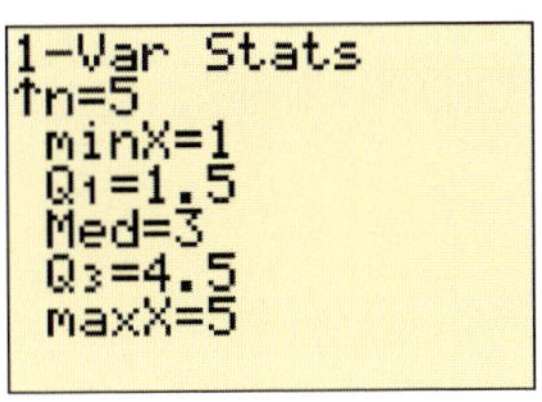

$\bar{x}$:	arithmetisches Mittel
Σx:	Summe aller Merkmalsausprägungen
Σx^2:	Quadratsumme aller Merkmalsausprägungen
Sx:	Standardabweichung S_{n-1}
σx:	Standardabweichung S_n
n:	Stichprobenumfang
min X:	kleinste Merkmalsausprägung
Q_1:	Grenze zum ersten Quartil
Med:	Median
Q_3:	Grenze zum dritten Quartil
max X:	größte Merkmalsausprägung

	GTR-Funktion	Eingabe	Display
8	**Kennwerte einer Stichprobe berechnen** **absolute** Häufigkeit ist gegeben	Die Merkmalsausprägungen in eine Liste eingeben. Nun [STAT] [CALC] 1: 1-Var Stats mit [ENTER] auswählen und die entsprechende Liste durch [2nd] [L1] auswählen. [ENTER] liefert verschiedene Kennwerte der Liste.	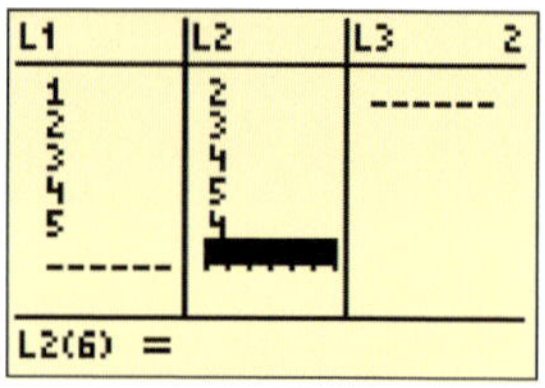 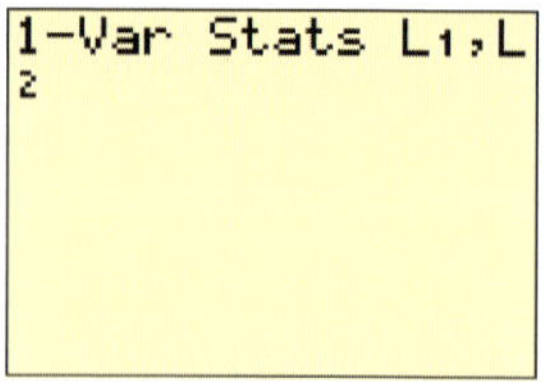
9	**Kennwerte einer Stichprobe berechnen** **relative** Häufigkeit ist gegeben	Die Merkmalsausprägungen in eine Liste eingeben. Nun [STAT] [CALC] 1: 1-Var Stats mit [ENTER] auswählen und die entsprechende Listen durch [2nd] [L1] [,] [2nd] [L2] auswählen. [ENTER] liefert verschiedene Kennwerte der Liste.	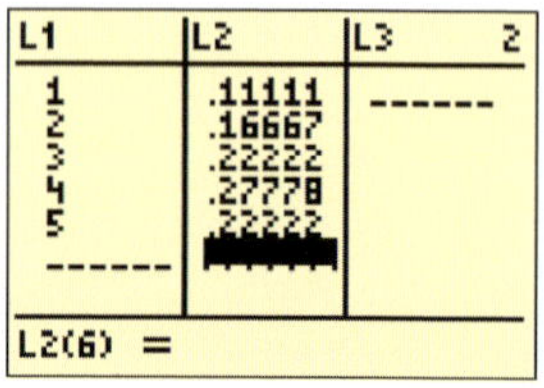 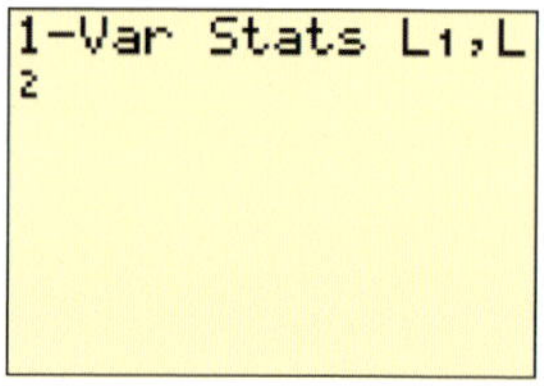
10	**Punktwolke darstellen**	Die x-Werte aller Datenpunkte in eine Liste L1 und die y-Werte aller Datenpunkte in eine Liste L2 eingeben. Mit [2nd] [Y=] das nebenstehende Fenster aufrufen und mit [ENTER] bestätigen. Nehmen Sie die Einstellungen gemäß nebenstehender Abbildung vor. [GRAPH] liefert die Punktwolke.	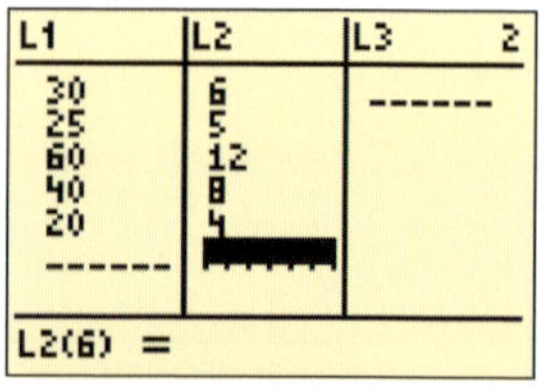 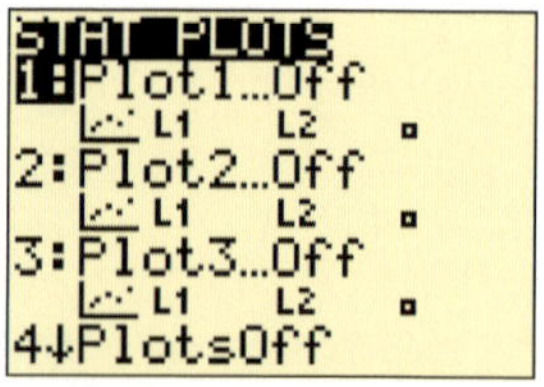 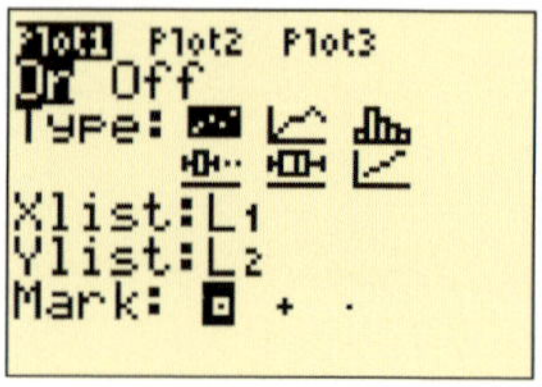

	GTR-Funktion	Eingabe	Display
		Hinweis: **Eventuell müssen Sie die Fenstereinstellungen verändern.**	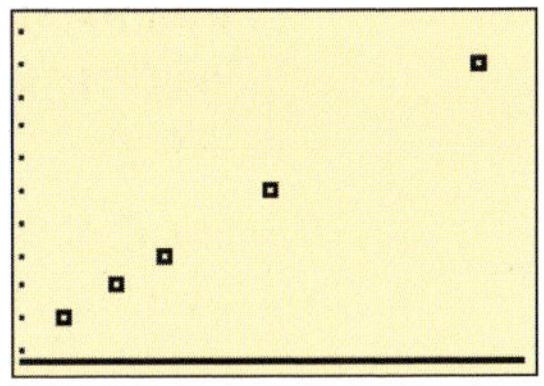
11	**Lineare Regression**	Die *x*-Werte aller Datenpunkte durch STAT 1:Edit ENTER in eine Liste L1 und die *y*-Werte aller Datenpunkte in eine Liste L2 eingeben. Durch STAT CALC 4: LinReg(ax+b) wird die lineare Regression aufgerufen. Nun die entsprechende Listen durch 2nd, [L1], 2nd [L2], auswählen. Durch die zusätzliche Eingabe von , Y1 (- VARS [Y-VARS] 1: Function 1: Y1) kann der berechnete Funktionsterm direkt in den Y-Editor aufgenommen werden. ENTER liefert nun die Gleichung der Regressionsgeraden. **Hinweis:** Der GTR verwendet statt der Variablen *m* die Variable *a*. GRAPH zeichnet dann die Regressionsgerade. Bei Bedarf kann die Regressionsgerade zusammen mit den Datenpunkten in einem Koordinatensystem dargestellt werden. (vgl. Punktwolke darstellen)	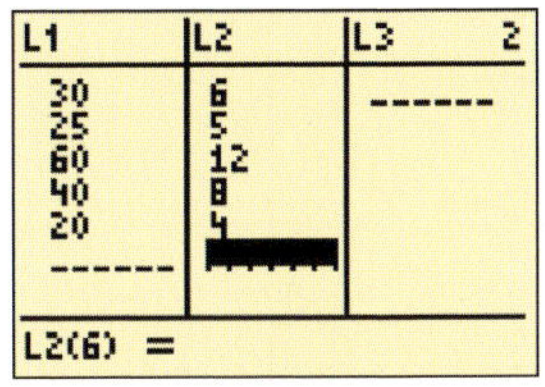 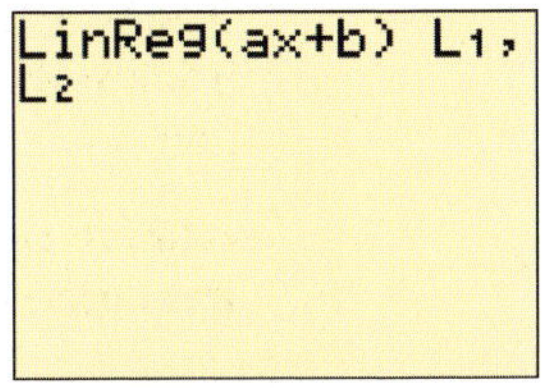 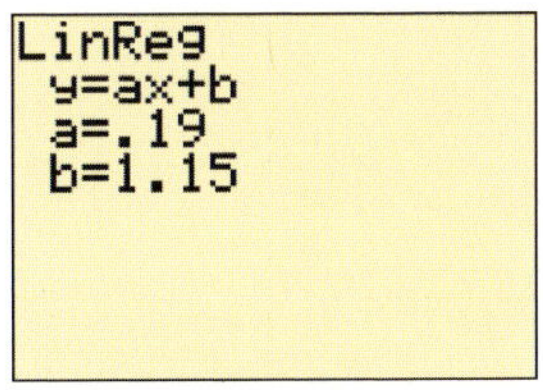  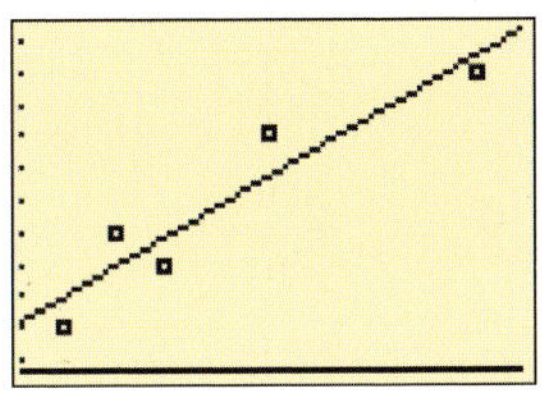

	GTR-Funktion	Eingabe	Display
12	**Korrelations-koeffizient**	Der Korrelationskoeffizient wird bei jeder (linearen) Regression automatisch berechnet. Um das Ergebnis anzuzeigen, wählen Sie mit [ENTER] im Hauptbildschirm [2nd] [CATALOG] DiagnosticOn und bestätigen Sie mit [ENTER]. Der Korrelationskoeffizient *r* wird nun bei jeder (linearen) Regression ausgegeben. **Hinweis:** Es erscheint ebenfalls das Bestimmtheitsmaß r^2.	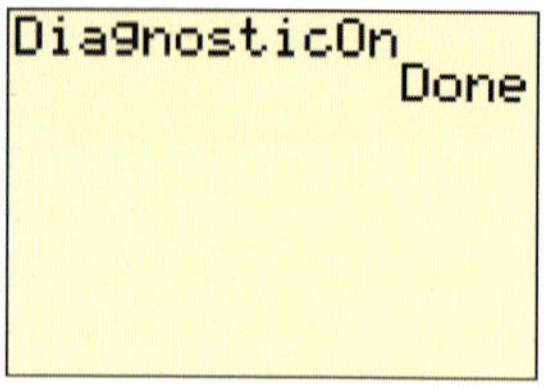 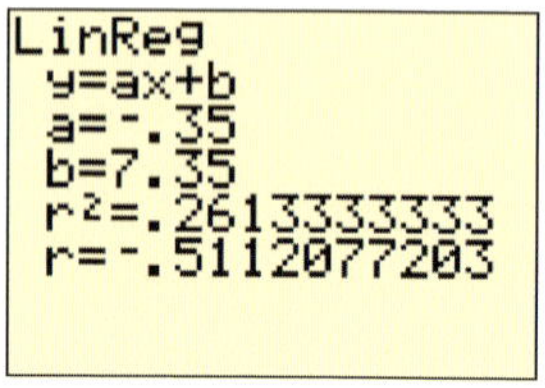
13	**Fakultät**	Im Hauptbildschirm den Wert für *n* eintippen. Anschließend mit [MATH], [PRB], 4:!, [ENTER] den entsprechenden Befehl auswählen. [ENTER] liefert das gewünschte Ergebnis. **Hinweis:** **Der GTR kann Fakultäten nur für $n \leq 69$ berechnen. Bei größeren Werten liefert er die Fehlermeldung OVERFLOW**	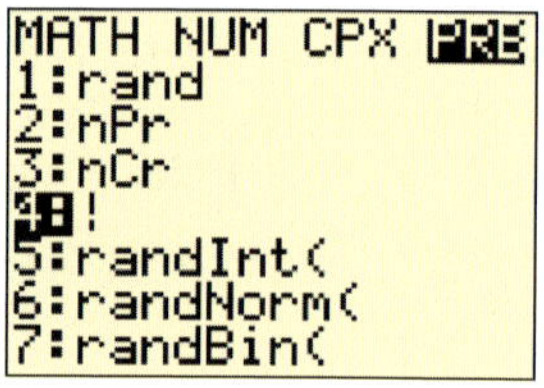

	GTR-Funktion	Eingabe	Display
14	Anzahl der Möglichkeiten beim wiederholten Ziehen **ohne Zurücklegen und mit Beachtung der Reihenfolge** $\frac{n!}{(n-k)!}$	Im Hauptbildschirm den Wert für *n* eintippen. Anschließend mit MATH, [PRB], 2:nPr, ENTER den entsprechenden Befehl auswählen. Anschließend den Wert für *k* eingegeben. ENTER liefert das gewünschte Ergebnis. **Hinweis:** **Der GTR verwendet statt *k* die Variable *r*.**	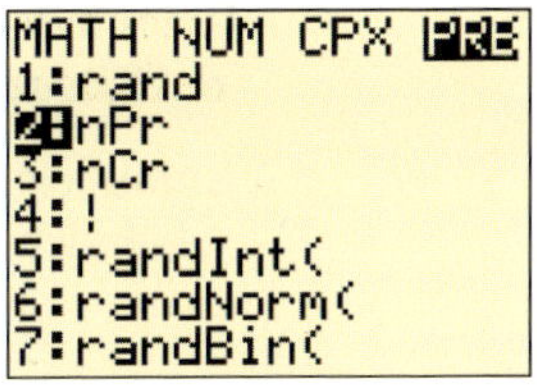 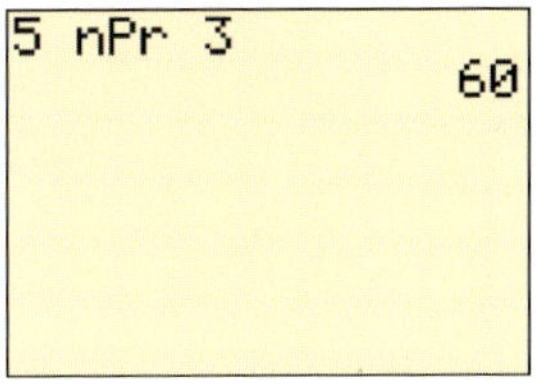
15	Anzahl der Möglichkeiten beim wiederholten Ziehen **ohne Zurücklegen und ohne Beachtung der Reihenfolge** Binomialkoeffizient $\binom{n}{k} = \frac{n!}{k!(n-k)!}$	Im Hauptbildschirm den Wert für *n* eintippen. Anschließend mit MATH, [PRB], 3:nCr, ENTER den entsprechenden Befehl auswählen. Anschließend den Wert für *k* eingegeben. ENTER liefert das gewünschte Ergebnis. **Hinweis:** **Der GTR verwendet statt k die Variable *r*.**	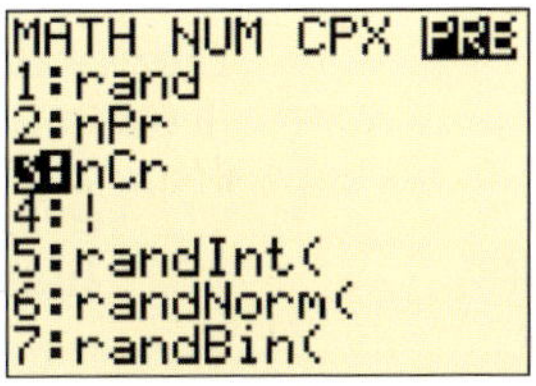 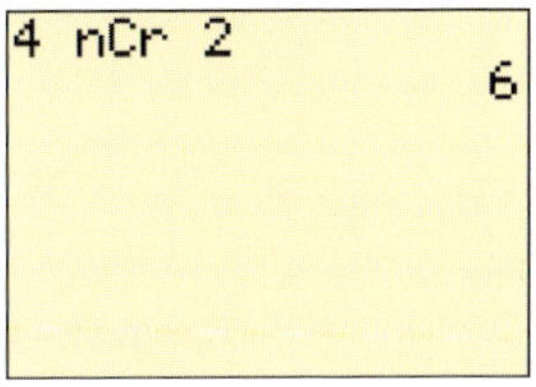
16	**binomialverteilte Zufallsgrößen** **Einzelwahrscheinlichkeiten** $P(X = k) = B_{n;p}(k)$	Im Hauptbildschirm wählen Sie mit 2nd [DISTR] A: binompdf(. Anschließend die Parameter *n*, *p* und *k* durch , getrennt eingeben. Die Eingabe durch) beenden. ENTER liefert die Wahrscheinlichkeit.	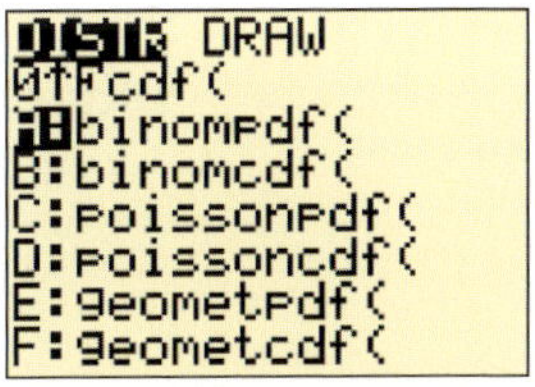 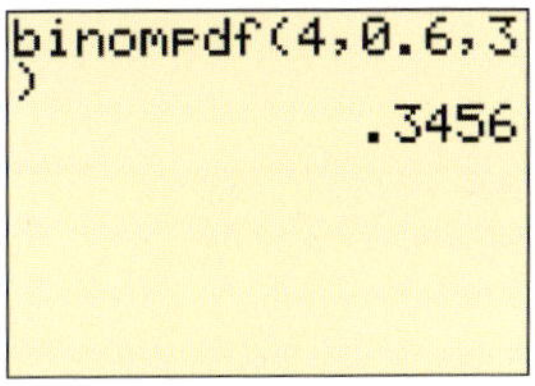

	GTR-Funktion	Eingabe	Display
17	**binomialverteilte Zufallsgrößen** **kumulierte Wahrscheinlichkeiten** $P(X \leq k) = F_{n;p}(k)$	Im Hauptbildschirm wählen Sie mit [2nd] [DISTR] B: binomcdf(. Anschließend die Parameter n, p und k durch [,] getrennt eingeben. Die Eingabe durch [)] beenden. [ENTER] liefert die Wahrscheinlichkeit.	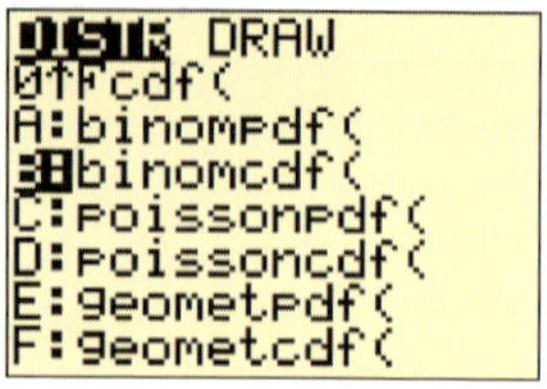 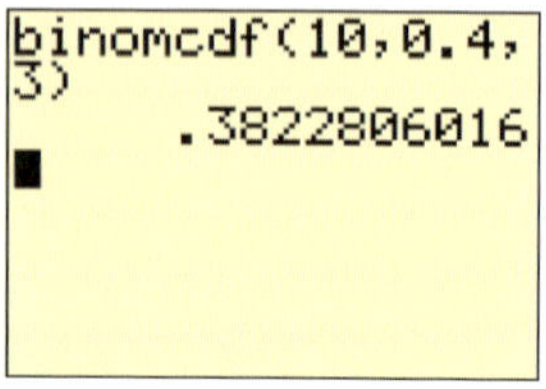
18	**normalverteilte Zufallsgrößen** **Einzelwahrscheinlichkeiten** **Verteilungsfunktion** $\varphi(x)$	Im Hauptbildschirm wählen Sie [2nd] [DISTR] 1: normalpdf(. Anschließend die Werte für x, μ und σ durch [,] getrennt eingeben. Die Eingabe durch [)] beenden. [ENTER] liefert die Wahrscheinlichkeit.	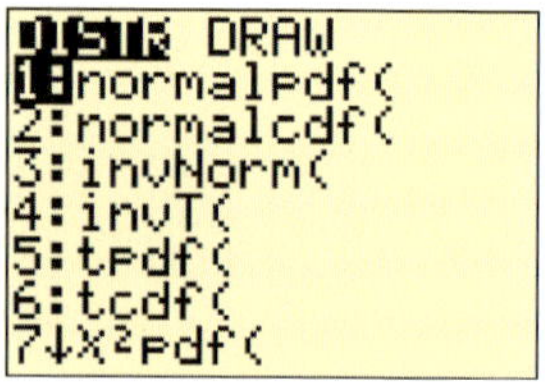 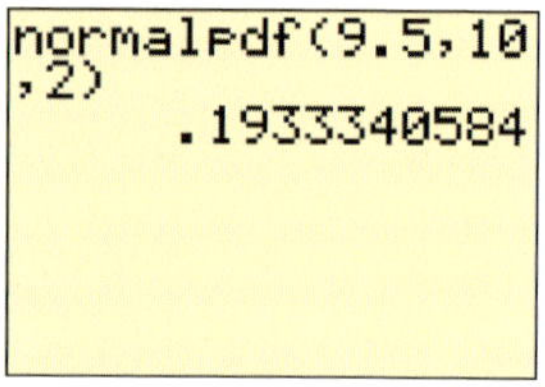
19	**normalverteilte Zufallsgrößen** **kumulierte Wahrscheinlichkeiten** **Dichtefunktion** $\Phi(x)$	Im Hauptbildschirm wählen Sie [2nd] [DISTR] 2: normalcdf(. Anschließend die Werte für die linke Grenze, rechte Grenze, μ und σ durch [,] getrennt eingeben. Die Eingabe durch [)] beenden. [ENTER] liefert die Wahrscheinlichkeit.	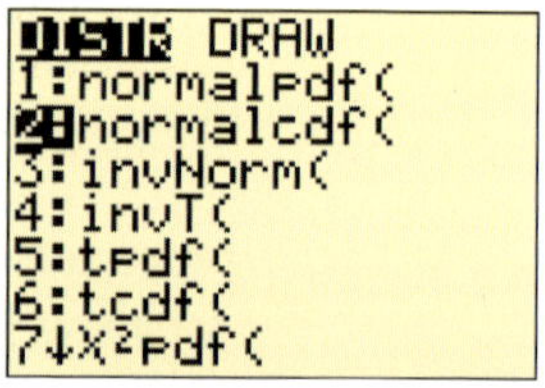 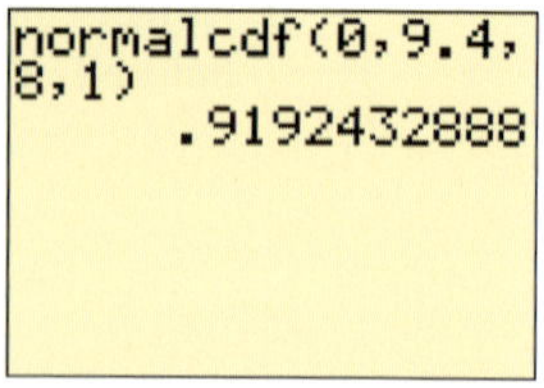

	GTR-Funktion	Eingabe	Display
20	**standardnormalverteilte Zufallsgrößen** **Einzelwahrscheinlichkeiten** **Verteilungsfunktion** $\varphi(z)$	Im Hauptbildschirm wählen Sie [2nd] [DISTR] 1: normalpdf(. Anschließend die Werte für x eingeben. Die Eingabe durch [)] beenden. **ENTER** liefert die Wahrscheinlichkeit.	
21	**standardnormalverteilte Zufallsgrößen** **kumulierte Wahrscheinlichkeiten** **Dichtefunktion** $\Phi(z)$	Im Hauptbildschirm wählen Sie [2nd] [DISTR] 2: normalcdf(. Anschließend die Werte für die linke Grenze und rechte Grenze durch [,] getrennt eingeben. Die Eingabe durch [)] beenden. **ENTER** liefert die Wahrscheinlichkeit.	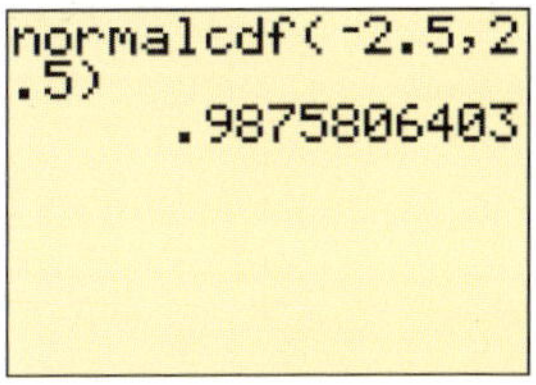
22	**Bestimmung von *z* bei gegebener Wahrscheinlichkeit**	Im Hauptbildschirm wählen Sie [2nd] [DISTR] 3: invNorm(. Anschließend den Wert von z eingeben und die Eingabe durch [)] beenden. **ENTER** liefert den gewünschten Wert.	

	GTR-Funktion	Eingabe	Display
23	**Vertrauensintervalle für große Stichprobenumfänge** ($n \geq 1\,000$)	Im Hauptbildschirm wählen Sie [STAT] [TESTS] A: 1-PropZInt. Anschließend jeden der geforderten Werte mit [ENTER] bestätigen. Dabei steht x für das absolute Ergebnis der Stichprobe, n für den Stichprobenumfang und C-Level für die Vertrauenswahrscheinlichkeit. **Hinweis:** **Hinter der Berechnung verbirgt sich die Formel auf Seite 189.**	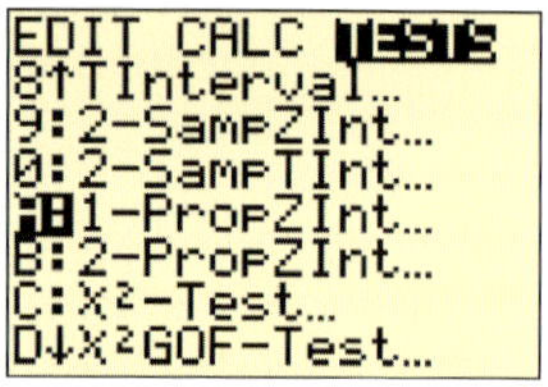 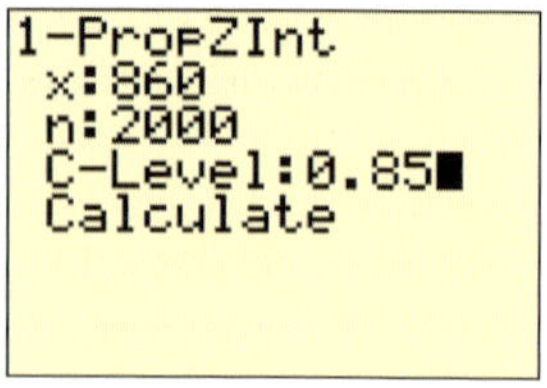 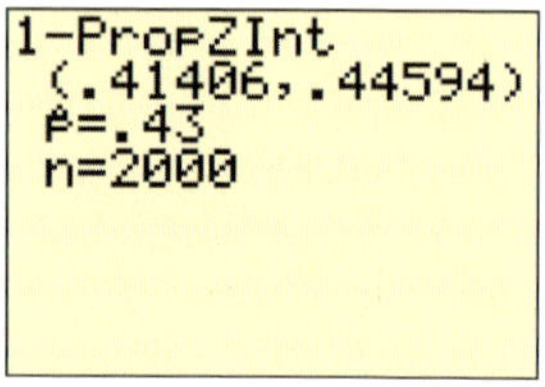

Sachwortverzeichnis

N

P

Q

R

S

T

U

V

W

Z

1, 2, 3, …

Bildquellenverzeichnis

Cover:
www.fotolia.de

Innenteil:
Bundeszentrale für politische Bildung, Bonn, S. 17
picture-alliance/dpa, S. 159
picture-alliance/MAXPPP, S. 82, 106, 172

www.fotolia.de:
- Birgit Reitz-Hofmann, S. 122
- createur (alle Flaggen), S. 53
- Danny Hooks, S. 71
- Digitalpress, S. 125
- Eleonora Ivanova, S. 94
- Eva Gruendemann, S. 96, 98, 101, 102
- ExQuisine, S. 182 unten
- fotoman 65, (Flagge Australien), S. 21
- Maria.P., S. 75
- moonrun, (Flagge China), S. 21
- Peter (Flagge USA), S. 21
- pmphoto, S. 9
- Seite23 (Flagge Deutschland), S. 21
- Sven Bähren, S. 182 oben
- Torsten Schon, S. 116
- WoGi, S. 117

ich geb ken Fick und sag meine Meinung

wenn sie rausmuss //

und meine Art bringt andere zum Schreiben

mein Aufguss //